U0381975

　　李上文，退休前为中国兵器工业第二〇四研究所研究员、博士生导师，1959年毕业于北京工业学院（现北京理工大学）化工系火药专业；曾任二〇四所推进剂研究室主任、科技委副主任和火炸药燃烧国防科技重点实验室学术委员会主任等职务；1992年获国务院政府特殊津贴，1993年获陕西省突出贡献专家称号；曾任《火炸药学报》和《含能材料》等杂志编委。长期从事火箭固体推进剂的研发工作，在国内外学术期刊上发表论文100余篇，著书《低特征信号固体推进剂技术》《火炸药理论与实践》《固体火箭推进剂》等6部；获国家科技进步二等奖1项，部级科技进步一等奖2项，部级科技进步二等奖和三等奖各3项，获国防专利授权5项；培养博士研究生5名，硕士研究生10余名。

李上文先生在办公室（2005年9月）

1959年9月结婚照(榕)

1964年11月（沈阳炮兵研究院）

1971年全家福

2005年9月李上文先生在重点实验室大楼前

2007年5月上文七十寿辰

2007年5月上文寿辰

推进剂技术研究——李·上·文·先·生·文·集

2007年5月上文七十寿辰切蛋糕

2008年9月合家欢

2010年5月上文七十三岁

2011年4月西安植物园

【工·作·篇】

1990年在某项目定型会上

1992年5月兵器推进剂专家组

1993年火炸药燃烧国防科技重点实验室
成立大会

1994年重点实验室验收会

1997年与俄圣彼得堡工学院教授座谈

1998年8月N-15联合攻关小组
部分先进个人

1998年火炸药技术专家委员会年会上

1998年高能固体推进剂研讨会

2007年高能固体推进剂廿年座谈会

2008年4月二〇四所六十年所庆

【交·流·篇】

1984年巴基斯坦拉合尔市独立塔

1984年11月巴基斯坦拉合尔市清真寺

1984年11月巴兵工总厂马苏德少将接见

1987年7月德国ICT会议厅

1987年7月德国ICT会议厅大门

1994年参观美国NASA登月运载火箭

1994年10月参观美国NASA登月
运载火箭大喷管

1994年10月美国拉斯维加斯市
金字塔饭店

1994年10月克里姆林宫炮王

1997年10月莫斯科红场南边

1997年10月圣彼得堡聂瓦河边十月革命
炮击冬宫的阿芙乐尔巡洋舰

1997年10月莫斯科化物所马利涅斯所长

2003年俄喀山大学卡斯托其卡教授
参观兵马俑

2003年9月陪同日本推进剂专家久保田参观秦陵

【学·生·篇】

1986年与赵凤起一起

1992年与5名研究生一起

1999年与赵凤起一起探讨问题

1999年10月杨栋博士论文答辩

2000年赵凤起博士答辩

2001年与赵凤起、杨栋两位博士一起

2001年与党智敏博士在一起

2006年4月部分硕博士生

2008年与实验室的博士生、硕士生在一起

2013年10月与赵凤起、党智敏等博士生在一起

TUIJINJI JISHU YANJIU

推进剂技术研究

——李上文先生文集

主 编 赵凤起 高红旭 仪建华 徐司雨

西北工业大学出版社

西安

【内容简介】 本书是一部学术研究文集,涉及内容广泛且十分丰富,主要针对国防科技和武器装备对固体推进剂的实际应用需求,由作者多年来在固体推进剂领域的研究成果出发,提出了一些固体推进剂发展方向及研究重点的建议,介绍了多类固体推进剂在实现高能、钝感或低特征信号性能研究过程中对能量、安全、燃烧和烟焰性能调节的一些应用基础研究工作。本书也涉及固体推进剂主要组分热分解化学特性、声不稳定燃烧抑制、二次燃烧烟焰消减、催化作用及燃烧机理、安全钝感方法研究和推进剂燃烧性能预估等内容。

本书是李上文先生及其团队在固体推进剂领域多年研究工作的积累和结晶,内容系统全面且理论水平较高,对从事固体推进剂行业科研、生产的相关专业科技人员具有重要的参考价值,也可作为高等院校有关专业教师和研究生的参考书。

图书在版编目(CIP)数据

推进剂技术研究:李上文先生文集/赵凤起等主编.
—西安:西北工业大学出版社,2017.4
ISBN 978 - 7 - 5612 - 5336 - 6

Ⅰ.①推… Ⅱ.①赵… Ⅲ.①固体推进剂—文集
Ⅳ.①V512 - 53

中国版本图书馆 CIP 数据核字(2017)第 083592 号

策划编辑:华一瑾
责任编辑:张珊珊

出版发行:西北工业大学出版社
通信地址:西安市友谊西路 127 号   邮编:710072
电   话:(029)88493844   88491757
网   址:www.nwpup.com
印 刷 者:陕西金德佳印务有限公司
开   本:787 mm×1 092 mm   1/16
印   张:18.75
字   数:456 千字
版   次:2017 年 4 月第 1 版   2017 年 4 月第 1 次印刷
定   价:68.00 元

前　言

　　本书是为庆祝李上文先生八十华诞而整理的学术文集,编者从李先生本人及其在李先生指导下完成的百余篇公开发表的学术论文中选取了 41 篇汇编成集以赐读者。李上文先生著作颇丰,我们之所以选择 41 篇文章,是因为李上文先生对中华人民共和国的爱始终如一,对中国共产党的爱始终如一,对军工事业的爱始终如一,对火箭固体推进剂专业的爱始终如一。这四个一,是李上文先生爱国、爱党、爱军工、爱专业的集中体现。

　　李上文,男,研究员,博士生导师,1937 年 5 月 23 日生于福建福州,1959 年毕业于北京工业学院(现北京理工大学)化工系火药专业,毕业后进入炮兵科学技术研究院一所工作,后转入中国兵器工业第二 O 四研究所(以下简称 204 所)工作。曾任 204 所推进剂研究室主任,科技委副主任,火炸药燃烧国防科技重点实验室学术委员会主任等职务。李上文先生于 1992 年开始享受国务院政府特殊津贴,1993 年获陕西省突出贡献专家称号。

　　李上文先生长期从事火箭固体推进剂配方设计,制备及应用领域的科研工作,是兵器工业固体推进剂科技带头人。李上文先生在双基系固体推进剂配方、燃烧及能量性能调控、特征信号消除、不稳定燃烧抑制、安全钝感技术等方面,为我国固体推进剂赶超世界水平及其在战术火箭、导弹上的应用做出了贡献,他的主要成就和贡献如下。

　　(1)突破含大量固体含能材料的改性双基推进剂螺旋挤压成型的技术关。

　　螺旋压伸是我国现有的能大量、连续化生产双基推进剂的工艺,特别适合于为战术火箭、导弹制备大批量的推进剂装药。然而双基推进剂能量较低,远不适应火箭导弹技术发展的需求,急需提高其能量。加入炸药和铝粉等含能固体材料,是提高双基推进剂能量的主要技术途径,但固体物料的加入势必导致摩擦增大,螺压工艺过程危险性增加。李上文先生及其团队经反复研究试验,在国内率先采用"增加配方溶剂比的方法",有效地解决了含固体含能材料的改性双基推进剂在螺旋挤压成型时的安全性问题,突破了该类推进剂螺压成型的安全技术瓶颈,促进我国双基推进剂能量上升了一个台阶。

　　(2)国内率先开发了低特征信号推进剂品种,并已应用于各种型号的发动机中。

　　低特征信号推进剂是 20 世纪 80 年代国外涌现的适用于导弹、火箭发动机使其羽流对导弹制导影响小的一类新型推进剂。它主要加入大量硝胺炸药以提高能量,但少用或不用金属粉,以减少烟雾。李上文先生及其团队针对含硝胺推进剂燃烧性能难调节、压力指数高的缺点,研究采用了用复合铅-铜-炭催化剂调节其燃烧性能,使燃速可在 $2 \sim 30$ mm/s 范围可调节,压力指数达 $0.3 \sim 0 \sim$ 负值的水平,解决了燃烧性能调节的难题,同时研究了抑制不稳定燃烧的有效办法,突破了应用的技术关键。另外,还对燃烧催化机理做了大量深入的研究,等等。

这些工作都为国内开创了崭新的低特征信号硝胺改性双基推进剂品种,并已陆续在各种战术导弹、火箭和航天辅助发动机中得到应用。

(3)参与了航天系统 N-15 高能固体推进剂某大型发动机技术攻关组的工作。

(4)领头申请并获批准在 204 所组建了"火炸药燃烧国防科技重点实验室",该实验室建成二十余年来,已成为国内火炸药燃烧基础研究的核心单位之一。

(5)培养了大量的博士和硕士研究生,他们多数已成为 204 所和国内各单位的科研技术带头人。

本书涉及内容广泛且十分丰富,李上文先生及其团队多年来在固体推进剂领域的研究中还提出了一些固体推进剂发展方向及研究重点的建议,介绍了多类固体推进剂在实现高能、钝感或低特征信号性能研究过程中对能量、安全、燃烧和烟焰性能调节的一些应用基础研究工作,这对理解李上文先生学术科研思想具有重要参考意义。

本书是李上文先生及其团队在固体推进剂领域多年研究工作的积累和结晶,内容系统全面且理论水平较高,对从事固体推进剂行业科研、生产的相关专业科技人员具有重要的参考价值,也可作为高等院校有关专业教师和研究生的参考书。

因时间比较紧张,文集中不当及疏漏在所难免,敬请读者批评指正。

编委会
2017 年 1 月

目　录

关于硝胺推进剂研制的几点看法

李上文

摘　要：本文从硝胺推进剂的配方设计、燃速和压强指数的调节、工艺与安全、无烟推进剂以及耐热推进剂等方面对当前硝胺推进剂的研制工作进行了梳理和分析，并对今后应开展的相关基础研究以及应重点研制的几类硝胺推进剂提出了个人的看法和几点建议。

关键词：硝胺推进剂；推进剂配方；燃烧性能；工艺与安全

1　引言

所谓硝胺类炸药，系指含有氮硝基（ $N—NO_2$ ）的爆炸物质，一般简称硝胺。按其化学结构，大致可分为脂肪类硝胺（如乙烯二硝胺，硝基胍等），芳香族硝胺（如特屈儿等），及杂环硝胺（如黑索今等）三大类。某些典型的或具有现实意义的硝胺，其简要性能见表1。

早在第二次世界大战期间，美国、德国已经开始了关于黑索今、吉纳、硝基胍等硝胺炸药在枪炮发射药中的应用研究工作[1]。战后，1948 年美国就开始发表以黑索今代替高氯酸铵的复合推进剂专利。随着火箭导弹和航天技术的进步，对高能、高密度、无烟、高压强指数或平台推进剂的要求日益增多，同时，对高能低烧蚀枪炮药的要求也日益强烈，这就促进了含硝胺推进剂研制工作的开展。由于硝胺炸药特别是奥克托今、黑索今作为推进剂的组分在很大程度上能满足上述要求，故 20 世纪 60 年代以来，关于硝胺推进剂的配方、工艺、性能、燃烧机理等内容的文献资料愈来愈多。这也反映了国外对硝胺推进剂的重视。

我国开展硝胺推进剂的研制工作大致始于 20 世纪 70 年代初。近年来各有关单位采用螺压或浇注工艺，对含黑索今或奥克托今的改性双基推进剂及复合推进剂在配方性能、工艺等方面做了不少工作，出现了若干种较成熟的配方。但是由于从提高能量的角度考虑较多，所研究的硝胺品种仅局限于奥克托今及黑索今，很多有关硝胺推进剂的基础研究工作尚未深入进行，这就限制了硝胺推进剂研制工作的进一步开展和已有成果的推广应用。本文仅就硝胺推进剂研制工作发表几点看法。

表1 某些硝胺炸药的简明性质

类别	名称	实验式	结构式	分子量 M	熔点 ℃	晶态	密度 (g·cm⁻³)	氧平衡 (%)	生成热 (kcal·kg⁻¹)	五秒延迟期爆发点 ℃	10kg/25cm 冲击感度 爆炸%	摩擦感度 爆炸%	化学安定性
	硝基脲	$CH_4O_2N_4$	$H_2N-N-C-NH_2$（含NO_2）	104	252（分解）	白色针状结晶	1.72	−30.8	213.3	275	0	0	好
	乙烯二硝胺	$C_2H_6O_4N_4$	$HN-C-CH_2-NH$（含NO_2、H_2）	150	175~176	白色斜方晶体	1.75	−32	164.6	285	8	0	呈酸性与金属起作用
脂肪族硝胺	N,N-二甲基乙烯二硝胺	$C_4H_{10}O_4N_1$	$H_3C-N-CH_2-CH_2-N-CH_3$（含NO_2、H_2）	178	136~138	白色结晶	1.49	−80.9	117	—	0	0	好
	吉纳	$C_4H_8O_8N_1$	O_2N-N（$CH_2CH_2ONO_2$）$_2$	240	49~51	淡黄色结晶	1.67	−26.6	300.24	240	—	—	好
	重（三硝基乙基）氨-硝基乙二胺	$C_6H_8O_{16}N_{10}$	$CH_2-N-C(NO_2)_3$（含NO_2、H_2）×	476	179.2~180.5	白色针状结晶	1.87	0	90	229	100	—	尚好
	重（三硝基乙基）氨-硝胺	$C_4H_4O_{14}N_8$	O_2N-N（$H_2C-C(NO_2)_3$）$_2$	388	94.9~95.2	白色针状结晶	1.97	+16.5	84.4	197	44	—	尚好

续表

类别	名称	实验式	结构式	分子量 M	熔点 $\tci℃$	晶态	密度 $(g \cdot cm^{-3})$	氧平衡 (%)	生成热 $(kcal \cdot kg^{-1})$	五秒延迟期爆发点 $\tci℃$	10kg/25cm 冲击感度 爆炸%	摩擦感度 爆炸%	化学安定性
	奥克托今	$C_4H_8O_8N_8$	$O_2N-N-CH_2-N-NO_2$ / $CH_2 \quad CH_2$ / $O_2N-N-CH_2-N-NO_2$	296	278	白色结晶	β型 1.9	−21.6	−60.4	327	100	100	很好
杂环硝胺	黑索今	$C_3H_6O_6N_6$	(环状结构 NO_2)	222	201~203	白色结晶	1.82	−21.6	−66.2	230	80	76	很好
	N,N-二硝基哌嗪	$C_4H_8O_4N_4$	$O_2N-N \bigcirc N-NO_2$	176	217~218	白色针状结晶	1.63	−72.7	75.4	—	0	0	好
芳香族硝胺	三硝基甲基苯硝胺(特屈儿)	$C_7H_5O_8N_5$	(苯环 NO_2, $H_3C-N-NO_2$, O_2N)	287	127.9 以上	浅黄色结晶	1.73	−40.4	−26.5	257	48	16	好

2 关于高能硝胺推进剂

高能硝胺推进剂一般指的是硝化棉-硝化甘油-铝粉-硝胺系统,这是一种改性双基推进剂。从表2中可以看出,这类推进剂的理论比冲大致为257~271 s。6号炸药氧平衡高达+16.5%,是富氧硝胺,它对推进剂能量的贡献最大。其次为2号炸药(氧平衡为零)。四(三硝基乙基)原酸酯(OE)是一种氧平衡为+13%的富氧硝仿炸药,但由于其生成热比6号、2号炸药差,故比冲不如它们,高氯酸铵更是如此。黑索今、奥克托今虽然氧平衡为负,但其生成热值较好,故比冲仍是较高的。从能量的角度看,其他硝胺都不算很好。可惜,由于硝仿系硝胺炸药(如2号炸药)在复合推进剂和改性双基推进剂中相容性差,严重影响了性能和工艺安全,在使用上受到了极大的限制。乙烯二硝胺有酸性,易生成敏感的金属盐,故亦未被广泛采用。目前在国内外硝胺推进剂的研究中,人们的注意力实际上仍集中于含黑索今或奥克托今配方上,因为它们的共同特点是密度大、热安定性好,与双基或惰性黏结剂及其他组分相容,含氢和氮多,燃气平均分子量小,无烟等。而它们之间奥克托今价格是黑索今的3倍(按美国1973年价格),感度比黑索今大,但奥克托今的热安定性和密度均比黑索今为好。虽然两者在配方中对比冲贡献是相同的,但在对密度比冲要求高的使用场合多采用奥克托今。美国宇航局认为含铝的改性双基推进剂中加上奥克托今,其比冲和密度比冲是目前所有推进剂中最高的。所以美国正大力研制的机动先进的洲际导弹MX,由于对密度比冲要求极高,就采用了含奥克托今的交联改性双基推进剂。

表2 某些硝胺对能量的贡献

I_{sp}^0 排序	炸药品种	$I_{sp}^0(p=100$ kg·cm^{-3}平衡流)	配方密度 d(g·cm^{-3})计算值	氧系数 α	$I_{sp}^0 \times d$ (s·g·cm^{-3})	$I_{sp}^0 \times d$ 排序
1	6号炸药	271.2	1.75	0.654 0	474.6	1
2	2号炸药	269.5	1.73	0.621 2	466.2	2
3	4-(3硝基乙基)原酸酯	268.7	1.72	0.651 3	462.2	4
4	黑索今	267.6	1.72	0.575 5	460.2	5
5	奥克托今	267.5	1.74	0.575 5	465.4	3
6	吉纳	264.2	1.71	0.556 9	451.8	7
7	特屈儿	262.3	1.70	0.540 6	445.9	8
8	N,N-二硝基哌嗪	~260	1.68	0.500	~436.8	10
9	过氯酸铵	259.8	1.75	0.652 7	454.6	6
10	硝基胍	257.6	1.70	0.547 6	437.9	9

注:基本配方为,硝化棉(12.6%N)34.0%;凡士林1.5%;硝化甘油26.0%;铝粉10.0%;吉纳5.0%;炸药22.0%;二号中定剂1.5%。

1970 年以来,我们已研制的四种含黑索今的改性双基推进剂配方,其在 $\phi50$ 发动机-弹道摆上实测比冲为 235～238 s(压强:10 kg/cm²)。但是这类配方在低压下,特别是压强小于 7 kg/cm² 下能量释放不完全。而在 100 kg/cm² 压强以上能量释放得较好(见图 1),可能这是黑索今改性双基推进剂的特点。故使用时,发动机工作压强应选在 10 kg/cm² 以上,才能在能量上充分发挥这类配方的潜力。此外,根据理论计算,配方中黑索今含量增多,比冲增加。而我们从实际所得结果却相反(见表 3),看来黑索今含量亦非愈多愈好。铝粉的含量增加在理论上也是有利于比冲提高(见图 2),但由于发动机大小的不同,喷管喉面积不同,配方的氧平衡不同等因素引起了铝粉燃烧效率和两相流损失问题,故铝粉在配方中含量,根据不同的具体情况其限度在 10%～20% 范围内。

表 3　黑索今含量对比冲的影响

配方编号	黑索今含量/(%)	铝粉含量/(%)	实测密度 (g·cm⁻³)	实测比冲 I_{sp} s	平衡压强 (kg·cm⁻²)
1	21.0	9.8	1.73	237.7	99.3
2	24.5	9.8	1.77	237～238	99～100
3	30.0	10.0	1.76	～230	～100
4	35.0	12.0	1.77	～230	～100

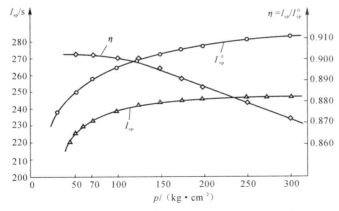

图 1　某种含黑索今的改性双基推进剂理论比冲、实测比冲、比冲效率与压强关系

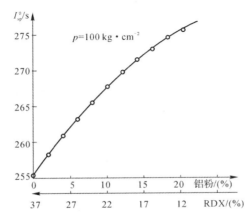

图 2　某种含黑索今的改性双基推进剂配方中铝-黑索今相对变化对 I_{sp}^0 的影响

进一步提高含硝胺推进剂的能量,除了在配方上进行调节,或加入新的高能组分之外,尚应在提高比冲效率上挖掘潜力,其效果很可观。如某配方在 $\phi50$ 发动机中实测比冲仅为 237 s;而在 $\phi54$ 发动机中采用贴壁内孔燃烧管状装药,在同样压强下(100 kg/cm²),实测比冲却高达 247 s。比冲效率从 0.87 提高到 0.92。为此,关于金属粉的燃烧,金属粉在发动机中的燃烧效率、喷管效率(特别是两相流损失)等方面应组织人力进行深入研究,以寻求其规律性。另外,为使我们在提高能量方面减少盲目性,这方面国外研究成果也可以借鉴。最近日本专利报道,利用增加铝粉在发动机中的停留时间可以提高燃烧效率,由此设计出新型药柱。该药柱分三段:前段(靠近发动机头部)加入 $50\sim150~\mu m$ 的粗铝粉;中段加入 $20\sim50~\mu m$ 的铝粉,后段(靠近发动机喷管)加入 $20~\mu m$ 以下的细铝粉。实验结果使发动机比冲增加 4%~7%,可见,提高比冲效率的研究将是一项大有作为的工作,希望能引起重视。

3   关于无烟推进剂

无烟推进剂是为了适应反坦克导弹、战术火箭、空-空导弹等武器的发展而发展的一种新型推进剂。采用无烟推进剂的火箭发动机发射时是无(微)烟或少烟的,从而避免了发射阵地的暴露,提高了武器系统的生存能力,也减少了烟对导弹瞄准跟踪的干扰。与含铝推进剂相比,无烟推进剂燃烧温度较低,从而减少了对制导雷达波的衰减,且对降低发动机消极重量也是有益的。近年来有关无烟推进剂的报道与日俱增,有些可能已在产品上使用了。例如,"美国 1975 年火箭推进剂科研规划"中谈到正在研制"龙"式反坦克导弹用的无烟平台推进剂和"小榭树"地-空导弹用的无烟推进剂。"火炸药、烟火剂、塑料、添加剂相容性 1974 年会议文集"上报道了美国海军军械站发展了一种无铅,无硝化甘油,无烟平台推进剂,代号为 SONIHAA-10。它与著名的 N-5 麦撒推进剂相比能量高 10%;与包覆层相容性好,增塑剂的迁移仅为硝化甘油的 1/10;化学安定性比 N-5 高一倍;催化剂用量比同样效果的铅盐少 4/5。将用它替代常规双基药用于战术火箭中。1974 年正在美国雷德福兵工厂研究其工艺扩大问题,估计目前已达到实际使用阶段。

一般认为,固体推进剂燃气中的白烟来自高氯酸铵、铝粉、和铅盐催化剂三者的燃烧产物:HCl,Al_2O_3 和 PbO,其中尤以 HCl 和 Al_2O_3 最甚。而黑烟则是由于推进剂氧平衡太低,燃气中有游离的炭粒而形成的。所以,要想实现无烟化,推进剂中应避免采用高氯酸铵和铝粉,并尽可能少用或不用铅盐催化剂。此外,配方的氧平衡不应太低,最好为 -20% 以上,至少不能小于 -30%。

当前资料报道的无烟推进剂系统很多。有采用硝化棉-硝化甘油-硝酸铵-奥克托今系统;有硝化棉-硝化甘油-硝酸铵-硝仿炸药系统;或硝化甘油-硝化棉-四-(三硝基乙基)原酸酯(或泰安、梯恩梯)系统。更多的是采用硝化棉-硝化甘油(或其他含能增塑剂)-黑索今(或奥克托今等硝胺)系统。我们认为,由于硝酸铵的吸湿性和晶型随温度的转变问题,以及硝仿炸药的相容性问题一时难以解决,故不宜选用。我们倾向于采用目前国外已广泛研究和使用的硝化棉-硝化甘油(或其他含能增塑剂)黑索今(或奥克托今等硝胺)系统。因为黑索今、奥克托今能量较高、无烟、安定性和相容性好,是较为理想的无烟组分,国内又可大量生产,来源不成问题。

根据初步计算,这个系统的能量上限大致为理论比冲 $I_{sp}^0 \approx 255$ s,换算成实际比冲 $I_{sp}^0 \approx 230 \sim$ 240 s(比冲效率 η 取 0.90~0.94)。国外曾报道类似的配方 I_{sp}^0 也大约为 230~240 s。由计算的 I_{sp}^0 与黑索今或奥克托今的百分含量作图(见图3),并结合实际的经验和工艺可能性认为:

1)对于 $I_{sp} \approx 220 \sim 230$ s 的高能无烟推进剂推荐选用硝化棉-硝化甘油-三缩乙二醇二硝酸酯(太根)-黑索今(或奥克托今)系统,其中黑索今(或奥克托今)含量在 34%~55%;亦可考虑选用硝化棉-硝化甘油-吉纳-黑索今(或奥克托今)系统,其中黑索今(或奥克托今)含量在 30% 以上。还可考虑用太安(季戊四醇四硝酸酯)代替硝胺炸药。

2)对于 $I_{sp} \approx 210 \sim 220$ s 的中能无烟推进剂推荐选用下列系统:

a. 硝化棉-硝化甘油-太根-黑索今(或奥克托今),其中黑索今(或奥克托今)含量为 8%~32%。

b. 硝化棉-硝化甘油-二硝基甲苯-黑索今(或奥克托今),其中黑索今(或奥克托今)含量为 12%~34%。

c. 硝化棉-硝化甘油-吉纳,其中吉纳量应不超过 15% 以免出现晶析。

对于低能($I_{sp} \approx 200$ s)平台低燃速推进剂推荐选用硝化棉-硝化甘油-太根-N,N-二硝基哌嗪或硝基胍系统。其中,N,N-二硝基哌嗪有可能使配方燃速大幅度下降(数据下面一节再谈)。而配方的燃气温度 T_c 比双乙醛药低 168℃(在能量相似的条件下),见表4。

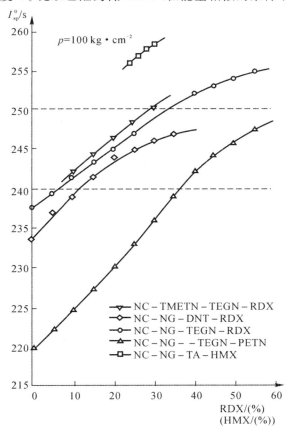

图3　几种双基-硝胺无烟配方能量范围的预估

表 4　几个低能低燃速配方计算性能比较

配方	化学成分/(%)										计算性能				
	硝化棉	硝化甘油	聚甲醛	N,N-二硝基哌嗪	二乙二醇二硝酸酯	太根	二号中定剂	苯二甲酸铅	氧化铜	凡士林	Q	f_0	I_{sp}	T_0	ΔT_0
双乙醛	12%N 48.5	29.2	14.0	—	0.8	—	1.5	1.0	0.7	0.7	844	80 064	199.1	2 178	0
1	12%N 51.5	—	—	14.0	—	31	1.5	1.0	0.3	0.7	636.6	70 278	186.0	1 680	−498
2	12%N 49.5	13.0	—	14.0	—	20	1.5	1.0	0.3	0.7	786.3	79 300	197.4	2 010	−168
3	12.6%N 55.0	—	—	—	—	38	2.0	1.5	1.5	1.0	671	83 913	203.4	2 068	−110

国内外实践的经验告诉我们,无烟推进剂的研究中要注意解决如下几个问题。

(1)晶析问题。

(2)工艺与安全问题。

(3)烟雾的测定方法。

无烟推进剂的一个重要技术指标是发烟性。国外采用测定吸光系数、发烟性或光减弱百分比等项目来比较发烟性的大小程度。我国目前急需筹建此类测试项目,然后建立相应的发烟性判断标准,这对无烟配方组分的选择、配方发烟性优劣的比较是必不可少的。

(4)振荡燃烧的抑制问题。

由于不允许加入铝粉等高热值金属粉末(而它们对抑制振荡燃烧往往是比较有效的),因此无烟推进剂在发动机中一旦出现不稳定燃烧,将不得不采用添加除金属粉外的其他燃烧稳定剂的办法来抑制。1973 年度美国火箭推进剂科研规划中提到由航空喷气通用公司承包研究先进战术火箭用无烟复合推进剂燃烧不稳定性问题。我们在研究 215 s 无烟平台推进剂的过程中也曾出现了振荡燃烧的问题。预计随着无烟推进剂能量的提高,此问题可能更为严重。

从配方的角度出发,可以添加高熔点金属氧化物(如 TiO_2,ZrO_2 等)和耐热纤维状物质(如石棉纤维,聚苯并咪唑纤维,石墨纤维等)作为燃烧稳定剂,使推进剂燃烧时形成气相微粒阻尼,达到抑制振荡燃烧的效果。目前燃烧稳定剂品种的筛选,其临界含量和最佳粒度的确定只能依靠发动机实验才能做出结论,迫切需要有关振荡燃烧研究工作进行配合,逐步做到预测配方的稳定性(国外已可初步做到)。由此可提高研究效率,以缩短配方研制周期。此外,采用加共振棒、开径向孔、开槽等物理方法也往往是行之有效的。国外不少产品发动机也是靠这种物理方法抑制振荡燃烧的,我们国内也应开展这方面的研究。

(5)无烟推进剂还应与无烟的点火药和无烟的包覆层相配合,才能使发动机真正达到无烟化。所以要相应开展无烟(少烟)点火药和无烟(少烟)包覆层的研究。

4　关于硝胺推进剂燃速、压强指数的调节

与液体火箭发动机相比,固体火箭发动机的一个重要缺点是不能进行重新起动和推力调

节。为了满足某些军事用途和航天事业的需要,应提高固体发动机的性能,国外正大力研究能重新起动和推力可控的固体发动机以及适用于这类发动机的高压强指数、高比冲推进剂。已知美、日、法等国正在研制高压强指数推进剂。其中日本研制了含黑索今的改性双基推进剂,它的压强指数高达 0.89。

但是,对于一般军用火箭导弹来说,则希望压强指数 n 愈小愈好。即希望采用平台或负 n 值的推进剂。而某些特殊用途的气体发生器,要求有 n 值低达 -2.5 的推进剂,而且也确实研制出了这种推进剂。对于含有黑索今、铝粉的改性双基推进剂其 n 值大约为 1,但它与含高氯酸铵、铝粉的改性双基推进剂相比,添加适当的铅-铜等复合推进剂,n 值较易降低。如某种含黑索今的改性双基推进剂采用邻氨基苯甲酸铅-β雷索辛酸铜-中超炭黑复合催化剂后,n 值从 1 降到 0.3,而某配方因多含了高氯酸铵,n 值就较难降到 0.5 以下。对于高能硝胺无烟推进剂,国外曾报道用 $PbSnO_4$-TDI 热解产物作催化剂(含量 4%),可使 $I_{sp} \approx 230 \sim 240$ s 的无烟推进剂(含奥克托今或黑索今)n 值降低到零左右。也报道了类似的无烟推进剂,采用无机铅氧化物和 SnO_2 按 $20 \sim 50/80 \sim 50$ 的比例加入配方中,也可出现平台。对于 215 s 无烟平台硝胺推进剂,我们亦从实验证明,加入有机酸铅-铜盐也可出现平台,数据见表 5。

表 5　某些无烟推进剂配方及性能

工艺	配方				平台压强范围 (kg·cm⁻²)	平台压强燃速 (mm·s⁻¹)	来源
压伸或浇注	硝化棉(12.6%N)	19.9	黑索今(14μ)	54	$p=43\sim100$ $n=0$	11.45	USP 3954667
	硝化甘油	16.7	甘油三醋酸酯	4.2			
	2-硝基二苯胺	1.0	甲苯二异氰酸酯	4.2			
	$PbSO_4$	1.0	炭黑	0.03			
	$Q=1\,145$ cal/g(测)						
浇注	流动药球	19.5	黑索今	30.0	$p=43\sim128$ $n=0.11$	10.16	USP 3996080
	浇注液	46.5	PbO_2/SnO_2	1.2/2.8			
螺压	硝化棉(12.6%N)	43.0	太根	5.0	$p=50\sim100$ $n=0.15$	$7.4\sim8.6$	—
	硝化甘油	29.0	黑索今	11.0			
	N,N-二硝基哌嗪	5.0	凡士林	1.0			
	苯二甲酸铜	2.4	己二酸铜	0.8			
	二号中定剂	1.5					
	$Q=1\,042$ cal/g(测)						

鞣酸铅-特黑组合催化剂目前仍是对提高燃速较为有成效的催化剂。而降低燃速的催化剂目前还较少。降低燃速的难度看来比提高燃速的难度要大。而且往往燃速的降低伴随着能量的大幅度下降。我们在实验中发现杂环硝胺 N,N-二硝基哌嗪代替黑索今,能使燃速有较

大幅度的降低,而对能量的损失较少,可考虑作为低燃速无烟推进剂的组分使用。实验结果见表 6。

表 6　在 1# 配方中 N,N-二硝基哌嗪(DNP)代替黑索今(RDX)对燃速的影响

配方情况	燃速 u/(mm·s^{-1})			压强指数 n		Q/(kcal·kg^{-1}) W/(L·kg^{-1})
	$p=70$	$p=100$	$p=125$	$p=70\sim100$	$p=100\sim125$	
1#	17.17	20.99		0.56		1 334.7/633.8
1# 中 DNP 代替 RDX	9.44	11.64	13.11	0.58	0.33	1 227.8/741.5
1# 中 DNP 代替 RDX 且取消催化剂	($p=80$) 4.66	6.31	7.49	($p=80\sim100$) 0.85	0.77	—

　　注:表中压强 p 的单位均为 kg·cm^{-2}。

　　由于铅盐催化剂燃烧时产生 PbO,PbO 在燃气中呈白色或青色烟,因此无烟推进剂应尽量少用或不用铅盐催化剂。已报道研制出无铅的弹道改良剂。它们是钡、钽、镧、铪的有机酸盐或氧化物,可产生最好的无烟性能。亦用 BaO/SnO$_2$ 或 BaO/SnO$_2$ 代替 Pb$_3$O$_4$/SnO$_2$ 改良剂。还报道了用钛的有机酸盐(如苹果酸钛,琥珀酸钛等)代替铅盐改良剂。并认为这是推进剂技术上的重大进展。前述美国 SONTH-AA-10 无烟平台推进剂所用也是一种非铅催化剂,由此可见,当前国外弹道改良剂的研究已突破了铅盐的范畴,作为推进剂研究工作者应广开思路,努力探索新的平台催化剂。

　　黑索今的粒度和含量对配方的燃速是有影响的,不过后者的影响较大。(黑索今含量[①]增加时,燃速下降,n 值上升)前者的影响较小(见图 4),日本人的工作也得出了相似的看法,他们还报道:随着奥克托今的增加,燃速降低,平台区向低压下移动。另外不同品种的硝胺由于其化学结构和物理性质的不同,在同一配方中燃速也不相同。以 100 kg/cm^2 压强下的燃速(mm/s)大小的排列次序大致如下:

　　　　黑索今(19.46)＞奥克托今(17.89)＞N,N-二硝基哌嗪(15.20)

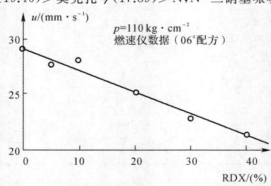

图 4　黑索今含量对燃速的影响

---

　　① 本书中除特别标注之外,含量均为质量百分含量。

5　关于耐热推进剂

耐热推进剂目前主要用于空间和深井两个领域中。所谓空间任务指的是外层空间导弹和航天飞行器，而所谓深井任务则指的是油井、天然气井或地下勘探。前者要求推进剂能长时间处于高温、真空和辐射的环境中（例如：要求推进剂能通过 135℃下 300 h 的消毒实验）；后者要求推进剂能在摄氏数百度温度、上千 kg/cm² 的压强下数小时性能不变，不自爆，也就是说要求推进剂较长时间处于高温、高压（有时还有液体存在）的环境中。

显然，耐热推进剂要求使用耐热的组分。耐热炸药黑索今、奥克托今、硝基胍、苦味酸铵、六硝基芪等均为目前耐热推进剂常用的基本组分。而耐热推进剂的黏结剂多为聚四氟乙烯、硅酮橡胶之类的耐热高分子化合物。

我国石油工业的大发展迫切需要耐热推进剂。如某油田要求能在 180℃、600 个标准大气压（1 个标准大气压为 101.325 kPa）、3 h 内有效的耐热推进剂作深井取岩芯之用。

我们用奥克托今加氟橡胶的配方已可初步满足要求。但随着钻井愈来愈深，温度要求将超过 200℃，甚至 300℃，压强可高达 1 000～1 500 个标准大气压。这时，奥克托今之类的硝胺炸药就满足不了要求。需要研制新型的耐热炸药和新的耐热推进剂配方。

6　工艺与安全

国外硝胺推进剂多采用溶剂法压伸工艺以及浇注工艺。溶剂法工艺先以乙醇润湿奥克托今使之减敏，然后再按单基药工艺进行捏合、压伸、预烘、浸水、烘干等操作，比较安全，但难以制得大尺寸药柱。浇注工艺在尺寸上可不受限制，工艺及安全上困难较少。国内硝胺推进剂主要采用浇注和螺压两种工艺。一般说来，只要浇注液料达到 36% 左右，药浆的流动性就比较好，可以得到质量较好的药柱。对于螺压工艺来说，目前可以采取提高溶剂比的措施（从一般双基药 0.70～0.75 提高到 0.90 左右）已经在 φ80 mm 螺压机中挤压出总固体物料高达 40%～50% 的配方药柱。并顺利地通过了发动机点火实验。而对于硝胺含量高达 40%～50% 的高能无烟推进剂能否在工艺上安全顺利地通过螺压机，目前尚无实践经验。

我国硝胺推进剂的研究才刚开始，要想大力发展这类推进剂，就应重视工艺及安全问题的研究，应开展硝胺推进剂流变特性、固化特性的研究，建立相应的测试方法，逐步做到能指导工艺条件选择和设备的设计。应建立或完善推进剂冲击、摩擦、静电感度的测试方法及标准，研究建立模拟螺压机工作条件下配方感度大小的测定方法，为逐步建立推进剂危险性分析技术打下基础。

7　硝胺在推进剂中的晶析

根据统计，大多数硝胺在炮药和箭药中都不同程度地存在晶析现象，影响了配方的推广应用。对于吉纳晶析的问题，华东工程学院曾作过不少研究，而且找出了在配方中吉纳晶析的临界量。近两年我们对含黑索今的三种推进剂中黑索今晶析现象进行了观察,初步得到一些感性的认识。国外对晶析的研究除 OSRD 有几篇资料外,第二次世界大战后几乎未见有这方面报道。由于国内推进剂的研制者或使用者均较关心晶析问题,因而当前应首先弄清晶析究竟对火药性能带来什么危害,晶析到何种程度不能使用,其次才是确定是否抑制晶析,如何抑制晶析及研究晶析机理和影响因素。

我们曾用扫描电子显微镜对晶析了的推进剂表面进行拍照,根据照片计算其晶析约为配方中黑索今含量的 0.017%,曾用贮存二年后出现晶析的药柱进行发动机实验,与原来无晶析的发动机数据作对比,未发现有明显异常(见表 7)。黑索今粒度对燃速、压强指数的影响见表 8。由于贮存时间尚短,实验做得较少,继续进行此工作是有益的。为了缩短实验周期,可将一批药柱在不同温度和湿度环境条件下进行循环,以加速晶析的出现。然后按不同的循环周期分别取出药柱,测定其有关性能(如点火、燃速等)和对应的晶析量,找出性能恶化的临界点来。

表 7　药柱出现晶析对发动机性能的影响

项目	1974 年 8 月实验(无晶析)		1976 年 2 月实验(有晶析)	
	$K_N=195$	$K_N=245$	$K_N=195$	$K_N=245$
燃速 $u/(\text{mm}\cdot\text{s}^{-1})$	22.43	26.66	21.90	26.26
平衡压强 $p_{eq}/(\text{kg}\cdot\text{cm}^{-2})$	105.6	168.3	103.0	153.0
峰值比 P_r	1.06	1.00	1.19	1.05
每组实验发数	3	3	3	3

表 8　黑索今粒度对燃速、压强指数的影响

编号	黑索今粒度	燃速 $u/(\text{mm}\cdot\text{s}^{-1})$				压强指数 n		
		$p=100$	$p=125$	$p=150$	$p=175$	$p=100\sim125$	$p=125\sim150$	$p=150\sim175$
06-R-3	过 40~60 目筛 $d\approx340\mu m$	26.53	29.15	31.95	34.13	0.42	0.50	0.49
06-R-4	过 60~80 目筛 $d\approx210\mu m$	26.60	29.41	32.05	33.90	0.42	0.50	0.43
06-R-5	过 80~100 目筛 $d\approx160\mu m$	25.84	29.42	31.94	34.54	0.45	0.56	0.42
06-R-7	过 ~325 目筛 $d\approx14\mu m$	24.81	27.28	29.76	31.55	0.43	0.48	0.38

注:基本配方为,硝化棉(13.0%N)33.8;吉纳 5.4;硝化甘油 26.4;黑索今 19.6;铝粉 9.3;二氧化铅 2.0;凡士林 0.5;鞣酸铅 2.0;炭黑 0.5;二号中定剂 0.5。

8 几点建议

8.1 今后应开展以下几方面基础研究

(1)含硝胺及其他固体物料的改性双基推进剂流变特性和固化特性的测试和研究；

(2)硝胺推进剂危险性分析和实验方法的研究；

(3)硝胺炸药的燃烧催化(及阻化)的研究；

(4)硝胺炸药的结构、含量与主配方各种性能间的关系的研究；

(5)适用于硝胺推进剂的弹道改良剂,特别是无铅弹道改良剂的研究；

(6)硝胺推进剂燃烧机理的研究；

(7)无烟推进剂振荡燃烧的抑制的研究；

(8)硝胺推进剂提高比冲效率的研究,引进计算实际比冲的SPP程序；

(9)提高硝胺推进剂低压下能量释放效率的研究；

(10)硝胺晶析对推进剂性能影响的研究；晶析的影响因素、机理和抑制方法的探索。

8.2 重点研制如下几种硝胺推进剂,并逐步形成系列

(1)现有的硝化棉-硝化甘油-吉纳-黑索今-铝粉系统改性双基推进剂:浇注药重点研究降低 n 值,进一步提高能量,扩大燃速范围等问题；螺压药重点研究降低燃速,平台区往低压移动,改善工艺性能等问题。

(2) I_{sp} =220～230 s 高能无烟平台推进剂。

(3) I_{sp} =210～220 s 中能无烟平台推进剂。

燃速 u =8～10 mm/s,10～15 mm/s,15～20 mm/s。

平台压强范围:50～110 kg/cm², 100～150 kg/cm²。

(4)低燃速低能无烟平台推进剂:燃速 u <5 mm/s,其他性能不亚于双乙醛药。

致谢:本文中有关能量计算部分系由潘文达同志协助进行的,特此致谢！

参考文献

[1] 徐叔刚.火药研究的有关数据[M].北京:国防工业出版社,1976.

文章来源:固体推进剂基础理论座谈会,1978[*].

---

* 本文发表于 20 世纪 70 年代,压力单位用 kg·cm⁻²,现在使用应换算成 Pa=N/m²。文中的能量单位 cal,也应换算成 J。

炭黑对硝胺推进剂燃烧性能的影响

李上文

摘　要: 本工作选取了八种不同规格和厂家出产的炭黑,研究了其对高热值硝胺推进剂燃速和压强指数的影响规律。实验观察到,在芳香酸铅-铜品种和比例一定的条件下,炭黑的加入对明显地降低压强指数起关键作用。实验也表明,750℃以上开始分解的耐热芳香酸铅盐的存在不是高热值推进剂出现低压强指数倾向的先决条件。注意到在炭黑的许多物化性质中,粒径可能是个重要的控制指标。极细的或较粗的炭黑,对改善压强指数不明显,而粒径中等(24~35 nm)的炭黑却很有成效。还观察到炭黑的含量对 RDX - CMDB 推进剂燃烧性能的影响规律与低能平台双基推进剂是相似的。最后,本文尝试用前人曾经提出的关于炭黑在双基推进剂燃烧表面附近作用的观点,对本研究中观察到的某些现象作定性的解释。

关键词: 炭黑;硝胺推进剂;燃烧性能;催化燃烧

1　引言

人们早已知道,炭黑在固体推进剂中起着阻挡辐射的遮光剂作用。后来,由于平台双基推进剂的发展,人们在研究各种铅化物作为平台弹道改良剂在双基推进剂中降低压强指数(n)效果的同时发现,炭黑及某些染色物质能大幅度地提高推进剂的燃速(u)。而且,当炭黑量少时,平台燃速增加很多;当炭黑为 0.5% 时,n 值开始变大;当炭黑含量大于 1% 时,平台消失。还指出,对于爆热为 1 350 cal/g 的双基推进剂,4% 的 β-雷索辛酸铅和 0.4% 的 Carbalac Ⅰ 炭黑配合使用,在 77.3 kg/cm² 下平台燃速为 28 mm/s,比无炭黑的配方增加 38%。

关于炭黑能增加燃速的原因 А.Л.ДеНИСЮК 认为这是由于炭黑阻止了燃烧表面铅催化剂微粒的凝聚,并保证这些微粒靠近燃烧表面,从而增加了铅盐的催化活性,导致燃速增加。D. J. Hewkin 则认为,炭黑是许多气相反应的良好催化剂,而且也是良好的催化剂载体。同时,炭好像是铅存在时的活性中心。双基推进剂燃烧时,表面生成的炭和配方中预先加入的炭黑都可促进燃烧表面附近 NO 还原成 N₂ 的放热反应,从而增大了燃速。当压强升高时,炭不断被 NO 氧化掉,燃速逐渐降低,因而压强指数变小。

对于含 RDX 和铝粉的改性双基(CMDB)推进剂,炭黑及其他催化剂对其燃烧性能的影响是人们关注的问题,也是本文的中心内容。根据 Kubota 的观点:由于硝胺与高氯酸铵物理化学性质的显著不同,故含硝胺的 CMDB 推进剂与含高氯酸铵的 CMDB 推进剂燃烧波结构也是完全不同的,前者类似于双基推进剂。因此可以预计炭黑在其中的作用与双基推进剂燃烧时可能也有类似之处,可用上述的有关理论加以解释。

2 试样和实验方法

试样是采用常规的吸收—压延—螺旋挤压成型方法制造的。药条长 130 mm,直径 3 mm,外侧涂以包覆层,在恒压燃速仪中测定燃速,再处理成压强指数。其中某些试样的性能也经过小型实验发动机的验证。

3 炭黑规格的影响

炭黑在工业上主要用于橡胶、油墨、涂料和塑料制品中。按照不同的用途,对炭黑提出的各种各样的技术指标已多达二十余项。鉴于炭黑在推进剂中主要作为燃烧催化剂,故着重对炭黑的粒度、比表面、结构性、pH 值、挥发分、氢和氧的含量等物理、化学特性与燃速、压强指数的关系进行研究比较,寻找其间的内在联系。

炭黑是主要由碳构成的具有准石墨微晶特征的物质。其粒径很小,在 5～500 nm 范围内变化。粒子大小可用算术平均直径(d)表示。其比表面积值可用电镜和 BET 法测定。碘吸附法是测定炭黑比表面的快速检测法,其数值近似于用 m^2/g 表示的 BET 比表面值。炭黑的结构性可以用吸油值来表示:吸油值大则结构高。

表 1 列出八种不同生产方法、用途、厂家和规格的炭黑对硝胺推进剂燃速、压强指数影响的数据。表 1 中炭黑某些规格变化的范围为:pH 值 3.2～9.6;结构性(以吸油值表示)0.99～3.4 mL/g;挥发分 0.09％～6.41％;氧含量 0.06％～5.32％;氢含量 0.14％～0.97％。这些规格指标的变化对燃速、压强指数的影响无明显的规律性。但是从提高燃速角度考虑,炭黑的粒径和比表面却有着重大的作用。这和低能双基推进剂中的规律是相同的。从图 1 和表 1 可知,炭黑的粒径 d 与燃速恰成反比。但在 $d=63～25$ nm 范围内,$d-\mu$ 关系近似为直线,即曲线斜率较大。如 d 从 63 nm 降到 24～34 nm(为原值的 1/2 或 1/3),燃速增大 1.37～1.55 倍。而在 $d=25～5$ nm 区间内(缩小为原值 1/5)燃速却只增大 1.12 倍,即曲线变得平缓起来。另外从压强指数改善的观点出发,从图 1 还可看出,除炭黑(T)和炭黑(X)两者之外,其余六种炭黑(H,ZG,E 和 Z_{1-3})均可使 $p=100～175$ kg/cm² 范围内压强指数降低到 0.35 以下。其中炭黑(E)最佳压强指数为 0.23。也许,炭黑(E)有良好的导电性是压强指数低的原因之一。在 $p=100～150$ kg/cm² 范围内,上述六种炭黑中有四种压强指数<0.30 综合看来,几种炭黑的压强指数大小顺序为

$$E<H<ZG;Z_1<Z_2;Z_3<T<X$$

粒度极细的炭黑(X)和粒度较粗的炭黑(T)对 n 的改善效果不大,而中等粒度(23～34 nm)六种炭黑均对 n 改善确有成效的事实告诉我们:在炭黑的许多物化性质中,d 和比表面对 u 和 n 的改善可能是个重要的控制指标。

这里特别令人感兴趣的是,炭黑不仅对高爆热的硝胺推进剂提高燃速有效,而且只有当它与某种芳香酸铅盐和铜盐按一定比例复合使用的条件下,可使这种压强指数 n 明显下降。这种炭黑-铅-铜盐三者间"协同效应"的详细机理,目前还不清楚,有待今后进一步深入研究。

表1 炭黑品种和理化性能对燃速、压强指数的影响

序号	炭黑代号	炭黑生产工艺	用途	算数平均粒径(电镜法)/nm	比表面积(电镜法)/(m²·g⁻¹)	吸碘值/(mg·g⁻¹)	吸油值/(mL·g⁻¹)	pH值	灰分/%	C/%	H/%	S/%	O/%	挥发分/%	$p=125\ kg/cm^2$ 燃速 u/(mm·s⁻¹)	催化效率 u/u_0	80~100	100~125	125~150	150~175	100~150	100~175
1	T	炉法	橡胶	63.3	—	29.9~	~0.59	9.6	0.23	98.6	0.37	0.30	0.33	0.4	15.17	1.06	0.33	0.49	0.63	—	0.56	—
2	E	热解	电池	34.9	85.9	87.5	3.42	5.6	0.05	99.6	0.14	0.13	0.03	0.1	20.08	1.40	0.39	0.24	0.22	0.24	0.23	0.23
3	ZG	炉法	橡胶	26.6	101.1	142.6	1.34	9.2	0.25	98.2	0.41	0.46	0.60	0.6	19.61	1.37	0.35	0.22	0.28	0.43	0.25	0.31
4	Z₁	炉法	橡胶	28.5	97.5	125.1	1.15	8.7	0.14	98.0	0.47	0.27	0.98	0.7	20.62	1.44	0.40	0.34	0.22	0.36	0.28	0.31
5	Z₂	炉法	橡胶	27.1	95.5	128.1	0.99	7.4	0.32	97.4	0.28	0.33	1.55	0.7	20.92	1.46	0.41	0.39	0.31	0.34	0.35	0.35
6	Z₃	炉法	橡胶	24.4	108.0	136.1	1.26	7.9	0.12	97.8	0.36	0.50	1.09	0.7	22.22	1.55	0.40	0.37	0.38	0.30	0.38	0.35
7	H	大房	橡胶	30.6	91	~90	0.99	3.2	0.01	93.4	0.97	0.20	5.32	3.8	21.69	1.52	0.39	0.26	0.18	0.41	0.22	0.28
8	X	滚筒	涂料	~5	(BET)440.6	—	1.65	3.1	0.17	—	—	—	—	6.4	23.58	1.65	0.47	0.32	0.56	—	0.44	—
0															14.31	1.00	0.34	0.45	0.65	0.88	0.55	0.66

注：基本配方为含RDX19%，Al9.5%的CMDB推进剂，芳香铝，铜比例为1：0.3。除0#样品无炭黑外，其余样品的炭黑含量均为0.4%。

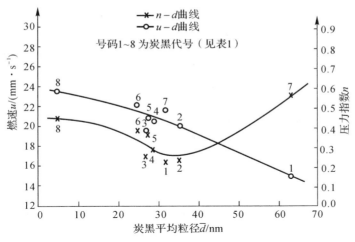

图 1   炭黑粒度对燃速、压强指数的影响

4   炭黑含量的影响

低能双基推进剂中,炭黑含量对燃速和压强指数的影响早有报道。本文所研究的硝胺推进剂中,炭黑含量时燃速的影响是显著的,见表 2 和图 2。随着炭黑含量的逐步增大,燃速相应地逐步升高,直到 0.6% 以后,u 仍有继续增大的趋势。此时炭黑的增速催化效率 u/u_0 达到 1.67,燃速已从无炭黑时的 12.95 mm/s 增至 21.65 mm/s。这一趋势与一般低能双基推进剂是相似的。显然,炭黑在三个催化剂中对燃速的影响是最大的,起着调节配方燃速的主要作用。另外,随着炭黑含量的增大,压强指数逐步降低。最初 $u\text{-}p$ 曲线呈斜 s 型,随着炭黑增多,此形状逐渐消失,低压强指数区往高压区移动,而且压强指数小于 0.2($p = 100 \sim 200$ kg/cm²,炭黑含量为 0.6%)。这个趋势与低能平台双基推进剂相似。

表 2   炭黑含量对燃速、压强指数的影响

序号	含量	$p = 100$ kg/cm²		压强范围/(kg·cm⁻²)				
		燃速 u $(\text{mm} \cdot \text{s}^{-1})$	催化效率 u/u_0	80~100	100~125	125~150	150~175	175~200
				压强指数 n				
1	0	12.95	1.00	0.34	0.45	0.65	0.88	>1
2	0.2	16.10	1.24	0.31	0.27	0.23	0.80	0.28
3	0.3	17.06	1.31	0.37	0.27	0.22	0.70	—
4	0.4	18.48	1.43	0.39	0.20	0.23	0.48	0.40
5	0.5	19.88	1.54	0.44	0.27	0.24	0.38	0.18
6	0.6	21.65	1.67	0.49	0.28	0.23	0.19	0.13

注:基本配方同表 1,采用炭黑(Z₁)。

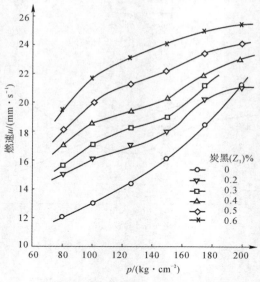

图2　炭黑含量对燃速、压强指数的影响

5　讨论

Preckel 曾认为,对于高热值双基推进剂,只有使用 750℃以上才开始分解的耐热芳香酸铅盐代替不耐热的硬脂酸铅,才能出现平台。我们曾采用热解温度仅为 240℃的某种芳香酸铅盐加入硝胺-CMDB 推进剂中,或分别与芳香酸铜盐或炭黑搭配,但均对改善压强指数无明显效果。一旦铅-铜盐与炭黑三者按一定比例复合使用,压强指数明显降低。可见,芳香酸铅盐的耐热性不是高热值双基推进剂出现平台燃烧的先决条件,而一定粒径炭黑的存在却是个重要的条件。我们设想:对于含芳香酸铅、铜盐的高热值推进剂,由于燃烧表面温度(T_s)较高,燃烧时生成的炭较少,难以形成超速燃烧。若添加适量炭黑,则可使燃烧表面炭的数量增多,才能促进 NO 的还原放热反应,从而产生超速燃烧和平台。

粒度特细的炭黑(X)和较粗的炭黑(T)对改善 n 的效果不大的原因可作如下解释:由于高能双基推进剂燃烧表面温度较高(大于 400℃),又因为炭黑的着火温度为 290~380℃粒径 5 nm左右的超细炭黑粒子在燃烧表面附近极易被迅速氧化而消失;而粗粒径(~63 nm)的炭黑却不足以防止燃烧表面催化剂微粒的聚集。基于上述两点原因,这两种炭黑的催化效果大大地降低了。

以上的解释均是在过去的有关平台理论基础上进行的推论。实际上炭黑的表面性质是十分复杂的。例如,在其巨大的芳核的周边上结合羧基、酚基、醌基和内酯基等表面官能团[1]。这些官能团也可能参与燃烧催化反应的历程。因此炭黑的燃烧催化作用也是相当复杂的,还需采用更精确、更先进的手段进行探索。

参考文献

[1]　道奈 J B, 等.炭黑[M].王梦蛟,等,译.北京:化学工业出版社,1983.

文章来源:兵工学报——火炸药专集,1984(4):1-5.

The Study of Double Base Propellant on Copper Compounds as Combustion Catalysts

Li Shangwen, Zhao Fengqi

Abstract: This paper deals with the catalytic-platonized-effect of sixteen kinds of copper compounds; various amount of cupric resocylate (Cu-res.) and Cu-res. together with carbon black (CB) as combustion catalysts added in double base propellants. At the same time, the active components of copper compounds and the position of the catalysis are discussed. We also explain the influence of Cu-res. Content on the infrared transmissivity of the combustion products of double base propellants.

Key words: combustion catalyst; copper compound; double base propellant

1   Introduction

Lead compounds as combustion catalysts(or ballistic modifiers) have been investigated for over 40 years. Truly, a number of lead compounds are known in the art which both enhance the burning rates (u) and produce the platonisation in double base propellants. However, the oxides of lead, which are directly added or formed by the decomposition of lead salts in the course of propellant combustion, appear white or bluish smoke in the exhaust products. On the other hand, lead compounds are also poisonous, influcing of non-lead catalysts used in double base propellants. In this case, copper compounds have shown the influence of copper compounds on the burning rates and the pressure exponents of extruded double base propellants. For instance, cupric monobasic salicylate and cupric benzonicethylkelone had enabled the propellants to give rise to mesa combustion effect respectively in the range of 19.6 to 27.44 MPa and 17.64 to 23.52 MPa, and to increase the burning rates up to about 28mm/s. in the lower energetic composition containing cupric oxide, platonized phenomena could have been observed under moderate pressure. In 1974, Camp once announced that a smokeless, plateau-burning double base rocket propellant have been developed without lead and nitroglgceine in the U. S., and had claimed that this propellant would be used sufficiently higher pressure and higher burning rate than N-5 to be more effective, and would have more nearly constant ballistics over long periods of aging. By means of patent, we learned that it was cupric resocylate that it was chosen as the plateau catalyst.

The more systematic research on copper compounds as the catalysts of double base propellants and the preliminary law of adjusting burning rate and pressure exponent will be represented by this paper.

2　Experiments and results

2.1　Preparation of samples

The formulation of control propellant B-1＜without catalyst＞ contains nitrocellulose (12.0％ Nitrosen，60％ by weigh)，nitroglycerin and plasticizer (37.5％，by weigh)，stabilizer (2％ by weigh) and Vaseline (0.5，weigh).

The conventional technology (1.3，slurry，rolling and sciextrusion) was used to prepare samples，which were strands contain with inhibitor and with 5 millimeters diameter and around 150 millimeters long.

2.2　Catalysts

The sixteen kinds of copper compounds are used as follows：Cu res.，cupric 2,5-dihydroxyibenzoate，cupric 3，4，5-trihydroxyibzoate，cupric salicylate，cupric para-hydroxyibenzoate，cupric 3，5-dinitrobenzoate，cupric para-nitrobenzoi，cupric para-amiosalicylate，cupric phthalate，cupric benzoate cupric adipate，cupric carbonate and copper oxide.

2.3　Measurements of burning rates and Infrared transmissivities

The data for the curves of the burning rate-pressure relationship were obtained by standard techniques. A strand of propellants was burned in a Crawford bomb. Recordings were made of the time length of strand，and the nitrogen gas pressure inside the bomb. From this date the burning rates and the pressure exponents was calculated.

The measurement of the Infrared transmissivity (T) was XXXX through with HW-1 type of three channel smoke-measured dev. Each sample weighed around 0.5 gram. The transmissivity of combustion products of double base propellant was a mean value data measured three times at the nitrogen gas pressure of 7.84 MPa inside the chamber.

The results are seen in Table 1 and Fig.1 – 5.

Table 1　Results of Catalysis about Sixteen Kinds of Copper Salts

Test number	Catalyst (1.0% by weight)	Plateau or Mesa Pressure Range Δp(MPa)	Burning Rate $\bar{u}$ (mm·s^{-1})	n	p_c	C_h
B – 1	Non	Non	11.36	0.63	0	0
CS – 1	Cupric 3,4,5-trihydroxylbenzoate	12.75 – 18.63	15.00	-0.21	7.09	106.28
CS – 2	Cupric β-resocylate	14.71 – 20.59	15.00	-0.62	9.51	142.71

续表

Test number	Catalyst (1.0% by weight)	Plateau or Mesa Pressure Range Δp (MPa)	Burning Rate $\bar{u}$ (mm·s^{-1})	n	p_c	C_h
CS-3	Cupric 2,5-dihydroxylbenzoate	12.75-20.59	14.96	-0.15	9.02	134.79
CS-4	Cupric salicylate	14.71-20.59	13.26	0.05	5.56	73.73
CS-5	Cupric para-hydroxylbenzoate	12.75-18.63	13.25	0.08	5.42	71.89
CS-6	Cupric ortho-amino benzoate	14.71-18.63	10.92	0.13	3.41	37.24
CS-7	Cupric para-aminjobenzoate	16.67-20.59	13.18	-0.49	5.84	76.93
CS-8	Cupric meta-aminobenzoate	12.75-16.67	10.73	0.10	3.51	37.69
CS-9	Cupric 3,5-dinitrobenzoate	12.75-20.59	13.28	0.03	7.64	101.41
CS-10	Cupric para-nitrobenzoate	16.67-20.59	14.62	-0.83	7.17	104.88
CS-11	Cupric phthalate	12.75-20.59	12.60	0.03	7.61	95.82
CS-12	Cupric benzoate	12.75-16.67	11.11	0.07	3.65	40.50
CS-13	Cupric adipate	12.75-14.71	9.70	0.26	1.45	14.07
CS-14	Cupric carbonate	14.71-18.63	11.39	-0.03	4.04	45.99
CS-15	Cupric oxide	12.75-16.67	10.50	0.23	3.02	31.69
CS-16	Cupric para-amonosalicylate	14.71-20.59	13.93	-0.09	6.41	89.28

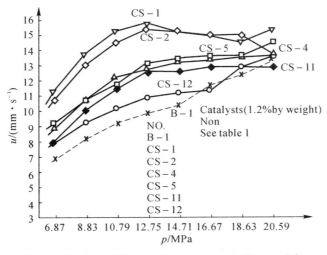

Fig. 1 Catalysis Effect on Some Aromatic Copper Salts

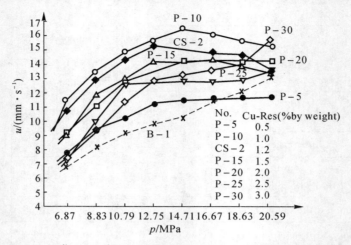

Fig. 2　Influence of Cu-res Content on Burning Rate of Propellant

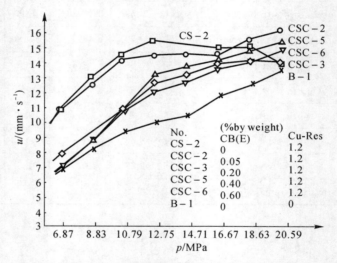

Fig. 3　Influence of CB Content Burning Rate of Propellant

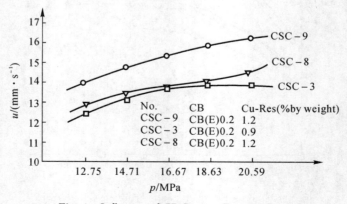

Fig. 4　Influence of CB Sort on Burning Rate

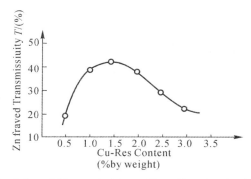

Fig. 5 Infrared Transmissivity of Propellant involved Cu-res

3 Discussion

3.1 The catalytic effect

In order to compare the catalysis difference among sixteen kinds of copper compounds, two new conceptions, platonized-effect (Pt) and catalytic-platonized-effect (Ch), are difined as

$$Pt = (1-n)\Delta p$$
$$Ch = (1-n)\Delta pu$$

wherein Δp represents the width of the platonised or mesa pressure region; n represents the average pressure exponent of the platonised or mesa region which is approximately calculated by way of the linear regession analysis; u represents the average burning rate of platonised or mesa region. These formulas show that the smaller n and the more Δp or u, the bigger Pt and Ch, that is, the more desirable catalytic-platonised effect is.

From Table 1 and Fig.1, we can find the following laws:

(1) All other catalysts enhance the burning rates of double base propellants in the range of the pressure measured except cupric adipate, cupric carbonate and cupric oxide respectively used in composition CS – 13, CS – 14 and CS – 15. With respect to the aromatic copper salts utilized, since the number and the position of hydroxyl or amino group in benzene cycle are not alike, the combustion properties of propellants engender a great difference. The most preferred copper salt is Cu-res. The copper salts with nitro group in benzene cycle also have the better catalytic effect, which turned out counter to the results reported about lead salts. Although nitro group is a strong absorbing-electron group. Copper salts with nitro group are energetic catalysts, still possess higher catalytic activation.

(2) Aromatic copper salts are effectively platonized catalysts at the chamber pressure from 12.73 to 20.58 MPa, but their different activations give rise to various width and pressure exponent of platonized or mesa region. Double base propellants containing aromatic

copper salts is inclined to obtain lower pressure exponent ($n < 0.2$), while containing cupric oxide and adipate higher pressure exponent ($n > 0.2$).

(3) The magnitude sequence of Ch-values for all catalysts is as follows: Cu-res. > cupric 2, 5-dihydroxyibenzoate > cupric, 3, 4, 5-trihydroxylbenzoate > cupric para-nitrobenzoate > cupric, 3, 5-dinitrobenzoate > cupric phthalate > cupric, para-aminosalicylate > cupric, para-hydroxylbenzoate > cupric, carbonate > cupric, benzoate > cupric, meta-aminobenzoate > cupric, artho-aminobenzoate > cupric oxide > cupric adipate.

The various copper salts have different organic parts, which play a definite role. The organic part affects the decomposition temperature and the agglomeration of copper grains from copper-salt decomposition, and may be converted into charcoal at high temperature which is able to catalyse some reactions. It is because the organic part of each kind of copper salts is not alike that makes the difference of catalysis.

3.2   The characteristics of burning rate and catalysis

The characteristics of the burning rate on double base propellant comprising typical catalyst-Cu-res.at chamber pressure from 0.98 to 20.59 MPa is described like this: at lower pressure, the catalysis of Cu-res. is not obvious; when pressure is higher than 4.9 MPa, the catalytic activation gradually increases with raising pressure and a super-rate phenomenon appears in some pressure range; afterward, the burning rate increases slowly and has maximum at around 14.2 MPa; at last, although pressure rise, the burning rate reduces to lead to mesa combustion effect.

The tendencies of the catalysis about other copper salts are similar to that Cu-res.

The catalysis of copper compounds generally occurs in the phase, for which some evidences may be obtained not only based literature but also from our experimental results. Seen from Fig.1 and Table 1, at lower pressure, $\Delta u (= u_{cat} - u_e)$ small, which is just due to copper compounds playing the catalytic part in the gas phase. While pressure is on the increase, u is higher u at super-rate region. Since the dark and the luminous flame zone to possess copper compounds catalyzing some reactions have higher temperature and gradually close to combustion surface, the enlarge the heat-backward toward the surface and bring about fact that the burning rates of double base propellants containing the catalysts are higher than those of the control propellant.

As the active component of lead salts could be lead and its oxide, copper salts and its oxides. Copper salt in superficial part or the burning surface of the propellant decomposition into metal copper, which agglomerates as fast as possible. As long as copper grains go away from the burning surface into the phase exsiting oxygen, they are able to be scorched by hot converted into oxide of copper, whereas the combustion of double base propellant provides this necessary condition, so it is copper and its oxide that play off the catalytic process in the gas phase. The catalytic reaction is mainly thought to be: $NO + CO = 1/2 N_2^+$, not only because the reaction is very important exothermal reaction in dark and luminous flame zone, but capable of being catalyzed by copper and its oxide.

We infer that oxide of copper above mentioned should refer cuprous oxide, because:

(1) when temperature is higher than C, cupric oxide have changed into cuprous oxide, whereas temperature of dark zone is commonly higher than 1 000 ℃;

(2) Kubota observed the influence of cupric salicylate on the combustion of double base propellants and found that, at 30 atmospheric, flame zone appeared scattering and confusion;

(3) author point that the autherpointecthat the dark zone of the propellant containing the additive cupric salicylate became narrow, and N_2O rapidly disa, which just illustrated the catalysis on cuprous oxide.

The catalysis can be explained with the electron transport mechanism. Since the catalytic reaction takes place in the environment to belong togas-solid phase, it is necessary that component possess absorption capacity, while copper and cuprous oxide do that.

When copper atoms form metallic state, owing to the hybrid orbits, some d-orbits of the atom are not filled with electron saturated extent ($d\% = 36$). In gases being absorbed in surface (for example, at zero degree centigrade, copper absorb O_2, C_2H_2, C_2H_4, CO and so on), the electron of unsaturated bond-orbits may be used to form the bond of chemical absorption, so may the d-electron. Therefore, the catalysis of copper is achieved. Of course, the state of copper atom after copper salt split is of great. For example, the existence of carbon black in the copper surface may influence the absorption capacity.

Cuprous oxide is a P-type semiconductor which is liable to losing electrons in catalytic reaction so as to make empty grave become more. Thus, the conductivity of the p-type semiconductor is promoted, which is beneficial to catalytic reaction. When cuprous oxide is reduced, the semiconductor receives electron with the empty grave in the valence state so that the catalytic process is finished.

According to above explanation, we may find out a possible answer to the fact that Ch of cupric oxide is not so good as ones of organic copper salts, that is, the suitable condition has not been provided to make the catalytic activation of cupric oxide enhance as impurity semiconductor forms.

3.3 The influence of Cu-res. content

The burning rates can be increased by the use of Cu-res., in fact, and it becomes more evidently under the middle or high pressure, but with the change of Cu-res. content, the slope of the burning rate pressure relationship has a great difference, see Fig. 2. If the burning rate with the change of Cu-res. content is observed at some pressure, for example, 14.7 MPa, it can be found that the sensitive region of Cu-res. content is between 0.5% - 1.5% by weigh, because the change of the burning rate will be great when the amount of Cu-res. changes a little in this scope. The changing law of the burning rate is that the burning rate increases with the amount of Cu-res. and then reduces after a maximum is reached.

Cu-res. is the better catalyst by which middle or high pressure plateau effect can be obtained. The width of the platonized or mesa region is generally about 5.88 MPa(at above 14.7 MPa) and becomes narrow with increase of Cu-res. content. When the amount of Cu-res. is 0.5%, 2% or 2.5% by weight, the propellant only produce Platonized combustion effect; when it is 3% by weight, the plateau disappears; when it is 1% or 1.5% by weight, a mesa combustion effect appears and the pressure exponent with smaller than negative 0.3 can be obtained. This has illustrated that the plateau or mesa effect will be produced after the adding of a little copper compounds, which will be very profitable for the smokeless property of propellant. The more preferred percentage of Cu-res. added is in the range of 0.5%– 2.5% by weight; the most preferred in the range of 0.8%– 1.5% by weight.

When the amount of Cu-res. is very small, the active component has a bit, so the influence on the burning rate is not obvious. If the amount of Cu-res. is too large, the energy of propellant will be reduced, and the other, so will the burning rate because the probability that active component (to refer to copper) agglomerates become big, that is, copper grain size become bigger, which makes the activation center of the catalyst become small. Only suitable amount of Cu-res. is added, can the satisfactory catalysis be attained.

3.4   The cooperative action between Cu-res. and CB

The carbon black added enables the burning rate of the propellants containing copper salts to decrease, see Fig. 3 and Fig. 4. With the increase of CB content, when chamber pressure is lower than 10.78 MPa, the burning rate reduces correspondingly, whereas at the pressure to be higher than 12.74 MPa, the burning rate begins to rise. It may be seen that the method of adjusting burning rate by adding CB is not suited for the propellants containing copper salts. The plateau appears at lower pressure when Cu-res. together with a little CB (0.05%) is added, and the plateau scope removes to high pressure with increasing CB content. When the amount of CB is above 0.4% by weight, the plateau disappears.

When the amount of CB is constant (0.2% by weight), the burning rates of propellants have a little decrease with the increasing of Cu-res. The different sort of CB results in different combustion performances. Compared with the catalysis between CB (T) and CB (E), we have found that CB (T) and Cu-res. have the higher activation, but do not enable that propellant to appear Platonize combustion effect below 20.58 MPa.

While the propellant is burning, the CB added in advance on the carbon formed in the propellant surface can accelerate the exothermic reaction that N_2O near the combustion surface is reduced into N_2, and lead to the increase of the burning rate. The burning rate increased with the decrease of CB size. In the composition including copper salts, excessive CB could pollute the surface of copper and its oxide, and affect the catalytic activation. This can be proved by the fact that CB (T) with large size has smaller size, so it is able to increase the burning rate of the propellant including Cu-res.

3.5 The Infrared transmissivity

The Infrared transmissivity of the combustion products of double base propellant is concerned with the amount of Cu-res. added and it is from low to high with the amount of Cu-res. After reaching a maximum, it reduces again, as shown in Fig. 5.

Compared with control propellant, the infrared transmissivity of the propellant is reduced by the addition of Cu-res. When the amount of Cu-res. added is about between 0.8%−2.3% by weight, the infrared transmissivity is above 30%, but when the amount of Cu-res. is between 1%−2% by weight, it is larger than that of the double base propellant SQ-2(35%). For the infrared transmissivity, the more preferred amount of Cu-res. is from 1.0% to 1.5% by weight.

Such decomposition products of copper salts as copper, cupric oxide and cuprous oxide do not absorb the infrared ray of wavelength to be from 1 to $3\mu m$, so the scattering brought about by the agglomerate state of copper or its oxides to Infrared ray is an important factor affecting the transmissivity. When a little copper salt is added, the possibility of that the decomposition products of copper salt agglomerates is very small, which tends to produce Rayleigh-scattering of copper grains, so the transmissivity of the propellant containing 0.5% of Cu-res. is lower than 20%. With the increasing of Cu-res., however, the size of the copper or its oxides will be increased, and if the grain diameter is between 1 and 3 μm, the appearance of Mil-scattering will not be avoided, so the transmissivity is higher. When the amount of Cu-res. is too large, the copper compound from the decomposition is easy to agglomerate into large grains leading to the scattering of unselection and influencing the Infrared transmissivity.

4 Conclusion

(1) The catalysis of copper salts in double base propellants was investigated initially in this paper. Some useful combustion laws were found out by experiments, which were profitable to exploring copper salts in the fields of catalytic combustion.

(2) Some aromatic copper salts studied may be not only as the assistant catalysts but as the main catalysts by single. They are effectively platonized catalysts in the range of middle or high pressure ($p=14.70-20.58$MPa, $u=9-16$ mm/s). As long as the amount of copper salts is suitable, the Infrared transmissivity of the propellant is large than that of double base propellant SQ-2.

(3) The main action of copper salts occurs in the gas phase. The active components could be copper and its oxide. The catalytic reaction is as follow: $NO+CO=1/2N_2+CO_2$.

(4) There is the best amount of Cu-res for the Infrared transmissivity. The different amount of Cu-res. could give rise to the different scattering to the infrared transmissivity.

文章来源:联邦德国第 18 届 ICT 会议,1987.

适用于战术导弹的无烟推进剂研制技术简析

李上文

摘　要：本文从提高导弹进攻—生存能力的角度讨论了研制低可探测性固体推进剂的意义和国外的应用情况。以主要篇幅从能量水平、烟雾特性、燃烧性能的调节、力学性能改善和不稳定燃烧抑制等五方面对近年来 RDX - CMDB 推进剂研制方面的进展作了分析并提出低可探测性推进剂带方向性的研究课题。

关键词：无烟推进剂；改性双基推进剂；二次燃烧；燃烧性能调节

1　从提高导弹生存—进攻能力谈起

一个武器系统首先应具有"消灭"敌人，"保存"自己的能力，这就是所谓的"生存"能力和"攻击"能力，两者是相辅相成的。现代的遥感、探测技术正在飞速地发展。任何飞行器（飞机、导弹等）若无良好的"隐身"本领就很难成为有效的作战武器。可以预料，在现代的战场上任何武器系统一旦被发现就意味着被击中，所以，无"隐身"能力的导弹其生存能力就成为严重的问题，当然其攻击能力也是不言而喻的。

所谓"隐身能力"是指人们赋予飞行器以隐蔽飞行使其在尽可能大的活动范围内避免被敌方发现、跟踪和瞄准的能力。隐身技术的发展是提高飞行器生存能力的重大技术措施，对飞行器的隐身能力通常有如下四条要求[1]。

（1）反雷达散射：在飞行器外表面涂以能吸收雷达波的特殊涂料，使飞行器对雷达波的反射减至最低程度，从而避免飞行器被对方发现。

（2）反噪声发射：固体火箭发动机工作时巨大噪声是敌方捕捉目标的良好声源，特别是固体火箭发动机出现不稳定燃烧时，噪声尤为突出。

（3）反红外辐射：飞行器的高温部件（如喷管）和排气羽流均是暴露飞行轨迹的强辐射源；

（4）反烟雾发射：发动机排气的烟雾不仅对武器系统的制导、通讯电磁波传输有重大影响，也暴露了飞行轨迹。

火箭发动机是导弹的一个必不可少的分系统，上面所说的四条要求，至少有三条与发动机的性能息息相关。也就是说，导弹的隐身能力与火箭发动机的性能的关系是十分密切的。所以，在美、苏的国防研究计划中，隐身技术是一个优先考虑的重大技术项目，研制所谓"低可探测性推进剂"，即无烟推进剂、低微波衰减推进剂和低红外信号推进剂，就是一个具体的例子。此外，从提高导弹制导、通信精确性及可靠性来提高攻击能力的角度来看，也迫切需要低可探测性推进剂，它已成为固体推进剂研制的主要方向之一并已在某些战术导弹发动机中获得了应用。如：1984 年法国火炸药公司（NSPE）的 41 个军用固体火箭发动机中至少有五个采用含硝胺的 CMDB 推进剂；美国正在研制的和采用无烟推进剂的火箭导弹；日本从 1982 年起战术导弹全改用无烟 CDB 推进剂。

美国著名的推进剂专家 Camp A. T.在展望 1980 — 2000 年固体火箭技术发展,并提出 12 项研究课题中,"降低直接瞄准检查系统可探测的烟雾特征"和"减少火箭排气对发射和环境影响"这两项课题实际上都是讲减少推进剂烟雾和信号问题。法国航空空间导弹局局长 Allier M. M.在展望欧洲战术导弹发展前景也强调了降低烟雾的问题。由上面的简略介绍可知:

(1)无烟推进剂不仅是现今固体推进剂领域内崛起的新品种,已陆续在战术导弹中广为应用,而且也是今后固体推进剂发展的重要方向。欧美各国都比较重视当前和将来的应用和研究问题。

(2)并非所有火箭导弹都对低可探测性推进剂有同样迫切的要求。这类推进剂目前在战术导弹(如反坦克火箭、导弹,地-空导弹,空-舰(地)导弹和舰-舰导弹)中使用得较多。法国人认为中远程导弹对烟雾的要求也很严格。

下面将近年来在无烟推进剂方面的研制情况作简要介绍,并提出今后该领域内的技术关键和研究方向。

2   能量水平

CMDB 推进剂中的铝粉和高氯酸铵(AP)被成气性高、燃温低、密度高的硝胺类化合物(RDX,HMX 等)所代替,便构成了无烟 CMDB 推进刘。从工艺可能性、安全性及力学性能等方面综合考虑,硝胺在 CMDB 推进剂中的加入量以 $18\%\sim40\%$ 为宜。浇铸无烟 CMDB 推进剂中硝胺含量可达 $30\%\sim40\%$。螺压 CMDB 无烟推进剂中硝胺含量的上限则以 $25\%\sim30\%$ 较好。于是这类推进剂的理论比冲 I_{sp} 大致为 $230\sim250$ s($20℃$,$p=100$ kgf①/cm²)。单从 I_{sp}^{0} 值来看,"RDX - CMDB"推进剂只是一种中能固体推进剂,但是正由于这类推进剂不含有铝粉,却带来了两个优点:一是燃烧温度较一般含铝粉的 CMDB 推进剂约低 500K,二是比冲率 η 较高,可高达 0.98 以上,而一般含铝粉的 CMDB 推进剂在 0.92 以下。这是由于两相流损失而引起比冲效率的降低。据估算,对于理论比冲为 250 s 的推进剂,若 η 增加 0.02,实测值将增加 5 s。若 η 从 0.92 提高到 0.98,则实测比冲将增加 15 s。RDX - CMDB 比冲效率高的优点已在我们的实验中获得证实。η 高的原因首先和发动机结构和装药设计较先进有关,但也说明 RDX - CMDB 推进剂确实具有 η 值高的优点,从而在一定程度上弥补了它 I_{sp}^{0} 值不高的缺点。此外提高发动机设计和装药设计水平,采用新的材料(如旋压壳体或高强度凯夫拉纤维壳体)等综合措施来提高比冲仍是大有潜力的。

法国人曾经预测无烟推进剂的能量水平:1985 年 I_{sp}^{0} 为 256 s,密度 ρ 为 1.76 g/cm³。2000 年 I_{sp}^{0} 可达 262 s。15 年增加 6 s,此速度并不算高。但我们认为,这个外推的结论未免乐观。除非有新的比 HMX,RDX 更好的材料开发并获得实际应用,无烟推进剂的能量水平到 2000 年恐难有明显的提高。

3   烟雾特性

火箭发动机排气烟雾是多年来令人讨厌的问题,特别是近 20 年导弹武器的发展对烟雾问

---

① 1 kgf=9.806 65 N。

题的限制显得更为迫切。烟雾可定义为悬浮于气体或空气中的凝聚态(液态或固态)物质。所谓无烟推进剂系指其燃气对可见光、红外、激光等制导电磁波信号传输衰减少的一种推进剂。推进剂燃气中若有烟雾存在将对电磁波信号产生衰减。已查明上述烟雾来源是固体推进剂中金属铝粉的燃烧产物 Al_2O_3(大量的)和作为推进剂燃烧催化剂和稳定剂的金属(铅、铜、铁、锡、铬等)化合物的燃烧产物——金属氧化物,以及推进剂中有机组分不完全燃烧而生成的炭微粒。以上均称为一次(初始)烟。另外,高氯酸盐氧化剂(AP)燃烧生产氯化氢在低温和一定湿度条件下生成白色的烟,称为二次烟。

显然,绝对无烟的推进剂是不存在的。双基推进剂和 RDX - CMDB 推进剂只要不含有铝粉和 AP,又控制催化剂、稳定剂含量不要太高(<4%),加上适当提高配方氧平衡,则可认为是无烟的。如控制燃气中金属氧化物量少于 20g/kg 燃气,已使某种导弹增速发动机燃气红外透过率提高一倍(见图1)。日前,人们正在寻找铜、钡之类的非铅催化剂,或在提高铅、铜催化剂的活性使其在保证燃速、压强指数等性能的前提之下尽可能减少用量,以利于提高红外透过率。在性能允许的条件下把适当加入少量铝粉和 AP 的推进剂称为少烟推进剂。其实它的烟雾要比 RDX - CMDB 推进剂大得多。无铝粉的复合推进剂,因仍含有必不可少的氧化剂AP,故只能视为是一种少烟推进剂。除非更换 AP,否则复合推进剂不可能达到无烟的水平,故在无烟性上无法与 RDX - CMDB 推进剂抗衡。

在导弹制导和通信过程中,无线电雷达信号通过排气羽柱时常受到干扰,导致信号失真甚至中断。所谓低微波衰减的推进剂是指其燃气对微波传输衰减较少的推进剂。由于信号衰减是被视为等离子体的排气羽柱中自由电子密度和电子碰撞频率的函数。它受到配方能量、排气温度、排气中钾钠离子含量、发动机工作压强、发动机尺寸、导弹飞行速度、高度等因素的影响。减少微波衰减的措施是:控制钾、钠离子含量,不允许加入金属粉末和添加电捕获剂。国外资料表明,少量的铜、铅、铬、钼、钒、钨等金属化合物能有效地降低自由电子密度从而达到减少微波衰减的目的。

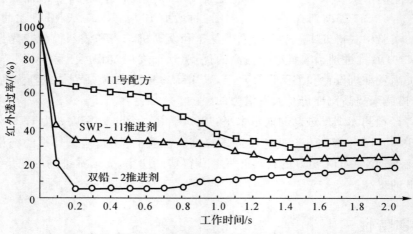

图1 导弹增速发动机中三种推进剂红外透过率比较图

所谓低红外信号推进剂是指燃气本身发射红外辐射较弱的推进剂,燃气的红外辐射来自两方面:①排气羽柱中含有大量 H_2O,CO_2 等三原子气体,它们是强的辐射源;②推进剂一般为负氧平衡,特别是当负氧严重时,燃气成分中 H_2 和 CO 之类还原性气体增多,它们与空气中的氧相混合后,在距离发动机喷口一定距离处迅速被点燃,形成明亮的橘红色火焰,这就是"后燃"(又称"二次燃烧")同时发射出强烈的红外频谱。显然,导弹火箭工作时拖着彗星似的明亮尾巴(羽柱)如同拖着浓密的羽烟一样显示了导弹的航迹,也暴露了发射平台,给敌方反击以可乘之机。此外,外军实战经验表明,明亮的火焰也使执行夜间飞行任务的武装直升机驾驶员目视能力受到影响。最后,高温燃气将侵蚀发射装置和机翼。为此,应采取措施消除或减少燃气的红外辐射信号,如在配方中添加含氮元素较多的化合物(有机叠氮化合物、硝胺、TAGN等),使燃气中 CO_2,H_2O 减少,N_2 增加。亦可添加少量诸如 K_2SO_4,$KHCO_3$,$K_2C_2O_4$ 之类的钾盐,因为它们是 CO 和 H_2 与空气中氧产生"后燃"连锁反应的中止剂,如美国在 2.75 in (1 in = 2.54 cm)火箭 MK66 发动机中就采用了加钾盐的措施,达到良好的消除"后燃"的效果。

4 燃烧性能调节

无烟推进剂燃烧性能调节的重点是降低压强指数,温度系数和扩大燃速范围。对于 RDX-CMDB 推进剂,由于 RDX 或 HMX 的压强指数较高,故配方压强指数亦高。若不加催化剂,其压强指数 n 大约为 0.8,这给降低压强指数带来了较大的难度。

鉴于 RDX-CMDB 推进剂中以调节压强指数和燃速已获得明显成效,如对比冲为 215～220 s(实测)的螺压无烟推进剂,其燃速可在 5～29 mm/s 范围内调节,$n = -0.5～0.2$。对于浇铸的 RDX-CMDB 推进剂,由于采用铅-铜复盐加上后处理,提高了催化剂在推进剂中的分散程度,使浇铸推进剂的压强指数从过去的 0.5 左右降低到 0.3 以下。这是配浆浇铸 CMDB 推进剂性能上的重大进展。采用粒铸工艺的 RDX-CMDB 配方 n 也可降到 0.2 以下。

5 力学性能的改善

导弹的使用极端温度或存储温度已随着科学技术的发展变得越来越严酷:从 -40～+50 ℃ 进一步发展到 -54～+70 ℃。这就向发动机提出了在使用温度范围内保持物理和力学性能的完整性问题,即要求装药在严酷的热循环冲击下能可靠地工作。对于力学性能远远不如复合推进剂的 RDX-CMDB 推进剂,大力改善其低温力学性能并能壳体黏结,以适应与复合推进剂竞争的需要是这类推进剂性能改进的重要方向。

采用高分子共混技术已可以把 CMDB 推进剂设计成具有热塑性的塑料状"硬药"或热塑性弹性体状,用作自由装填的中、小型导弹发动机装药;也可以做成热固性的橡胶弹性体状的"软药"而用作壳体黏结的发动机装药。后者就是所谓的交联改性双基推进剂 XLDB,或复合双基推进剂 CDB。它是博采复合推进剂力学性能好和改性双基推进剂能量高的优点,在改性双基推进剂中加入高分子预聚物,经固化后形成弹性的橡胶状推进剂,从而大大地改善了低温的力学性能,使低温延伸率大幅度地提高。为了解决"小橴树"地-空导弹装药低温下脆变的缺点,在上述 CDB 推进剂的基础上,采用 NG/BTTN 混合酯作溶剂,达到了低温不脆变的目的。美国新研制的"侏儒"战略导弹就是在用能量高、力学性能优良的 NEPE 推进剂,它已成为当今高能固体推进剂的发展方向。不久的将来它也必将会用于战术导弹之中。

6 不稳定燃烧的抑制

无烟推进剂中不允许加入对抑制不稳定燃烧有效的铝粉,于是这类推进剂燃烧不稳定性如何抑制已成为研究工作中又一技术关键。无烟发动机燃烧不稳定性抑制的方法可分为二大类:一是改进发动机结构和装药结构如改变药型、打径向孔、开槽、安消振片或节流隔板等;二是改进推进剂的配方,如根据微粒阻尼原理,采用一些耐熔、高密度的微粉(Al_2O_3,SiC,ZrC等)作为惰性燃烧稳定剂,使燃烧时发动机内燃气微粒阻尼增大,从而克服了不稳定燃烧。根据公式预估在一定发动机频率下稳定剂的最佳粒度和密度,再与 T -燃烧器技术相结合筛选配方中加入的稳定剂品种、含量、粒度分布是比较科学的办法。同时还应注意调节解决稳定剂与烟雾的矛盾。

7 带方向性的研究课题

(1)提高无烟推进剂能量的研究;新的无烟含能添加剂合成及应用研究;

(2)降低 RDX - CMDB 推进剂压强指数和温度系数的理论及规律性研究;大幅度调节燃速规律的研究;铜-铅-炭催化剂协同效应机制研究;

(3)含硝胺推进剂平台或麦撒燃烧机理研究;

(4)推进剂组分及燃气组分对红外、可见光、激光和微波传输的影响规律研究;减少燃气二次燃烧技术途径的研究;

(5)适应于低可探测性推进剂的各种少烟添加剂、非铅催化剂、高活性催化剂、电子捕获剂等的合成、筛选及应用研究;

(6)无烟推进剂低温力学性能(包括低温脆性)改善的研究,偶联剂及其他可能改善力学性能新材料的合成及应用研究;

(7)晶析的影响、机理及抑制方法的研究;

(8)RDX - CMDB 推进剂危险性及 DDT 的研究;

(9)RDX - CMDB 推进剂浇铸、粒铸及螺压工艺的研究;

(10)抑制无烟推进剂燃烧不稳定性的办法,特别是微粒阻尼方法的研究;各种高熔点、高密度微粉制备及粒度控制方法的研究,燃烧不稳定性的预估技术研究等;

(11)相应的测试技术的研究:喷焰特性预估及测试;微波、红外、激光衰减测试,激光多普勒测速技术;微粉粒度分布测试;能谱仪测催化剂表面性能;低压(1 kgf/cm² ~ 真空)的燃速及发动机测试;T -燃烧器技术等。

参考文献

[1] 王树声. 战术导弹总体设计中推进剂系统的选择[J]. 战术导弹技术,1985(1):3 - 9.

文章来源:兵工学报——火炸药专集,1988(2):45 - 49.

钡盐、钡-铜盐作固体推进剂弹道改良剂的研究

赵凤起　　李上文

摘　要:本文对钡盐、钡-铜盐作双基和 RDX－CMDB 推进剂的弹道改良剂及其对推进剂燃气的红外透过能力的影响进行了研究。结果表明,钡盐是很好的平台化剂,钡盐与少量的铜盐复合就能使双基推进剂产生宽压强范围的平台或麦撒效应,钡盐还能使推进剂燃气有较强的红外透过能力。

关键词:弹道改良剂;钡盐;钡-铜盐;改性双基推进剂;燃气红外透过率

1　引言

由于在固体推进剂中通常用作弹道改良剂的铅化物具有毒性和产烟性,故而,人们试图研究出新型的非铅、无毒弹道改良剂。据 Sayles 报道:水杨酸钡和其他的有机钡盐、氧化物和镧、钽、铪等元素的金属盐及其氧化物被用来代替原推进剂中相应的铅盐和氧化物,不但保持了原推进剂的燃烧性能,即有较好的催化性能和平台效应,而且产生的烟极少。如:原配方中含雷索辛酸铅和水杨酸铅各 2％的推进剂,燃气透过率为 20％～30％,而含水杨酸钡(Ba－Sa)和雷索辛酸钡(Ba)各 1.66％的推进剂燃气透过率为 56％。日本的岩间彬却持相反的观点,认为钡系化合物固然对控制轻油和重油的黑烟方面有效,但对固体推进剂的消烟不起作用。

本文针对上述问题,对钡盐、钡-铜盐复台或共沉淀物作弹道改良剂,以及钡盐、铜盐的热分解进行了研究,并测得了含钡盐固体推进剂的燃气红外透过率。

2　实验

2.1　弹道改良剂的制备及其热分解研究手段

本实验所用的钡盐、铜盐采用如下三种途径制得:

(1)有机酸＋氢氧化钠(或碳酸钠)→有机酸钠盐

有机酸钠盐＋硝酸钡(或五水硫酸铜)→有机酸钡盐(或有机酸铜盐)

(2)有机酸钠盐＋硝酸铜和硝酸钡的混合液→共沉淀化合物

(3)乙酸钡＋氢氧化钠→氢氧化钡

氢氧化钡＋有机酸→有机酸钡盐

弹道改良剂热分解研究采用美国 PERKIN ELMER 公司生产的 DSC－2C 仪,TG 热分析仪。改良剂在铝池(加盖),氮的气氛中被加热,升温速度为 20℃/min。

2.2 样品准备

本实验选择的基础配方有两个。一个为双基推进剂,一个是 RDX - CMDB 推进剂,见表1。样品是按吸收→驱水→放熟→压延→切药的常规工艺制得的药条。

表1 基础配方

DB	60%NC(12.0%N), 30%NG, 7.5%DEP, 2%C_2, 0.5%V
RDX - CMDB	79.5%NC+NG+含能增塑剂, 18%RDX, 2%C_2, 0.5%V

注:表中 DEP 为苯二甲酸二乙酯,C_2 为2号中定剂,V 为凡士林。

2.3 燃速及红外透过率的测定

燃速的测定采用靶线法。燃气的红外透过率采用 HW - 1 型三路测烟仪,红外光的波长范围为 $1.8 \sim 2.5 \ \mu m$,药量约 0.5 g,压强为 7.84 MPa(8 kg/cm²)。

3 结果及讨论

3.1 钡盐作弹道改良剂

为了对钡盐的催化,平台化作用有个较全面的了解,本实验选择了三种典型的钡盐,它们是铬酸钡($BaCrO_4$),丁二酸钡和水杨酸钡(Ba - Sa)。在双基推进剂中,水杨酸钡和丁二酸钡能够增加推进剂的燃速,但幅度很小,如图1和图2所示,燃速增大值在中压范围内约 1mm/s 左右,而在高压下已不明显。$BaCrO_4$ 具有降速作用,在所测压强范围内,燃速始终低于基础配方。图1和图2表明,加入 1.5%~2.0% 的钡盐没有像铅化物那样,使推进剂产生明显的超速或平台燃烧效应。

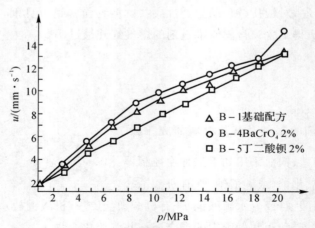

图1 某些钡盐对双基推进剂燃速的影响

随着 Ba - Sa 加入量的增加,推进剂的燃速趋向于出现平台效应(见图2)。如当,Ba - Sa 加入量为 4.0% 时,在 10.79~16.67 MPa 范围内,压强指数为 0.09,而在加入量为 3.0% 时,仅在 10.79~12.75 MPa 范围内 n 为 0.1,加入量为 1.5% 时,压强指数皆大于 0.2。且 Ba - Sa 加入量愈多,愈易使推进剂产生平台效应。

钡-钡复合并没有像文献所报道的那样,具有较好的催化平台效果(见图 3)。尽管 Ba－Sa 和 β－Ba 的制备与文献相同,但是 Ba－Sa(1.6％)分别与邻苯二甲酸钡(1.6％)、β－Ba(1.6％)复合,在增加燃速、降低压强指数方面并无明显效果。

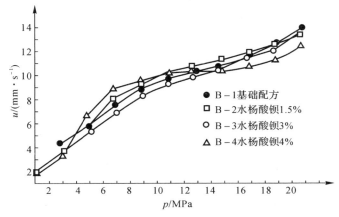

图 2　水杨酸钡含量对推进剂燃速的影响

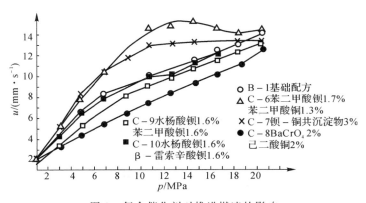

图 3　复合催化剂对推进燃速的影响

为了解释上述现象,我们对弹道改良剂进行了热分解研究,如表 2 所列。$BaCrO_4$ 和 DSC 结果表明,$BaCrO_4$ 在 600℃之前并不分解,只是随着温度的开高,吸收热量,使本身的内能增加,且失重量仅为所测重量的 1.5％。显然,在推进剂中的 $BaCrO_4$ 粒子,像惰性填料一样,随着所在推进剂部分温度升高而被加热,由于惰性 $BaCrO_4$ 粒子在推进剂中占有消极空间,且影响热量,就导致了推进剂燃速的降低。水杨酸钡在 260℃左右开始发生分解,分解温度在双基推进剂 T_s 变化的范围内。但是,钡盐含量少时并没有产生明显的超速燃烧效应。众所周知超速燃烧是因为铅盐的热解产物 PbO 与醛反应生成炭质物质,它的存在能够使燃烧表面和嘶嘶区的化学反应加速。钡盐的催化作用不如铅、铜盐的一个重要原因在于:钡盐的分解产物钡或氧化钡,不像氧化铅或氧化铜那样有极强的氧化性,钡也不像铜那样有起吸附作用的 d－电子,也没有铅、铜的变价能力。故此,我们认为,钡化物对推进剂燃烧催化是活性较低的物质,它与同样量的铅盐相比仅能产生少量的炭,而使推进剂燃速有所增加。但随着钡盐的增加,燃烧表面的含炭量增加较多,这可由在超速区含 4.0％Ba－Sa 的推进剂具有较高的燃速而得到证明,当压强进一步增加时,此配方燃烧火焰结构嘶嘶区的 NO 靠近炭物质,于是发生反应而使炭物质消失,结果燃速不再增加,平台燃烧效应出现了。

表 2　弹道改良剂的热分析数据

弹道改良剂	TG(50~600℃)				DSC(50~500℃)	
	W/mg	T_p/℃	分解后温度/℃	对应的 W_L/(%)	W/mg	T_p/℃
Ba－Sa	2.28	152	181.5	8.8	2.16	146.9
		271	295	10.7		260
		412	435.5	24.1		435.8
		566		35.1		
BaCrO₄	2.47		600	1.5	2.41	无分解
邻苯二甲酸钡	2.54	196	218	2.4	4.04	无明显分解峰
		513.5	541.5	15.1		
		568.5	600	28.5		
邻苯二甲酸铜	2.29	143.5	171	6.2	2.33	144.1
		220.5	252.5	10.9		215.8
		300	338	46.4		291.0(放热)
			500	61.8		304.4
						309.3(放热)
						433.7
钡-铜复合物	2.35	167	193.5	2.4	2.21	157.4
		317.5	341.5	18.7		277.6
		477.5	562.5	44		

3.2　钡盐和铜盐的复合作用效果

钡盐与少量的铜盐一起能够使推进剂燃烧产生平台或麦撒效应,见图 4 和表 3。

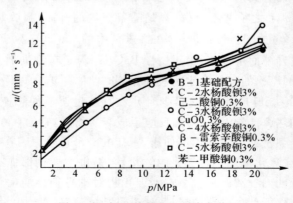

图 4　钡-铜盐的催化和平台化作用

表3　压强指数的线性回归近似处理数据

配方代号	弹道改良剂	压强范围/MPa	$\bar{n}$	$\bar{u}/(\mathrm{mm\cdot s^{-1}})$
C-2	Ba-Sa(3.0%),己二酸铜(0.3%)	8.83~14.71	0.10	9.81
C-3	Ba-Sa(3.0%),CuO(0.3%)	10.79~16.67	0.20	10.94
C-4	Ba-Sa(3.0%),β-Cu(0.3%)	12.75~16.67	0.16	10.55
C-5	Ba-Sa(3.0%),邻苯二甲酸铜(0.3%)	8.83~16.67	0.18	9.86
C-6	邻苯二甲酸钡(铜)	14.71~18.63	−0.4	14.56
C-7	钡-铜共沉淀物(3.0%)	16.67~20.56	−0.32	13.59
C-8	BaCrO₄(2.0%),己二酸铜(2.0%)	12.75~14.71	0.06	8.39
B-1	基础配方无弹道改良剂	$n>0.7$ 无平台效应		

不同的铜化物与 Ba-Sa 复合,产生的燃速结果略有差异。与基础配方相比,低压下钡-铜盐复合有一定的催化作用,尤以含己二酸铜的配方燃速为最高,而中压或高压却相反。钡-铜盐复合产生平台效应的区域在中高压区,平台范围较宽。2%的 BaCrO₄ 与 2%的己二酸铜复合(C-8配方)仍起降速作用。与单独钡盐相比,含钡及铜盐的配方,低压下的催化作用有所增加,平台区燃速上升,且出现了宽压强范围的平台或麦撒燃烧效应。显然,铜化物增加了稍高压强下的燃速,二者协同作用的结果,使燃速在较宽的压强范围内变化不大。

带着增加弹道改良剂活化中心的设想,我们制备了苯二甲酸铜和钡的共沉淀化合物。应用结果表明,加入 3.0%的钡-铜共沉淀物(C-7配方)使推进剂从 4.09 MPa 开始,就显示出明显的催化作用,出现超速燃烧并在 10~20 MPa 很宽的压强范围内产生麦撒燃烧效应(见图3)。

在共沉淀物制备过程中,我们计算了各种原料的配料比,倘若反应进行彻底,其加入推进剂中的钡、铜含量与配方 C-6 中钡、铜的含量相同,但是 C-6 配方比 C-7 配方 n 更小,麦撒区燃速更高。而 C-7 配方平台区似乎有向高压区移动的趋势。从热分解数据看,邻苯二甲酸铜在 300℃ 左右时,即失重 46.4%,而 Cu-Ba 共沉淀物在 317.5℃ 左右失重 18.7%。这表明,Ba-Cu 共沉淀化合物在形成过程中,由于晶格排列有序,且紧密,钡铜离子相互影响,导致分解温度、推进剂燃烧性能等一系列的变化。另外,由于邻苯二甲酸铜盐和钡盐较疏松,在推进剂中有较好的分散性,活性组分比表面积大,故而使推进剂燃速增加较多。

3.3　在 RDX-CMDB 推进剂中的作用效果

含 RDX18%的 RDX-CMDB 推进剂加入 3.0%的 Ba-Sa 后,燃速几乎降低,如图5所示:在 $p<12.75$ MPa 时,推进剂燃速小于基础配方,而 $p>12.75$ MPa 时,燃速才稍微有些回升。此推进剂 $n_{16.67}^{18.63}=0.29$,$n_{18.63}^{20.59}=0.33$,这表明 Ba-Sa 能降低高压范围内 RDX-CMDB 推进剂的压强指数。图5还说明,用 Ba-Sa 和 BaCrO₄。复合作弹道改良剂,在压强为 18.63~20.59 MPa范围内,RDX-CMDB 推进剂 $n<0.3$。

β-Cu 与 BaCrO₄ 复合在 RDX-CMDB 推进剂中效果较好,在 16.67~20.59 MPa 范围内 $n<0.3$。显然钡盐对 RDX-CMDB 推进剂降低压强指数也有一定的效果。

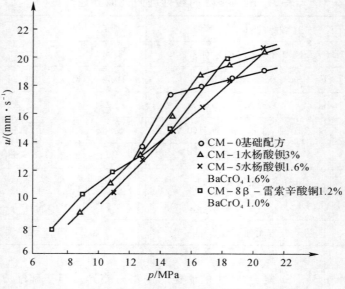

图 5　钡盐对 RDX－CMDB 推进剂燃速的影响

3.4　燃气的红外特性

含钡盐的推进剂燃气具有极好的红外透过能力,如表 4 所列。尤其是 $BaCrO_4$,当它加入到配方中时,燃气的红外透过率高于 SQ－2 双基推进剂。含丁二酸钡,Ba－Sa(3.0％)的推进剂.其燃气红外透过率都大于 SQ－2。为了进一步验证钡盐的无烟性能,我们选择了配方 91.5％NC(12.0％N)－NG－DNT,2.5％C_2,1％V 和 1％Al_2O_3,并在其中分别加入 4％的 $BaCrO_4$ 和邻苯二甲酸钡,实验结果表明:含 $BaCrO_4$ 的配方燃气红外透过率为 70.5％,含邻苯二甲酸钡的配方为 57.0％。另外在 RDX－CMDB 推进剂中,含 3.0％Ba－Sa 的配方燃气红外透过率也高于 SQ－2,以上所述均证明,钡盐是调整推进剂燃气红外性能的极好改良剂。

表 4　含钡盐的推进剂燃气红外透过率

配方	B－2	B－3	B－4	B－5	CM－1	SQ－2
红外透过率/(％)	28.9	37.3	55.04	36.52	39.3	35
改良剂/(％)	Ba－Sa 1.5	Ba－Sa 3.0	$BaCrO_4$ 2.0	丁二酸钡 2.0	Ba－Sa 1.5	PbO, $CaCO_3$ 2.5

由表 4 也可看出,在双基推进剂中,随着 Ba－Sa 加入量的增加,推进剂燃气的红外透过率增加。

关于钡盐的消烟作用已有一些报道,资料谈道:在高温下,钡能够产生足够的离子抑制炭的凝聚,确实能够减少炭烟的形成量。Cotton 等人在研究用金属添加物抑制来自火焰的黑烟,发射时发现,钡化物对抑制来自火焰的黑烟具有最好的结果。由于双基推进剂燃烧产物中,影响红外透过能力主要是炭微粒对红外光的折射和散射,估计钡盐也具有减少推进剂燃气的炭微粒的能力,故推进剂燃气具有较高的红外透过率。

4 结论

(1)有机钡盐可使推进剂燃烧表面产生较少的炭微粒,以及钡盐分解产物钡或氧化钡的性质决定了钡盐其有较低的燃烧催化活性。水杨酸钡是较好的平台化剂,且含量愈多,推进剂愈易产生平台效应。

(2)所用有机钡盐与少量的铜盐一起能够使推进剂燃烧产生宽压强范围的平台或麦撒燃烧效应。铜盐增加了稍低压强的燃速,钡盐抑制了较高压强的燃速,二者协同作用的结果使压强指数降低。

(3)Ba-Sa 在高压下能够降低 RDX-CMDB 推进剂的压强指数,但平台区不够宽。钡-钡复合、钡-铜复合也有类似的效果。

(4)含钡盐的推进剂燃气是有很好的红外透过能力。$BaCrO_4$ 是一个典型物质,它增加推进剂燃气透过能力的作用非常强。钡盐能够抑制来自火焰的烟,且高压下钡离子对炭的凝聚起阻止作用,可能是含钡盐推进剂燃气红外透过率较高的原因。

文章来源:火炸药,1989(3):14-21.

RDX - CMDB 推进剂燃烧性能的调节

孟燮铨　张蕊峨　李上文

摘　要：调节燃速和降低压强指数是推进剂性能改善的技术关键之一。用同一种有机铅、铜盐催化剂对实测比冲为 2 000～2 200 N·s/kg 的四种双基及 RDX - CMDB 推进剂进行实验研究表明：铅-铜-炭黑三种燃烧催化剂组合使用也可在 RDX - CMDB 无烟推进剂中获得良好的平台或麦撒效应。这里炭黑的加入起了关键作用，可用燃烧催化的铅 - 碳理论作进一步的解释。所述的铅、铜催化剂与四种碳黑搭配，可使所研究的四种推进剂燃速在 14～29 mm/s 范围内调节。

关键词：硝胺推进剂；改性双基推进剂；推进剂燃烧性能；燃烧控制

1　引言

无烟推进剂是当前固体推进剂研究发展的重要技术方向之一。用硝胺炸药黑索金（RDX）或奥克托金（HMX）代替配方中的高氯酸铵（AP）和铝粉是实现改性双基推进剂（CMDB）提高能量和无烟化的重要技术途径。但是含 RDX（或 HMX）的基础配方存在压强指数（n）很高（～0.8）和燃速较低的缺点，因此这类配方的燃速调节和降低 n 的工作是多年来人们所关注的技术关键之一。20 世纪 70 年代以来，国外曾陆续报道过用锡酸铅和甲苯二异氰酸酯（TDI）的热解产物或各种氧化铅和二氧化锡的混合物使得含 30%HMX 的浇铸或压伸 CMDB 推进剂达到 n 小于 0.2 的水平。但是锡酸铅/TDI 热解产物制备方法比较复杂，催化剂性能较难控制。1974 年我们在研究含有 RDX 和铝粉的 GP - 19 推进剂时曾发现，采用芳香族铅盐-芳香族铜盐-炭黑复合催化剂，由于他们的"协同效应"可使热值为 5 439 J/g 的 RDX - Al - CMDB 推进剂在 9.81～14.7 MPa 的中等压强范围内压强指数 n 降到 0.3 以下。还发现炭黑含量或铜盐含量增加，平台向高压区移动；铅盐含量增加，平台向低压区移动等与低能双基推剂相似的规律性，其原因可能与双基和 RDX - CMDB 两种推进剂的燃烧波结构相似有关。这也启示我们：凡是对双基推进剂燃烧催化有效果的有机铅、铜盐和炭黑，在 RDX - CMDB 推进剂中对降低 n 和调节 u 可能也仍然是有效的。所以，当我们在大力开发铅-铜螯合物和非铅催化剂等新型燃烧催化剂的同时，绝不应忽视对现有的、常用的铅、铜化合物的应用。因为，它们仍是 RDX - CMDB 推进剂燃烧性能调节研究中实用的、有潜力的待选催化剂。基于上述想法，我们曾用一种常用的铜和铅催化剂对不同能量水平的双基系推进剂研究了它们的燃烧催化效果，得出了初步的规律性，也进一步证实了上述的想法是正确的，行之有效的。

2　实验方法及样品

我们选用了四种不同能量水平的双基系基础配方作为研究对象。它们的实测比冲值系指在直径 50 mm 的标准实验发动机中，采用单孔管状药类，喷管扩张比（直径比）为 2.5，工作压强为 9.81 MPa，＋20℃条件下测得的结果。若换算成直径 150 mm 发动机，星孔药型的条件下，实测比冲应增加 150～200 N·s/kg。

1 号配方：主成分为硝化棉（NC）和硝化甘油（NG），实测比冲（I_{sp}）为～2 000 N·s/kg，是一种典型的双基推进剂；

2 号配方：主成分为 NC，NG 和吉纳（DINA），I_{sp} 为～2 100 N·s/kg，是一种能量稍高的双基药；

3 号配方：主成分为 NC，NG，DINA 和 RDX（18％），I_{sp} 为～2 150N·s/kg，是一种中能 RDX－CMDB 无烟推进剂；

4 号配方：主成分为 NC，NG，DINA 和 RDX（25％），I_{sp} 为～2 200N·s/kg，是一种中能 RDX－CMDB 无烟推进剂。

所用的燃烧催化剂为芳香酸铅盐 A 和芳香酸铜盐 B。四种炭黑为 CB_1，CB_2，CB_3 和 CB_4，其粒度大小次序为 $CB_4 > CB_3 > CB_2 > CB_1$。各催化剂在配方中均为外加，其含量变化范围：

铅盐 A 为 1.0％～2.0％（质量）；

铜盐 B 为 0.3％～1.0％（质量）；

炭黑 CB 为 0.1％～0.77％（质量）。

样品的制备采用常规吸收—压延—螺压无溶剂工艺过程。药片用机器切成 $4 \times 4 \times 150$ mm^3 的方形药条，刮去棱角用聚乙烯醇溶液包覆表面，在调压式燃速仪中测得燃速和处理出压强指数。

3　实验结果与讨论

3.1　铅-铜-炭黑的"协同作用"

早在 1974 年 GP－19 推进剂的研究中，我们就已发现单独的邻氨基苯甲酸铅、β-雷索辛酸铜或各种炭黑均对这种 RDX－Al－CMDB 推进剂无明显的燃烧催化作用。即使是铅盐-铜盐，铜盐-炭黑或铅盐-炭黑两两复合也无明显效果。倘若铅-铜-炭黑三者在一定的比例下复合使用，则使该推进剂出现压强指数小于 0.3 的良好效果。在 RDX－CMDB 无烟推进剂的研究中，我们有意识地用与 GP－19 不同的铅盐 A 和铜盐 B 作催化剂进行实验，结果见图 1。

实验表明：

（1）与无任何催化剂的 4 号基础配方（$n=0.7～0.77$）相比，铅盐 A、铜盐 B 或 CB 三者分别单独加入 4 号配方中，或铅盐 A 与铜盐同时加入，配方的 u 和 n 均无显著的改善；

（2）当铅盐 A、铜盐 B 及 CB_1 三者在一定比例下联合使用时，配方的 u 猛增到 27 mm/s，并出现了轻微的麦撒（压强指数 n 小于零）效应。麦撒压强区至少宽 3.92 MPa；

这进一步证实了为调节 RDX－CMDB 无烟推进剂的 u 和 n，铅-铜－CB 三种催化剂的复合使用也是很有必要的。其原因可以用双基推进剂平台或麦撒燃烧的现代观点（铅-炭理论）作如下的解释。

大量的研究观察表明[2]，平台双基推进剂出现超速燃烧现象和燃烧时在泡沫区生成一层碳质物质有密切的关系。燃烧表面覆盖的细碳层的生成有两种可能途径，一是由 NC 和其他有机组分热解生成的，一是由铅盐或铜盐热解生成物 PbO 或 Cu_2O[2]的与硝酸酯分解的醛类碎片起化学反应生成的：

$$NG \rightarrow 2CH_2O + 3NO_2 + CHO - 1\ 323\ J/g$$

$$NC \rightarrow 3CH_2O + 3NO_2 + CHO + CO + C - 1\ 684\ J/g$$
$$PbO(或\ Cu_2O) \rightarrow C + CO + \cdots\cdots$$

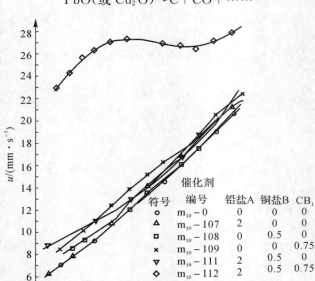

图 1　单、双、三组分催化剂对 RDX-CMDB 推进剂 u 的影响

　　配方中有意识加入 CB 显然增加了碳层的密集程度。碳层的存在可起如下作用：

　　(1)增加了推进剂各组分分解碎片及气态产物通过泡沫区和嘶嘶区的滞留时间,从而有利于各种分解产物的相互作用；

　　(2)生成的多孔性碳层(最小孔为～0.5 μm)在嘶嘶区附近吸附醛、NO 及 NO_2 等物质并促进了放热反应：

$$\left.\begin{array}{c} NO + C \\ \\ NO_2 + 醛 \end{array}\right\rangle \rightarrow CO + H_2 + CO_2 + H_2O + C_x H_y + NO + \cdots$$

导致靠近燃烧表面处贮存有大量热量,使一次火焰区(嘶嘶区)温度升高,这些均引起固相分解消失过程加快,即出现超速燃烧。当压强进一步提高时,碳被氧化的速度与生成的速度达到动平衡,则出现燃速不变的平台效应。而当碳层被气流喷射出嘶嘶区的现象出现(此现象已被激光全息摄影照片所证实[1])时,导致燃速下降的麦撒效应。不含 RDX 的一般双基推进剂和双铅-2(SQ-2),其主要几种元素化学组成为 $C_{22.99} H_{29.66} O_{33.63} N_{9.62}$,而 RDX 和 DINA 总含量达 30% 的 4 号配方其主要几种元素化学组成为 $C_{18.98} H_{27.47} O_{32.94} N_{14.28}$,显然后者中碳元素的含量要比前者少,而氮元素含量则相反。加上中能无烟 RDX-CMDB 推进剂的燃温(T_c)比一般双基推进剂高 50K 左右,故燃烧时生成的炭层无论从数量、厚度和密集程度上看均要较双基推进剂少。这样,即使铅-铜盐的加入促进了 PbO(或 Cu_2O)与醛生成碳的反应,但生成的碳量仍不足以形成超速燃烧。所以,人为地在含铅-铜催化剂的配方中加入足够量的炭黑,则有效地弥补了燃烧时生成碳量的不足,从而保证了在燃烧表面附近有足够量的碳质物质存在,则超速燃烧和平台或麦撒燃烧现象也自然会出现了。这就从理论上解释了在 RDX-CMDB 推进剂中 CB 的加入是必不可少的,它在该类推进剂燃烧催化中起着关键性作用的观点。

3.2 在不同能量级基础配方中催化剂的效果

表 1～4 中的数据是按基础配方能量大小归纳分类的,而图 2～4 则是按 CB 品种不同而归纳分类的,由表和图可看出:

(1)催化剂铅盐 A 和铜盐 B 在不同能量级的配方中均可获得较高的 u 和较好的平台和麦撒效应。如下铅盐 A 为 1.5%～2.0%,铜盐 B 为 0.5%～2.0%,CB 为 0.3%～0.75%范围内。

1)对于 1 号基础配方平台或麦撒区平均的 u 为 14.5～19 mm/s,平台或麦撒区压强范围最低从 5.8 MPa 开始,最高达 22.06 MPa。平台和麦撒区的宽度至少为 8.34 MPa。

2)对于 2 号基础配方平台或麦撒区平均的 u 为 14.5～23 mm/s,平台或麦撒区压强最低从 4.90 MPa 开始,最高达 20.10 MPa。平台和麦撒区的宽度至少为 6.37 MPa;

3)对于 3 号基础配方麦撒效应减弱。平台或麦撒区平均的 u 为 13～20 mms/,平台或麦撒区压强范围最低从 6.86 MPa 开始,最高到 18.63 MPa。平台或麦撒区宽度至少为 6.37 MPa。

4)对于 4 号基础配方麦撒效应微弱。平台或麦撒区平均的 u 为 16～29 mms/。平台或麦撒压强区最低从 7.84 MPa 开始,最高达 19.61 MPa。平台或麦撒区宽度至少为 7.84 MPa。

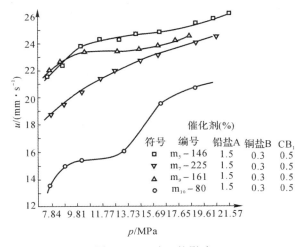

图 2 CB₁ 对 u 的影响

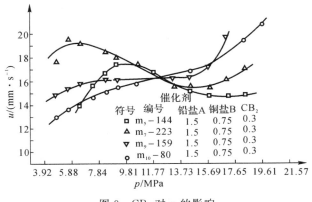

图 3 CB₂ 对 u 的影响

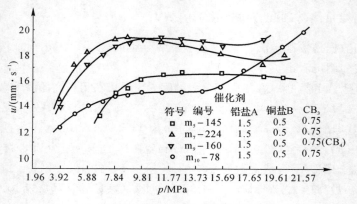

图 4 CB_3CB_4 对 u 的影响

表 1 1号配方

编号	催化剂含量/(%)				压强指数	平台或麦撒区	平台或麦撒区
	铅盐 A	铜盐 B	CB	催化剂总量	n	平均 $\bar{u}$/(mm·s⁻¹)	宽度(MPa)
m_5-0	0	0	0	0	~0.7	$p=21.57$ MPa 以下无平台	
m_5-141	2.0	0.75	CB_1 0.75	3.50	0.525	$p=21.57$ MPa 以下无平台	
m_5-142	2.0	0.50	CB_2 0.50	3.00	−0.010	19	13.24~21.57
m_5-143	2.0	0.30	CB_3 0.30	2.60	−0.644	14	5.88~17.16
m_5-144	1.5	0.75	CB_2 0.30	2.55	−0.284	16	9.81~22.06
m_5-145	1.5	0.5	CB_3 0.75	2.75	−0.012	16	9.81~20.10
m_5-146	1.5	0.75	CB_3 0.50	2.25	−0.024	14.5	9.81~20.10

表 2 2号配方

编号	催化剂含量/(%)				压强指数	平台或麦撒区	平台或麦撒区
	铅盐 A	铜盐 B	CB	催化剂总量	n	平均 $\bar{u}$/(mm·s⁻¹)	宽度(MPa)
m_7-0	0	0	0	0	0.708	$p=21.57$ MPa 以下无平台	
m_7-220	2.0	0.75	CB_1 0.75	3.50	0.408	$p=21.57$ MPa 以下无平台	
m_7-221	2.0	0.50	CB_2 0.50	3.00	−0.071	23	9.81~18.63
m_7-222	2.0	0.30	CB_3 0.30	2.60	−0.110	14.5	4.90~14.22
m_7-224	1.5	0.50	CB_3 0.75	2.75	−0.118	18.5	8.82~20.10
m_7-223	1.5	0.75	CB_2 0.30	2.55	−0.246	17	5.88~17.16
m_7-226	1.0	0.75	CB_3 0.75	2.25	−0.290	15	7.84~14.22

表3 3号配方

编号	催化剂含量/(%)				压强指数	平台或麦撒区	平台或麦撒区
	铅盐 A	铜盐 B	CB	催化剂总量	n	平均 $\bar{u}$/(mm·s^{-1})	宽度/MPa
$m_9 - 0$	0	0	0	0	0.752	$p = 21.57$ MPa 以下无平台	
$m_9 - 156$	2.0	0.75	CB$_1$0.75	3.50	0.287	$p = 21.57$ MPa 以下无平台	
$m_9 - 157$	2.0	0.50	CB$_2$0.50	3.00	0	20.8	9.81~18.63
$m_9 - 158$	2.0	0.30	CB$_4$0.30	2.60	−0.064	13.4	19.6~12.75
$m_9 - 160$	1.5	0.50	CB$_4$0.75	2.75	−0.170	19	8.82~18.63
$m_9 - 159$	1.5	0.75	CB$_2$0.30	2.55	0.035	16	6.86~14.22
$m_9 - 162$	1.5	0.75	CB$_4$0.50	2.25	0.018	14.5	6.86~13.73

表4 4号配方

编号	催化剂含量/(%)				压强指数	平台或麦撒区	平台或麦撒区
	铅盐 A	铜盐 B	CB	催化剂总量	n	平均 $\bar{u}$/(mm·s^{-1})	宽度/MPa
$m_{10} - 0$	0	0	0	0	0.773	$p = 21.57$ MPa 以下无平台	
$m_{10} - 81$	1.5	0.30	CB$_1$0.50	2.30	0.120	26	11.28~21.57
$m_{10} - 80$	1.5	0.50	CB$_2$0.30	2.30	0.201	16	8.82~16.67
$m_{10} - 78$	1.5	1.00	CB$_3$0.75	3.75	0.055	15	7.84~15.67
$m_{10} - 76$	2.0	0.50	CB$_1$0.75	3.25	0.004	29	12.75~21.57
$m_{10} - 77$	2.0	0.30	CB$_2$1.00	3.30	−0.025	24.5	12.75~21.57

（2）在压强指数调节方面有以下的初步规律。

1）一般说随配方热值的增加，u 增大，麦撒现象减弱。RDX 含量增加，u 下降，麦撒逐步消失并变成平台的趋势。

2）CB 含量增加，u 增加，平台或麦撒区有向高压移动的趋势。

3）CB 粒变小者 u 大。故用较细粒度的 CB，可组成 u 为 26~29 mm/s 的高压平台配方；用 CB$_2$ 可组成 u 为 16~26 mm/s 的中等燃速平台配方；用较粗粒度的 CB$_3$ 或 CB$_4$ 可组成 u 为 18 mm/s 以下的平台配方。可见，用铅盐 A 和铜盐 B 与 CB$_{1-4}$ 搭配，可组成不同能量级，u 为 14~29 mm/s 的平台燃速系列配方。

4）铅盐的加入量对 u 和 n 的移动方向尚无明显的规律性，有待以后进一步研究总结。

（3）本文所列的配方示例中，不一定所有催化剂均处于最佳配比状态下，因此有些配例未出现平台或麦撒。对于每个具体应用的配方，还应根据火箭发动机技术指标对它的要求（如燃速，压强指数，烟雾和燃烧稳定性等），去调整其催化剂和燃烧稳定剂的合理比例和含量。

4 结论

（1）RDX - CMDB 无烟推进剂的燃烧催化规律性与双基推进剂是相类似的。对双基推进剂燃烧催化有效的各种铅、铜催化剂及 CB 对 RDX – CMDB 推进剂也是有效的。

（2）大量实验数据证明，铅-铜-炭黑三组分催化剂的复合使用不仅在能量较高的 Al – CMDB 推进剂中可获得较低的压强指数（$n < 0.3$），而且在 RDX – CMDB 中能无烟推进剂可获得良好的平台或微弱的麦撒效应（$n < 0.2 \sim 0$）。铅-铜-碳三组分催化剂的"协同效应"不仅一再从 u – p 曲线上宏观地得到证明，而且也可从单幅彩色照片、高压 DTA 和热电偶测得燃烧表面温度 T_s 和燃烧区的 dT/dx 数据得到进一步的佐证。

（3）用双基推进剂平台或麦撒燃烧的现代观点——铅-碳理论，对炭黑在含铅-铜催化剂的 RDX – CMDB 推进剂中是必不可少的关键性组分的理由做了进一步的解释。

（4）芳香族铅盐 A 和铜盐 B 与四种炭黑搭配不仅是双基推进剂而且也是 RDX – CMDB 无烟推进剂良好的中、高压（$7.84 \sim 19.61$ MPa）平台燃烧催化剂。只要它们的比例选择适当，可对比冲 $2\,000 \sim 2\,200$ N · s/kg 的各种双基系基础配方实现平台或麦撒效应，平台区平均燃速为 $14 \sim 29$ mm/s，平台或麦撒区宽度不小于 5.8 MPa。如果改用其他品种铅、铜催化剂，则可使平台燃速和平台区向较低压强的方向移动。这样，为调节配方 u 和 n，减少催化剂品种带来了方便。由于能量、平台燃速的系列化和平台压强区较宽，也给这种无烟推进剂在战术导弹和火箭中的推广应用提供了方便。

参考文献

[1] 马燹圻，等. 高速实时全息干涉摄影在固体推进剂燃烧研究中的应用[J]. 兵工学报，1986，7（4）：35 – 40.

[2] Duterque J，et al. Experimental Study of Double-Base Propellants Combustion Mechanisms[J]. Propellants，Explosives，Pyrotechnics，1985（10）：18 – 25.

文章来源：推进技术，1989（3）：64 – 69.

微烟点火药剂 GHN-1 的性能

孟燮铨　　张庆丰　　李上文

摘　要:本文介绍了一种含硝胺的双基系微烟点火药剂的性能。其特点是能量高、燃速高、压强指数高(~0.9)和烟雾小。它可以应用于无烟固体火箭发动机。

关键词:点火药;无烟推进剂;双基药;无烟药

1　引言

为了隐蔽导弹发射阵地、飞行弹道和减少燃气对制导的影响,迫切要求发展无烟固体火箭发动机。只有当固体发动机所用的推进剂、包覆层、点火器和绝热层等均为无(少)烟时,才能真正实现发动机无(少)烟化。对于无烟推进剂和无烟包覆层,国内外有许多研究,并取得了可喜的进展,出现了一些性能良好的推进剂和包覆层配方。但是,对于无烟点火药,国外报道较少,仅有日本用美国的 N-5 双基推进剂加入镍粉构成一种新型点火药剂,达到了良好的无烟或微烟效果。而国内对此尚无研究。因此,研究无烟点火药对于我国固体火箭发动机的无烟化无疑具有实际意义。

2　微烟点火药 GHN-1 的特点

一般来说,固体火箭发动机用的点火药应具备如下特性[1]:易点燃、能量高、燃烧产物有大量固体微粒和适量气体、燃速合适和性能稳定等。目前固体火箭发动机多采用黑火药和烟火剂(硼-硝酸钾或镁-聚四氟乙烯等)作点火药剂。某些大型发动机也有采用推进剂作点火小发动机装药的。值得注意的是,这些常用的点火药均在燃烧时产生大量烟雾。显然,这是为了保证可靠点火而要求点火药燃烧产物应具有大量固体微粒所招致的必然后果。因此,欲使固体火箭发动机无烟化,必须探索使用新的无烟点火药剂。

双基推进剂具有良好的无烟性是优先考虑的无烟点火药候选者之一。但是双基药在 0.98 MPa 低压下呈现无焰燃烧,火焰温度急剧下降,出现不完全燃烧甚至生成大量黑烟。为克服此缺点,有文献[1]报道在典型的麦撒双基推进剂 N-5 中加入镍粉,促使低压下双基推进剂暗区中 NO 变成 NO_2 的反应被催化加速,放出热量,使燃烧温度上升,以便能在 0.98 MPa 的低压条件下产生有焰燃烧。实验结果表明,镍粉的添加达到了预期的目的。这种新点火药剂具有与黑火药和硼-硝酸钾相同的点火性能,而发烟量只有它们的五分之一。

我们研制的 GHN-1 微烟点火药剂是由黑索今(RDX)-CMDB 推进剂添加镍粉所组成的新配方,其特点如下。

(1)能量比一般双基药和黑火药都高,爆热为 4 569 kJ/kg,比这二者高 1 000～1 725 kJ/kg。

燃烧温度比双基约高 500 K,有利于点火。

(2)单幅照相表明,GHN－1 点火药剂在 0.49 MPa 下能产生有焰燃烧,且火焰饱满。

(3)燃速和压强指数较高,＋20℃,0.196 MPa 压强下的燃速 u 为 14 mm/s,在 $0.098\sim4.9$ MPa压强范围内的压强指数 n 为 0.87。这对迅速建立点火压强和引燃主装药十分有利。

(4)燃速温度系数较低,使得高、低温下的点火压强相差不太悬殊,对减少内弹道性能波动较为有益。

(5)原料来源于国内,性能重现性好,可做成小颗粒状以适应不同点火能量释放率的要求。

(6)不吸湿,防潮性好,增加了发动机点火可靠性。

(7)与黑火药等有烟点火药剂相比,红外透过率提高 30 倍以上,激光透过率从 0％ 猛增到 78％。

GHN－1 点火药剂曾作为某水下兵器燃气发生器的点火引燃药使用,完全达到了该兵器系统对燃气发生器的技术要求。该火药也可应用于需要高压强指数的某些场合(如快速降压、熄火和重新点火启动的发动机)中。

3　GHN－1 点火药剂的主要性能

3.1　能量特性

(1)理论计算结果。

1)火药化学式:

$$C_{19.095} H_{27.664} O_{32.639} N_{14.350} Cu_{0.023} Pb_{0.039} Ni_{0.179}$$

2)当压强为 2.94 MPa 时,主要燃烧产物的成分见表 1。

表 1　主要燃烧产物成分的理论计算结果　　　　　　单位:mol/kg

燃烧产物成分	CO	CO_2	H_2	H_2O	N_2	PbO	Pb	Cu	NiO	Ni
计算结果	14.770	4.322	4.614	9.094	7.170	0.005	0.033	0.022	0.021	.0157

3)当压强为 2.94MPa 时,能量示性数的计算结果见表 2。

表 2　能量示性数的理论计算结果

项目	计算值	单位	项目	计算值	单位
比冲 I_{sp}^0	2 158	$N \cdot s \cdot kg^{-1}$	气体常数 R	34.32	
定压爆温 T_{cp}	2 734	K	燃气平均分子量 $\overline{M}_g$	24.7	
定压爆热 Q_P	3 834	$kJ \cdot kg^{-1}$	比热比 $\overline{k}_g$	1.235	
定容爆热 Q	4 314	$kJ \cdot kg^{-1}$	Γ 值	0.655 4	
比容 W_P	907	$L \cdot kg^{-1}$	喷管出口温度 T_e	1 475	K
焓 H_c	1 577	$kJ \cdot kg^{-1}$	燃烧室产物量	40.464	$mol \cdot kg^{-1}$
熵 S_c	10	$kJ \cdot kg^{-1}$	特征速度	1 464	$m \cdot s^{-1}$

(2)实测值。

1)爆热:按 WJ54-75《火炸药爆热测定法》进行测定,结果见表3。

表3　爆热测定结果

批号		1	2	3	平均值
爆热	kJ/kg	4 571.4	4 566.8	4 569.3	4 569.3
	kcal/kg	1 092.6	1 091.5	1 092.1	1 092.1

2)比容:按 204 所《火药比容测定法——元汞法实验规程》进行实验,结果见表4。

表4　比容测定结果

批号	1	2	3	平均值
比容/(L·kg^{-1})	699.7	698.7	700.5	699.6

3)密度:按 WJ42-74《发射药比重测定法》进行实验,结果见表5。

表5　密度测定结果　　单位:g/cm³

批量	1	2	3	4	平均值
密度	1 678	1.678	1.679	1.679	1.678

3.2　燃烧性能

(1)燃速:按 204 所(86)三标 005 号《固体推进剂线性燃速测试法》报批稿,测试了不同温度、压强下的燃速,实验结果见表6。

表6　燃速测量结果　　单位:mm/s

批号		1			2			3		
压强/MPa	温度/℃	+50	+20	-20	+50	+20	-20	+50	+20	-20
0.98		6.47	5.66	5.63	7.26	5.81	4.98	6.50	5.19	5.18
2.94		16.01	14.41	13.79	15.57	14.43	13.99	15.69	14.04	13.95
4.90		20.79	19.63	18.35	20.70	19.53	18.28	20.59	19.25	18.35

(2)压强指数:根据表6的数据,经处理得到 0.98~4.90 MPa 压强范围内不同温度下的燃速压强指数 n,见表7。

表 7　燃速压强指数的测量结果

温度/℃ ＼ 批号	1	2	3	平均
＋50	0.82	0.69	0.80	0.77
＋20	0.87	0.83	0.91	0.87
－20	0.82	0.90	0.90	0.87

(3)燃速温度系数:根据表 6 的数据,经处理得到 2.94 MPa 压强下的燃速温度系数,见表 8。

表 8　燃速温度系数

批号	1	2	3	平均
温度系数/(10^{-2} · ℃$^{-1}$)	0.21	0.15	0.16	0.17

3.3　物理-力学性能

力学性能按 WJ1055－58《固体推进剂性能实验方法总则》、WJ1056－58《固体推进剂拉伸实验方法》和 WJ1057－58《简支梁冲击实验方法》进行,实测结果见表 9。

表 9　力学性能的测量结果

批号	1			2			3		
测试项目 ＼ 温度/℃	＋50	＋20	－40	＋50	＋20	－40	＋50	＋20	－40
抗拉强度/MPa	2.30	8.43	37.83	2.34	8.46	40.08	2.26	8.50	39.79
延伸率/(%)	29.0	20.6	3.6	28.0	21.3	3.9	29.3	21.8	3.8
抗压强度/MPa	6.60	29.11	141.12	6.14	37.93	134.95	5.80	27.73	138.18
压缩率/(%)	46.8	41.2	32.2	44.7	41.4	31.8	46.3	40.3	31.6
抗冲强度/(J · cm^{-2})	3.04	1.86	0.31	3.04	1.61	0.32	2.96	1.52	0.32

线胀系数和玻璃化温度测定结果见表 10 和表 11。

表 10　线胀系数的测定结果　　　　单位:℃$^{-1}$

批号	1	2	3	平均值
线胀系数	$1.19×10^{-4}$	$1.19×10^{-4}$	$1.18×10^{-4}$	$1.19×10^{-4}$

表 11　玻璃化温度的测定结果　　　　单位:℃

温度/℃ ＼ 批号	1	2	3	平均值
＋50～－40℃	54	55	52	54

3.4 感度

(1)撞击感度按 WJ-1680《火药撞击感度测定法》测试的50％爆炸特性落高值见表12。

表12 50％爆炸特性落高值的测定结果 单位:cm

批号	1	2	3	平均值
特性落高	21.5	21.7	23.92	22.37

(2)摩擦感度按 WJ-1697《火药摩擦感度测定法》进行。测试结果见表13。

表13 摩擦感度的测试结果 单位:％

批号	1	2	3	平均值
爆炸	23	24	16	21

(3)爆发点(5s延滞期):按 WJ/2-109-82《炸药爆发点测定法》进行。三批实测结果均为240℃。

3.5 化学安定性

(1)维也里106.5℃实验:按 WJ40-64《维也里安定性实验法》进行。十次重复实验结果均为70-70 h。

(2)120℃压强法安定性:按204所《火药安定性实验——压强传感器法实验规程》进行。测试结果见表14。

表14 120℃压强法安定性的测试结果

批号	拐点/min	斜率/(mmHg·min^{-1})
1	204	0.42
2	197	0.46
3	199	0.45
平均值 $\overline{X}$	200	0.44

(3)示差热分析:用日本岛津 DT-1DB 热分析仪测试热动力曲线中初始分解温度,测试结果见表15。

表15 初始分解温度的测试结果 单位:℃

批号	1	2	3	平均值
分解温度	147	143	150	148.3

3.6 烟雾特性

采用 HW-1 三路测烟仪,按照204所测烟暂行标准要求进行各种点火药的烟雾测定。

对于 1.8～2.5 μm 的红外光采用 0.5 g 样品，对于 6 328Å 激光采用 0.2g 样品。实验时充氮气压为 8 MPa，实验结果见表 16。表中数据表明，黑火药和聚四氟乙烯-镁粉传统点火药的红外或激光透过率均极小，表明烟雾很大。而 GHN－1 点火药剂与传统点火药剂相比，红外透过率增大 30 倍，激光透过率从 0％增加到 78.9％。可以预见，这种新型点火药剂在减少发动机点火期间的烟雾将是非常有效的。

表 16　各种点火药剂的烟雾对比

样品名称	1.8～2.5μm 红外透过率/（％）	6 328Å 激光透过率/（％）
黑火药	1.0	0
聚四氟乙烯＋镁粉＋黑火药	1.0	0
MXZ－1 中能无烟推进剂	40.0	65.7
GHN－1 无烟点火药（含镍粉）	32.9	78.9

4　结束语

由上述实验结果可知，GHN－1 点火药剂具有能量高、燃速高、压强指数高、燃速温度系数较低、原材料来源广泛、不吸湿、微烟燃烧、性能重现性好等特点，可供无烟固体火箭发动机设计选用。

致谢：参加本项工作的还有杨武权、白宜生、张蕊娥、王百成和芦焱同志，谨致谢忱。

参考文献

[1]　王元有，等. 固体火箭发动机设计[M]. 北京：国防工业出版社，1984.

文章来源：固体火箭技术，1989(3)：61－68.

国内外无烟推进剂性能的对比与差距分析

李上文　　孟燮拴　　王百成

摘　要: 本文对我国与先进国家的无烟推进剂进行了较全面的对比分析,指出了存在的差距,提出了改进的方向。

关键词: 无烟推进剂;推进剂弹道性能;推进剂燃烧性能;推进剂性能

1　引言

随着科学技术的迅速发展及武器作战要求和侦察探测手段的日益提高,火箭导弹发射时的烟、焰和噪声不仅危害越来越大,而且也与制导和隐身的要求不相容。于是,无(少)烟推进剂就应运而生了。所谓无烟推进剂,是指其燃烧产物基本上不影响制导电磁波传输的一类推进剂。近20年来,国外对固体推进剂和发动机无烟化进行了广泛的研究。无(少)烟推进剂已在武器中得到了较为广泛的应用。法国已把无烟要求作为反坦克导弹、面-空导弹和反舰导弹用的固体推进剂的一项很重要的指标。美国已在有关军标中列入了推荐海军导弹采用无烟推进剂的条款。

我国的无烟推进剂研究起始于1978年,西安近代化学研究所首先开展了这一课题,在螺压和浇注双基系无烟推进剂领域内,包括配方研究、燃烧性能调节、燃烧不稳定性抑制、烟雾测定、工艺性能改进等方面,做了大量工作,目前已有五个推进剂配方在发动机上应用。

本文试图将国内外的无烟推进剂加以比较,给国内的研究提供改进方向。在无烟推进剂领域中,双基系是优先发展的品种,也是我国目前研究较多的一个品种,所以本文重点对它进行了比较。为便于对比,将收集到的国外资料与国内较成熟的推进剂配方,按浇铸和压伸工艺两大类和低能($I_{sp}^0 < 2\,157.46\ \mathrm{N \cdot s/kg}$)、中能($2\,157.46 < I_{sp}^0 < 2\,451.66\ \mathrm{N \cdot s/kg}$)、高能($I_{sp}^0 > 2\,451.66\ \mathrm{N \cdot s/kg}$)三档能量水平的对比结果列于表1。

国外资料有代表性的是1985年北约无烟推进剂会议上发表的11篇非保密论文,其中的两篇系统介绍了英国国防部皇家兵工厂所属IMI公司的研究成果。日本认为,IMI公司的EMCDB推进剂的物理力学性能极好,弹性很理想,已相当满意地解决了无烟推进剂低温物性改良、高比冲和抑制不稳定燃烧等关键问题,该公司用无烟推进剂生产的发动机已行销20多个国家。IMI公司既能生产压伸无烟推进剂,又能生产浇铸无烟推进剂,其性能处于欧洲领先地位。

另外,法国国营火炸药公司(SNPE)的样本说明书[1]和与我国进行谈判时介绍的技术数据表明,它们的粒铸中能无烟推进剂比较成熟,而高能无烟推进剂性能并不佳,综合性能也不如IMI产品。它对压伸无烟推进剂没有研究,所以法国自称居欧洲首位并不确切。

表 1　国内外典型双基系无烟推进剂能综合比较表

分类　　项目	压伸										
	中国							英国			
	低能			中能				中能 FILLED EDB			
	配方代号			配方代号				配方代号			
	671-3	SQ-5	SWP-11	MSD-1	GHQ-11	MXZ-1	MHQ-5	EB-1	EB-2	EB-3	EB-4
配方中的主要组分代号	NC. NG. DNT. BM	NC. NG. DEP. BM	NC. NG. DNT. BM	NC. NG. BM. RDX30%	NC. NG. DINA. BM. RDX25%		NC. NG. PL. BM. HMX25%	NC. NG. PL. BM. RDX			
实测爆热 $Q_{v(H_2O)}$/(kJ·kg⁻¹)	3 720	3 389	3 669	4 728	4 648	4 578	4 226	5 201	5 217	4 301	4 121
理论比冲 I_{sp}(6.9/1)/(N·s·kg⁻¹)	2 148	—	2 148	2 393	2 354	2 334	2 285	2 403	2 432	2 305	2 275
理论比冲 I_{sp}(9.8/1)/(N·s·kg⁻¹)	—	2 148	2 206	2 030/1.47	2 412	2 481/17.6	2 412/16.7	2 462	2 491	2 363	2 334
实测比冲 I_{sp}/p/(N·s·kg⁻¹·MPa⁻¹)	2 059/19.0	1 961/17.1	1 991/9.81	—	2 167/11.6	2 216/17.9	2 167/15.8	—	—	—	—
密度 ρ/(g·cm⁻³)	1.60	1.57	1.61	1.67	1.67	1.67	1.66	1.68	1.71	1.66	1.62
密度比冲 $\rho \cdot I_{sp}$	3 437	—	3 458	3 996	3 931	3 898	3 793	4 037	4 559	3 826	3 686
定压燃烧温度 T_c/K	2 297	2 116	2 275	2 913	2 835	2 787	2 609	3 100	3 130	2 738	—

续表

分类\项目	中国 压伸 低能			中国 压伸 中能				英国 中能 FILLED EDB			
配方代号	671-3	SQ-5	SWP-11	MSD-1	GHQ-11	MXZ-1	MHQ-5	EB-1	EB-2	EB-3	EB-4
平台燃速 u/(mm·s^{-1})	20	18.5	10.0	5	11.4	26	17	29	18	12	4
压强指数 n	0.39	-0.4	-0.04	0.3	0.09	0.11	-0.06	0	-0.2	-0.2	0
平台或麦撒压强区间 Δp/MPa	—	16.7~21.6	4.9~14.7	1.96~6.86	6.86~11.3	17.2~21.6	13.7~20.1	14.7~24.5	7.84~14.7	3.92~6.86	2.45~3.92
燃速温度系数 σ_p/p/(%·℃$^{-1}$·MPa^{-1})	0.28/16.7	<0.1	0.11/6.86	0.1/1.96	0/6.86~11.3	0.13~0.16/15.5~21.6	0.07~0.11/15.5~20.1	<0.15	<0.10	<0.15	<0.25
压强温度系数 (π_k/K_v)/(%·℃$^{-1}$)	—	0/460~490	—	—	0.09~0.23/300~400	0.12~0.47/300~400	0.14/440	—	—	—	—
使用温度范围/℃	-40~+50										
烟雾情况	无烟			无烟				无烟低信号			
力学性能											
具体加工工艺	螺压			自由装填		螺压		立压			
应用情况	XXXX反坦克导弹燃气发生器	XXXX地-空导弹弹增速发生器	XXXX反坦克导弹增速发生器	单室双推力发动机续航级	XXXXX通讯卫星运载工具反推火箭	单室双推力发动机助推级	XXX舰空导弹	助推器	助推器	助推器	助推器

美国、日本的无烟推进剂性能水平尚未见系统的报道,仅能根据零星报道进行分析。

为了避免各国资料中对双基系推进剂命名和代号的不同而引起的混乱。我们列出了各国名称、代号对照表(见表2)。

表 2　中、外双基推进剂名称、代号对照表

中国		美国	英国	法国
双基推进剂(DB)	浇注	Double Base Propellant(DB)	Unfilled Cast DB Propellant(CDB)	(EPICTETE)
	压伸		Unfilled Extrusion DB Propellant(CDB)	(SD)
(复合)改性双基推进剂(含硝胺、AP 和 Al 等)(CMDB)	浇注	Composite Modified DB Propellant(CMDB)	(Filled CDB) (CMCDB)	(NITRAMITEE)
	压伸		(Filled EDB)	
交联改性双基推进剂(含硝胺、AP 和 Al 等)(XLDB)	浇注	Crosslinked DB Propellant(XLDB)	Filled Elastomer Modified Filled CDB Propellant(EMCDB)	(NITRAMITEE)
无烟、微烟或少烟推进剂(含硝胺及少量 AP)(RDX - CMDB)(RDX - XLDB)	浇注	smokeless propellant Minimum smoke propellant Reduced smoke propellant	(Filled CDB) (Filled EMCDB)	(NITRAMITEE)
	压伸		(Filled CDB)	

2　比较与讨论

(1)发动机排出的"烟雾"是由悬浮于气相中的固态或液态微粒构成的。烟雾可分为一次烟雾(或称初始烟雾,由炭微粒和金属氧化物组成)和二次烟雾(由氯化氢与空气中的水分形成)。烟雾对制导电磁波、武器系统的生存能力的影响,以及对大气和航天器仪器的污染等弊端,国内外早已认识到,但对于烟雾达到什么程度就无法在武器系统中应用的问题,国内外目前尚无一致的说法,都视具体的制导方式而定,但比较一致肯定的看法是,含 1%～2% 铝粉的推进剂所产生的烟雾是不可接受的。当前国外把固体推进剂按发烟的程度区分为四类:

1)有烟推进剂(Smoke Propellant)。指燃气中既有一次烟雾又有二次烟雾的推进剂,如含有 Al 和 AP 的复合推进剂及 CMDB 推进剂;

2)少烟推进剂(Reduced Smoke Propellant)。指燃气中没有或只有少量的一次烟雾,而允许有可接受的二次烟雾的推进剂,如含有一定量 AP 的推进剂;

3)微烟推进剂(Minimum Smoke Propellant)。指燃气中没有或只有少量一次烟雾,而允许有少量二次烟雾的推进剂,如含少量 AP 的推进剂。

4)无烟推进剂(Smokeless Propellant)。指燃气中既没有或只有少量一次烟雾,又不允许

有二次烟雾的推进剂,如双基推进剂和含硝胺(无铝和 AP)的 CMDB 推进剂。

上述所谓的"少量一次烟雾",主要指少量催化剂或稳定剂燃烧形成的烟,原则上不包含铝粉。关于"无烟"的定量概念,英法多年来一直认为,当电磁波束沿羽流轴向直接或以 7°夹角入射羽流时,若有 90%透过,则该羽流看作是"无烟"的,并以此检测羽流。关于"微烟"和"少烟"的定义,则较为灵活,而且二者之间的界线也不易分清。总的说来,关于烟雾的区分还缺乏定量的描述,国外对此问题仍在争论中。

近几年来国外在推进剂无烟化基础上又对无烟推进剂提出一个低信号的要求。所谓排气信号是指发动机排气羽流产生的可见光、红外和紫外频谱的辐射。有人认为,这种辐射强烈时,对导弹的光学和无线电频率通信有影响,且增加了导弹的可探测性。还有人认为在夜间它会影响飞机驾驶员的目视能力。

IMI 公司声称它已解决了这一问题,已可使中能无烟推进剂的可见光和红外辐射减少一个数量级,且推进剂的弹道性能基本不变。这被认为是固体火箭推进技术的最新进展之一。国内研制的中能无烟推进剂的烟雾特征与英法等国的水平相当,但在排气低信号研究方面尚属空白。

(2)由于不允许加入铝粉,所以使无烟推进剂的能量水平受到很大的限制。一般说来,其理论比冲均在 2 452 N·s/kg 以下。高于此水平时,就得大幅度地提高硝胺的含量,或者加入适量的 AP。有人认为,AP 小于 30%(也有人说小于 15%)或者燃气中的 HCl 小于 80%时,实际发动机的使用证明,排气羽流仍有较高的透明度和较暗的二次火焰,这是某些武器系统可以接受的。因此国外也开展了 RDX(HMX)-AP-HTPB 少(微)烟复合推进剂的研究。

增加 RDX 含量是一个比较现实的突破 2 452 N·s/kg 比冲的途径。经验表明,采用浇铸的螺压工艺可以把 RDX 含量提高到 30%~40%,例如表 2 所示我国的 GHQ-2 和英国的 EB-1,EMCDB 推进剂。含适量胶的无烟交联改性双基推进剂添加 55%~60%RDX 后,工艺上仍是可行的、这表明高硝胺含量的 XLDB 无烟推进剂应是高能无烟推进剂的主攻方向。

目前,我们的螺压无烟推进剂的理论比冲 I_{sp}^0 为 2 354 N·s/kg,与英国的压伸中能 EB-3 推进剂相当,而与其 EB-1,EB-2 相比较,则比冲 I_{sp}^0 相差 49~78 N·s/kg。经性能分析认为,这些推进剂可能含有 40%以上的 RDX,它们的螺压成型工艺预计不难解决,但力学性能可能稍有降低。

含叠氮基团的黏合剂、增塑剂和添加剂的合成是国外含能新材料研制的一个主要方面,我国才刚刚起步,目前还面临着许多技术难题。双基系无烟推进剂由于不含 Al 和 AP,因此在同样条件下,其理论比冲比含铝推进剂低 100 N·s/kg,密度也小 0.1 g/cm³,但是它却有如下优点:一是 T_c 降低了 500 K 以上,二是比冲效率较高,国外报道可达 0.98,我们实测达到 0.96 左右。根据对 I_{sp}^0 为 2 452 N·s/kg 的推进剂配方的估算,比冲效率提高 0.02 时,实际比冲将可能增加 49 N·s/kg。这些优点均在一定程度上弥补了无烟推进剂能量较低这一不足之处。

(3)从表 3 可知,除了英国的粒铸无烟推进剂的燃速可高达 42 mm/s 以外,其他推进剂的燃速一般不超过 30 mm/s,而低燃速都在 3 mm/s 左右。各国的无烟推进剂的压强指数 n 均小于 0.2,甚至会出现"麦撒"现象。英国 G. Z. Evance 认为,含硝胺无烟推进剂的平台式麦撒燃烧现象与燃烧表面能生成纤维状的炭有关,而出现炭的关键在于配方中含有硝化纤维素 NC。他还认为,为了维持平台特性,配方中至少应含有 12%的 NC。

表3 国内外无烟推进剂燃烧性能可调范围

国别	推进剂类型	平台燃速 $u/(mm \cdot s^{-1})$	平台压强区间 $\Delta p/MPa$	压强指数 n	燃速温度系数 $\sigma_P/(\%℃)$	压强温度系数 $\pi_k/(96\%℃)$
中国	螺压中能	5~30	2~22	<0.2~0	0~0.16	0.1~0.24
中国	浆铸中能	13~22	5~22	<0.3	0.1~0.22	0.15~0.21
中国	粒铸中能	8~14	2~10	<0.2	0.1~0.24	0.13~0.28
英国	压伸中能	3~30	2~25	<0.2~0	—	0.1~0.25
英国	交联粒铸中能	3~24	2~18	<0.2~0		0.25
法国	粒铸中能	6~25	5~30	<0.2		0.13~0.20
美国	粒铸	12~16	8.5~15	<0.2	—	—

英国的无烟 XLDB 即（EMCDB）推进剂已能在保证较好的力学性能的同时，可使 n 降到 0.2 以下。日本[2]已使含胶 8%~10% 的 XLDB 无烟推进剂的 $n<0.2$。他们认为，n 值高和燃速温度系数 σ_p 大与推进剂燃烧表面覆盖的黏合剂的熔融块有关，改用低分子量黏合剂后，因其燃烧时的主键迅速分解不产生熔融物，而将有利于 n 的降低。

从 μ、n 和 σ_p 三种燃烧性能调节范围与国外水平的对比来看，我们的螺压中能无烟推进剂与国外水平差距不大；配浆浇铸中能无烟推进剂的 n 值水平已小于 0.3，只是燃速调节范围尚待扩展，批次之间的性能重现性较差；粒铸无烟推进剂研究虽然刚刚起步，但由经验可知，这种工艺对于燃烧性能的调节大有益处；XLDB 无烟推进剂的主要差距是压强指数过高。

燃烧催化剂是调节无烟推进剂燃烧性能的关键组分。目前各国都使用铅盐、铜盐和炭黑三者组合的催化剂，一些无水解缺点的铝、铜螯合物和锡酸铅-TDI 热解催化剂也逐步获得广泛应用。

（4）无烟推进剂按力学性能可分为弹性和热塑性两种类型，前者俗称"软药"，适用于壳体黏接的装药结构；后者俗称"硬药"，适用于自由装填的装药结构。国外的这两种无烟推进剂都已臻成熟，而国内的"软药"，远不如"硬药"成熟。

可与发动机壳体黏接的 XLDB 推进剂的力学性能指标，主要是 −40℃下的延伸率要大于 30%，+50℃下的抗拉强度要大于 0.5 MPa。而自由装填式发动机中的"硬药"的力学性能，只要求达到一般双基药的抗拉、抗压和抗冲强度水平就足够了。我们认为，小型战术导弹和火箭采用自由装填的"硬药"，可使发动机和装药的生产都比较方便；从发动机的"延寿"角度来考虑，自由装填药柱过期失效后更换起来不但方便，而且经济上也是有利的。

（5）无烟推进剂不允许含有铝粉，这使得使用它的发动机的燃烧不稳定性抑制问题成为一个技术难题。国外从 20 世纪 70 年代开始，在无烟推进剂中添加高熔点添加物，以其微阻尼作用来抑制不稳定燃烧，现已获得成功，这被认为是固体推进技术的又一新进展。1980 年以来，我们对一些燃烧稳定剂的品种、规格和含量进行了筛选，借用 T 型燃烧室测声导纳和响应函数的方法，较快地选定了燃烧稳定剂，解决了低能和中能无烟推进剂的燃烧不稳定性抑制问题,使得这些推进剂能在三种武器型号中应用。

(6)法国已用实验数据表明压伸工艺制造的药柱弹道性能最好,粒铸工艺次之,而淤浆法最差。1986 年我们就粒铸和淤浆两种工艺对同一推进剂配方的性能影响进行了实验研究,结论与法国的结论相同。粒铸法所制药柱的 n,σ_p 和 π_k 小于淤浆法,而力学性能却较好。这是因为粒铸工艺采用了吸收、压延、捏合、溶剂压伸等混合强度很大的工序,从而使得催化剂能在药料中均匀分散,所以可以大大改善弹道性能。该工艺还在制造大型、异型药柱和高能推进剂药柱方面具有巨大的优势。因此,国外大都采用这种工艺生产各种尺寸的双基、改性双基及无烟推进剂药柱,而我国的粒铸工艺研究才刚刚开始。

英国和我国都在研究压伸无烟推进剂,但他们采用的是传统的无溶剂立式压伸工艺,多年的批生产证明,这样制造的含 RDX 双基系无烟推进剂,不会增加着火感度。

从 20 世纪 70 年代初以来,我们一直采用单螺杆挤压机和无溶剂法制造直径为 10~150 mm 的含 RDX18%~30% 的 CMDB 推进剂药柱,且能确保安全。这种螺压工艺的特点是产品质量均匀,批次间的重现性良好,并能大批量连续生产。我国已具有这种工艺的巨大生产能力,现在面临的问题是直径 300~400 mm 的大尺寸药柱的成型工艺问题,以适应远程火箭和战术导弹发展的需要。

单螺杆挤压生产线的生产能力虽高,但安全性不如双螺杆挤压工艺。瑞典 Bowas 公司的剪切压延-双螺杆挤压工艺比单螺杆挤压工艺更为优越,它将驱水、沟槽压延、切割和烘干四道工序,用一台剪切压延机取而代之,可用于制造含有硝胺等固体添加物的推进剂。这是无溶剂挤压工艺的一大进步,代表着压伸工艺的发展方向。但目前国外用双螺杆挤压工艺只能压伸出直径为 150 mm 的管状和星孔药柱,或直径为 10 mm 的实心药柱,大尺寸药柱的制造也是一个待解决的问题。

(7)无烟推进剂的危险等级对其今后的发展和使用起着支配性的作用。目前各国对危险性标准看法不一。美国海军认为,少烟推进剂不会出现整体爆轰,该属 1.3 级,而微烟推进剂会出现整体爆轰,应属 1.1 级。英国认为含 RDX 的 EMCDB 推进剂应该属于 1.3 级,它已被实际使用。法国的见解与英国相同。而我们认为 RDX-CMDB 无烟推进剂与双基和 CMDB 推进剂的危险等级相同,但仍应对无烟推进剂的危险等级和燃烧转爆轰的问题作进一步的研究。

(8)我国的 RDX-CDMB 无烟推进剂所采用的原材料国内均可大量生产,也未采用任何特殊的加工工艺,因此,预计其成本不会高于 CDMB 或复合推进剂的成本。

3 结论

(1)含硝胺的双基系无烟推进剂已发展成为固体推进剂的重要品种。它特别适用于反坦克、面-空和反舰导弹发动机,以提高这些武器系统的生存-攻击能力。

(2)我国的无烟推进剂具有如下特点:

1)燃气无烟,无腐蚀性气体组分;

2)能量较高,比冲效率可达 0.96 以上;

3)定压燃烧温度比 CMDB 和复合推进剂低 50~80 K;

4)燃速调节范围较宽,约为 5~30 mm/s;

5)压强指数小于 0.2,燃数温度系数小于 0.24%/℃,压强温度系数小于 0.28%/℃;

6)可制成自由装填或壳体黏结式药柱;

7)原料立足国内,成本与复合推进剂相当;

8)具有一定的批量试制能力。

(3)我们的研究工作虽比先进国家起步迟了十多年,但与国际先进水平的差距正在缩小。螺压中能无烟推进剂的综合性能已与国际先进水平接近,螺压和浇铸中能无烟推进剂已有 4 种在武器系统中正式使用,但高能无烟推进剂和粒铸工艺与国外差距较大。从总体上看,我们的无烟推进剂与国际先进水平还有一定的差距,需要在解决应用中的问题的同时,深入开展带方向性技术的预研,以进一步缩小与国外先进水平的差距。

参考文献

[1]　李上文.法国火炸药公司火箭推进剂生产研制近况[J].火炸药,1985(2):41-49.

[2]　薛幸福.CDB 推进剂力学性能与弹道性能研究[J].火炸药,1984(4):70-73.

文章来源:固体火箭技术,1990(2):64-74.

The effect of energetic additive DNP on properties of smokeless propellant

Li Shangwen   Men Xiguan   Yang Wuguan

Abstract: This paper introduces the application of energetic additive N,N'-dinitropiperazine (DNP) in the smokeless propellant. It is shown that DNP-CMDB propellant has excellent burning properties, that is, smaller pressure exponent (plateau or mesa) and wider pressure range of plateau, as compared with RDX-CMDB propellant. The experimental results are provided in this paper, demonstrating the influences of DNP content, RDX/DNP ratio, type and content of burning catalysts, etc. on the propellant properties.

Key words: N,N'-dinitropiperazine; smokeless propellant; burning properties

1   Introduction

Cycle-nitramin (RDX or HMX) is the main ingredient of smokeless propellant because of their higher energy, higher density, higher content of N, H and better chemical stability. Adding of cyclo-nitramin into DB propellant enhances the energy level of DB propellant system and keeps the good smokeless property. However, the RDX (or HMX)-CMDB base formulation has lower burning rate (u) and higher pressure exponent (n). To improve u and n, recently, some research works have been done and remarkable improvements have been got in many countries. For example[1], the u of RDX-CMDB smokeless propellant can be adjusted from 5 to 42 mm/s and the n reach the range of 0.2 − 0. Nevertheless, so far the improvement of u and n were just obtained by the way of adding burning catalysts into the propellant. In this paper, we explored a new way to use an energetic additive DNP for reducing n of propellant. RDX was replaced by DNP in parts or completely. Meanwhile we still added catalysts, since it was hoped that the n and u of propellant might be improved further more.

DNP (N,N'-dinitropiperazine) is also a sort of cyclo-nitramine compound. Its chemical construction is as follows and its data of base properties can be seen below:

According to the above data, it is predicated that DNP has lower energy and sensitivity than RDX, but its compatibility with ingredient of DB propellant is good. Therefore the manufacture of propellant with DNP has no problems in safety.

2　Experiment

2.1　Base Formulation (％ by weight)

NC (12% N)：34.0%-39.0%

NG：26.0%-29.0%

DINA：0%-5.0%

RDX or DNP：0%-25%

centratite：2.0%

vasiline：0.5

combustion stabilizer：1.0

2.2　Combustion catalysts

According to the Reference，the combustion wave structure of CMDB propellant containing nitramine is much the same as the DB propellant. So we selected two groups of catalysts which are usually applied to RDX – CMDB smokeless propellant.

Group Ⅰ：aromatic acid lead (A)-aromatic acid copper (B)-carbon black (CB). This catalyst group can lead to plateau or mesa combustion phenomenon over a middle and higher pressure range (100 – 200 kgf/cm²) for RDX-CMDB propellant.

Group Ⅱ：aromatic acid lead (B)-aromatic acid copper (A)-carbon black (CB). This catalysts group can lead to plateau or mesa phenomenon below 100 kgf/cm² for RDX-CMDB propellant.

The types of carbon black (CB) used were CB_1, CB_2 and CB_3, the order of which particle size was as follows：

$$CB_3 < CB_2 < CB_1$$

2.3　Sample preparation

The conventional process (i.e., slurry, rolling and screw extrusion) was used for sample preparation.

2.4　Measurement

The data for the curves of u-p relationship were obtained by standardburner. The infrared and laser transmissivity of the combustion products was measured with a HW-1 type of three channel smoke-measuring device. The wave length of the infrared ray was in the range of 1.8 – 2.5 μm，and the length of laser ray was 6 328Å. The ballistic characteristics of some samples were examined by test motors of 36mm and 50mm diameter.

3 Resultsand discussion

3.1 Adjusting of burning properties

3.1.1 DNP – CMDB formulation

In this formulation studied, DNP substitutes for RDX （25%）, and group Ⅰ or Ⅱ combustion catalysts are used.

Group Ⅰ catalyst

Fig.1 shows that the u increase about 2 mm/s, the n changes from plateau combustion to mesa combustion and the mesa pressure range extends to higher pressure range when DNP substitutes for RDX. When the content of lead salt A increases from 1.3% to 1.5%, the u enhances about 2 mm/s, and the mesa range moves slightly to the lower pressure range.

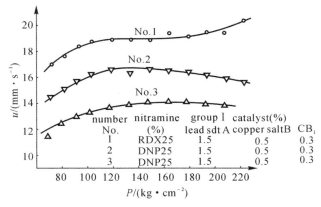

Fig. 1　Burning properties of DNP – CMD propellant(1)

Group Ⅱ catalyst

Fig.2 demonstrates that the u increases about 2 mm/s, mesa phenomenon appears and the mesa pressure range moves from $50 - 70$ kgf/cm² to $90 - 160$ kgf/cm² when DNP substitutes for RDX. Apparently, the mesa range is extended greatly. When the content of lead salt B decreases from 2.5% to 1.5% the mesa combustion disappears, and plateau u increases.

When the content of CB_1 increases from 0.2 to 0.4%, the u enhances about 1.5 mm/s and mesa combustion range appears in higher pressure range.

Fig.3 indicated that the type of CB affects strongly the value of burning rate. For example, the finer size CB_1 increases u about 3 mm/s as compared with coarser size CB_2. The mesa combustion phenomenon however, still remains.

We pay attention to the opposite influence of group Ⅰ and group Ⅱ catalysts on the plateau burning rate. In other words, the former decreases plateau u but the later increases plateau u in the same DNP – CMDB for mulation. This opposite influence may be due to their different nature and combustion catalysis mechanism. In addition，the combustion catalysis lay of DNP – CMDB formulation is similar with RDX – CMDB formulation.

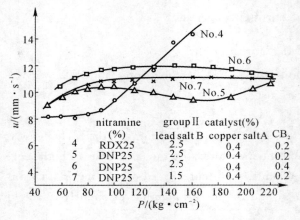

Fig. 2　Burning properties of DNP – CMD propellant(2)

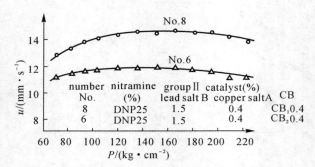

Fig. 3　Influence of CB fype on buring propellant

3.1.2　Influence of RDX/DNP Ratio

The group Ⅰ and group Ⅱ catalysts are still used，but no DINA of energetic plasticizer is contained in this base formulation.

Group Ⅰ catalyst

The mesa combustion isstrengthened when no DINA is contained in the formulation，in which case it seems that the adhesion between the propellant grain and the inhibitor is improved.

Fig.4 reveals that the plateau u increases slightly when RDX/DNP ratio changes from 20/10 to 15/15，nevertheless the mesa combustion appears obviously.

In addition，when RDX/DNP ratio is 15/15 and lead salt A increases from 1.0 to 1.2%，theplateau u decreases about 1 mm/s and mesa range moves to lower pressure. When CB1 content increases from 0.2 to 0.3%，the plateau u enhances about 2 mm/s and mesa range moves to higher pressure.

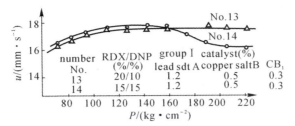

Fig. 4   Influence of ROX/DNP ratle on buring propellant(1)

Group Ⅱ catalyst

Fig.5 shows that the u decreases and the mesa range moves to higher pressure，even though type of CB is different and DNP content increases from 10% to 15% （i.e.，RDX content reducing 5%）.

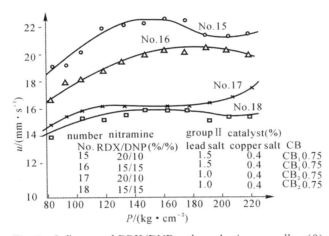

Fig. 5   Influence of RDX/DNP ratle on buring propellant(2)

When RDX/DNP ratio remains 15/15 and CB_3 increases from 0.3 to 0.4%，the plateau u increases and the mesa range moves to higher pressure.

In a word，the rising of DNP content benefits the improvement of n，but the laws of combustion catalysis are just similar to RDX－CMDB propellant.

3.1.3   Influence of DNP on σ_p

As compared with the GHG－11 formulation containing 25% RDX. NO.6 formulation containing 25% DNP. Their burning rate－pressure and temperature sensitivity of burning rate （σ_p）－pressure relationship curves are shown in Fig.6. Consequently，the plateau range of GHG－11 is located in 80－110 kgf/cm²，but that or NO. 6 is located in 100－220 kgf/cm². It is worthy of special mention that the pressure range with smaller σ_p of these formulations are corresponded to their plateau area.

It is well known that the temperature sensitivity of pressure （π_k） equals $\sigma_p/1-n$， because the σ_p and n present smaller value in both of formulations, we can predict that they should have lower π_k value. In fact, the π_k value of GHG – 11 and NO.6 are 0.09 and $\sim$ 0.1%/℃ (－40－＋50) measured in 50 mm diameter test moter. These values of π_k we obtained show that the DNP – CMDB still has excellent temperature sensitivity of pressure as compared with RDX – CMDB propellant.

3.2　Effect of DNP content on energy level

It can be seen from the calculated results that the values of explosive heat, theoretical specific impulse, theoretical density and chamber temperature are reduced respectively about 32 kJ/kg, 0.7s, 1.7×10^{-3} g/cm^3 and 20 K by increasing 1% DNP (meanwhile decreasing 1% RDX) for RDX/DNP – CMDB formulation. The value of explosive heat measured (32 kJ/kg) conforms to the value of calculated (30.5 kJ/kg). In order to avoid energetic loss and keep plateau or mesa combustion phenomenon, the DNP content substituting for RDX should usually be below 10%, in such case, the value of theoretical specific impulse can maintain above 240s (at 100 kgf/cm^2) and the pressure exponent present plateau or mesa over a wider pressure range.

3.3　Attenuation properties of DNP to electronmagnet waves

The results of infrared and laser trasmissivity are shown in Table 1. These results indicate that the infrared transmissivity of formulation containing DNP is slightly higher than that containing RDX, but the laser transmissivities for the both are similar when either group Ⅰ or group Ⅱ catalysts used.

Table 1　Phycial-Chemical Stabilities

Stabilities / Formulation	Pressure test at 120℃		Vielle test repeat ten times at 106.5℃	Bloom condition
	Knee.Point min	Slope (Hgmm · min^{-1})		
CHQ – 11 (with 25% RDX)	233	0.37	70 – 70 h	presence slightly
No.6 (with 25% DNP)	196	0.39	70 – 70 h	presence obviously

3.4　Physical-chemical stability

The data of stability tests indicate that the chemical stability of the two formulations with DNP or RDX is good (see Table 2). Unfortunately, DNP presents more bloom phenomenon on the surface of propellant than RDX. This problem remains to be solved.

Table 2 Transmissivities

Test number	Formulation			Transmissivity	
	RDX(%) weight	DNP(%)	catalysts(%) weight	Infrared ray 1.8~2.5μm(%)	laser ray 632.8 nm(%)
22	—	25.0	group I 2.3	46.6	86.2
23	25.0	—	group I 2.3	42.3	87.3
24	—	25.0	group II 2.3	42.8	81.4
25	25.0	—	group II 2.3	34.0	79.2

3.5 Firing test

We carried out several firing tests of experiment motor with 36 mm and 50 mm diameter which have demonstrated that the pressure-time curves (temperature -40, $+20$, and $+50$℃) are smooth and the combustion stability of propellant is good.

3.6 Properllant production

Using the conventional process of slurry- rolling-screw extrusion, we have produced safely some type of RDX (or DNP)-CMDB propellant charges for several application cases.

4 Conclusion

(1)The value of n of base formulation containing DNP is lower than that containing RDX. The former equals about 0.73, but the later is up to 0.81. This condition lays the foundation for improving n of DNP – CMDB propellant.

(2)When the DNP totally or partly replacing RDX and adding catalysts to the propellant, the u is increased obviously, plateau or mesa range are extended and the pressure range of smaller σ_p is changed. In addition, the process properties, safety and chemical stability of propellant containing DNP are good.

(3)This research shows that a new hopeful method reducing n of smokeless propellant by adding new energetic material (as DNP) is worth studying.

(4)The catalysts which are effective to DB and RDX – CMDB propellants are also effective to the DNP – CMDB propellant, and the adjusting laws of burning property are also similar.

(5)The transmissivities of formulation containing DNP are at least the same to that of formulation containing RDX.

(6)Considering synthetic factors, the suitable content of DNP in propellant should be about 10%.

Reference

[1] Men X G, Zhan R, Li S W. The adjustment of Combustion Properties for RDX – CMDB Propellant[J]. Journal of Propulsion Technology, 1989(3):64 – 69.

文章来源:联邦德国第 21 届 ICT 会议,1990.

固体推进剂温度敏感度机理和模型评述

赵凤起　李上文

摘　要:本文对固体推进剂不同表达形式的温度敏感系数及其之间的关系进行了归纳,介绍并评述了众多的温度敏感系数模型,探讨了影响温度敏感系数的主要因素以及影响规律,为配方研究人员提供了调节温度系数的理论依据。

关键词:固体推进剂;温度敏感性;燃烧机理

符号说明

A_s:推进剂气化的动力学前因子

λ:导热系数

E_s:推进剂活化能

E_{PF}:主要扩散反应的活化能

C:Saint - Robert 定律中的燃速常数

p:压强

u:燃速

t:时间

T_F:火焰温度

W_g:嘶嘶区的反应速度

X_{PF}^*:扩散焰的反应长度指数

π_k:恒定 K 时的压强温度敏感系数

C_P:比热

ζ:无因次火焰高度

E_g:控制气相反应活化能

K:面喉比

N:气相反应级数

Q_g:控制气相反应的净热释放

Φ:到燃烧表面的热反馈通量

CI^*:特征速度

ξ:CMDB 推进剂中,与 AP 体积分数有关的参数

F:推力

n:压强指数

Q_s:气化净热(放热为证)

u_{DB}:在 CMDB 推进剂中含能黏合剂的燃速

T:温度

T_s:推进剂燃烧表面温度

X:到燃烧表面的距离

Z_g:指前因子

ρ_P:推进剂密度

R:普适气体常数

T_0:初始温度

T_g:嘶嘶区温度

X_{PD}^*:扩散焰高度

σ_p:恒定压强时的压强温度敏感系数

ρ_g:气相的密度

1　引言

初温的变化对固体推进剂燃速和燃烧室压强的影响被称之为温度敏感度,并用两种不同形式的温度系数来表示。其一描述了恒压环境下,温度对推进剂燃速的影响,称为燃速的温度敏感系数,用 σ_p 来表示;而另一则描述了固体火箭发动机的压强(如:燃烧室压强)受初温的影响,叫压强的温度敏感系数,用 π_k 来表示。由于装药初温极大影响了发动机的性能,故而国外对温度系数尤其重视。无论在理论上还是在实际应用上都做了大量的研究工作。相比之下,

国内对其却没有给予足够的注意,研究颇少。本文就不同形式温度系数之间的关系,温度系数模型以及温度系数调节机理予以综述,可资借鉴。

2 两种形式的温度系数及其关系

由上可见,两种形式的温度系数描述了不同的内容,σ_p 描述的是仅与推进剂组成有关的初温的影响,而 π_k 不仅包括了前者,而且也包括了发动机参数的效果,而且意义更全面,但计算起来也更复杂。无论如何,两种温度系数之间是有联系的,这样就可利用二者之间的关系从较易确定的 σ_p 来求出 π_k。故此,找出二者之间的关系式是十分重要的。

燃速的温度敏感系数和压强温度敏感系数分别被定义为

$$\sigma_p = \left(\frac{\partial \ln u}{\partial T_0}\right)_p \tag{1}$$

$$\pi_k = \left(\frac{\partial \ln p}{\partial T_0}\right)_K \tag{2}$$

另外,两个辅助的温度系数 σ_k 和 $\pi_{p/u}$ 被定义为

$$\sigma_k = \left(\frac{\partial \ln r}{\partial T_0}\right)_K \tag{3}$$

$$\pi_{p/u} = \left(\frac{\partial \ln p}{\partial T_0}\right)_{p/u} \tag{4}$$

按照 Saint - Robert 或 Vieille 原理,$u = Cp^n$,其中 $C = C(T)$,$n = n(p, T)$,于是我们可以得到:

$$\sigma_p = \left(\frac{\partial \ln C}{\partial T_0}\right)_p + \ln p \left(\frac{\partial n}{\partial T_0}\right)_p \tag{5}$$

而根据燃烧室连续性原理,有固体火箭发动机的平衡燃烧室压强公式为

$$p = [CC^* K(\rho_P - \rho_g)]^{\frac{1}{1-n}} \tag{6}$$

为了确定 σ_p 和 π_k 的关系,对式(6)取对数,微分并利用式(5),于是可得到式(7),其中 $\pi_C = (\partial \ln C^* / \partial T_0)_K$。

$$\pi_k = \frac{1}{1-n} \left\{ \left[\left(\frac{\partial \ln C}{\partial T_0}\right)_K + \pi_C + \left(\frac{\partial \ln(\rho_P - \rho_g)}{\partial T_0}\right)_K \right] + \frac{\left(\frac{\partial n}{\partial T_0}\right)_K}{\left(\frac{\partial n}{\partial T_0}\right)_p} \left[\sigma_p - \left(\frac{\partial \ln C}{\partial T_0}\right) \right] \right\} \tag{7}$$

目前许多教科书或研究报告中常用的 σ_p 和 π_k 关系都是不严格的,有条件的,它们可从式(7)派生出来。如假设 n, C^*, ρ_P 和 ρ_g 与推进剂初温无关,则式(7)可变成

$$\pi_k = \frac{\sigma_p}{1-n} \tag{8}$$

很显然,初温对燃烧室压强的影响大于对燃速的影响。n 越大,这种影响也越大,所以若 π_k 小,不仅要求推进剂有较小的压强指数,而且也应有较小的燃速温度系数。

同样,若不考虑 n, ρ_P 和 ρ_g 随初温的变化,则

$$\pi_k = \frac{\sigma_p}{1-n} + \frac{\pi_C}{1-n} \tag{9}$$

Glick 得到了另一种表达式,它是基于 ρ_P 和 ρ_g 随温度的改变而改变的假设推得的

$$\pi_k = \frac{\sigma_p + \pi_C + \dfrac{1}{1-\rho_g/\rho_P}\left[\left(\dfrac{\partial \ln \rho_P}{\partial T_0}\right)_p + \dfrac{\rho_g}{\rho_P}\left(\dfrac{\partial \ln T_{AF}}{\partial \ln p}\right)_{T_0}\right]}{1-n-\dfrac{1}{1-\rho_P/\rho_g}\left[\left(\dfrac{\partial \ln C^*}{\partial \ln p}\right)_{T_0} + \dfrac{\rho_g}{\rho_P}\left(\dfrac{\partial \ln T_{AF}}{\partial \ln p}\right)_{T_0} - \dfrac{\rho_g}{\rho_P}\right]} \tag{10}$$

式(10)没有考虑初温对压强指数的影响效果。但从实验表明,压强指数是有影响的。Cohen 和 Fcanigan 推出了带有压强指数变化的表达式为

$$\pi_k = \frac{\sigma_p + \left(\dfrac{\partial \ln C^*}{\partial T_0}\right)_p}{1-n-\left(\dfrac{\partial \ln C^*}{\partial \ln p}\right)_{T_0} - \left[\left(\dfrac{\partial n}{\partial T}\right)_p + \pi_K\left(\dfrac{\partial n}{\partial \ln p}\right)_{T_0}\right]dT_0} \tag{11}$$

无论如何,式(8)~(11)都带有一定的局限性,在某些条件下或对某推进剂可估算 σ_p 和 π_k,最完整的表达式应是式(7)。为了更好地了解式(7)中各项的意义,一个数量级分析如表1所示。

表 1　某推进剂各系数的数量级分析

系数	典型值/(%,f)	级数
π_k	0.20	一级
σ_p	0.15	一级
$\left(\dfrac{\partial n}{\partial T_0}\right)_p$	0.03	二级
$\left(\dfrac{\partial \ln(\rho_P-\rho_g)}{\partial T_0}\right)_K$	-0.02	二级
π_c	0.006	三级

总之,σ_p 和 π_k 是相关的,其关系式以最基本的燃烧定律和平衡燃烧室压强方程为基础建立的。以上诸方程可据不同的条件而进行选择应用。

3　温度敏感系数的理论模型

为了解释和改善推进剂的温度敏感系数,国外对此进行了大量的分析和研究工作,其主要内容有:①借助推进剂燃烧理论的物理模型或数学模型,建立温度系数的数学模型,以此来对各种不同的推进剂燃烧影响因素进行分析。找出影响温度系数的主要因素或估算温度系数值;②通过配方实验测量温度敏感系数并与数学模型相比较,一方面验证数学模型的真伪性,一方面提供足够的数据来改进数学模型以便指导以后的实验;③实验研究,它即包括采用一定分析手段的机理研究,也包括降低温度系数的配方调节。本部分将着重对几种温度敏感系数的理论模型予以介绍和评述。

3.1　理论基础

Glick 最早对温度敏感度进行了简单的讨论和基本的分析,他假定 C_p,T_s,Q_s 和 Φ 与推

进剂初温无关,于是在推进剂燃烧表面建立能量守恒方程有:

$$\rho_P C_p r(T_s - T_0) - \rho_P u Q_s = \Phi \tag{12}$$

根据燃速温度敏感系数定义,对方程(12)进行微分得

$$\sigma_p = \left(\frac{\partial \ln r}{\partial T}\right)_p = \left(T_s - T_0 - \frac{Q_s}{C_p}\right)^{-1} \tag{13}$$

式(13)表明了几个重要的趋势,表面温度越高,气化净热 Q_s 是负值(吸热为负,放热为正),则 σ_p 越小。人所皆知,表面温度一般随着燃速和压强的增加而增加,所以具有高燃速和高的工作压强的推进剂应该产生低的 σ_p。这在数值上是比较明显的,以上可作为推进剂燃速温度敏感系数的一个总的概论。

尽管方程(13)将高的表面温度同低的温度系数联系了起来,但有关 Q_s 值与推进剂的配方组分有关,其确定目前尚不一致。式(13)假定了四个参数不随初温而变,作者在事实上显然是非常简化的处理方式。如果假定 T_s 是初温的函数,且燃烧表面退去的速度适合 Arrhenius 定律,即

$$u = A_s e - E_s / RT_s \tag{14}$$

则将式(14)和(13)结合起来予以考虑,可得到另一表达式

$$\sigma_p = \left[\frac{RT_s^2}{E_s} + \left(T_s - T_0 - \frac{Q_s}{C_p}\right)\right]^{-1} \tag{15}$$

式(15)表明,分解的低活化能有利于降低 σ_p 的值。不管怎样,从燃烧模型化常见的计算数据中可看出,RT_s^2/E_s 项比分母中其他各项有更小的数量级。因此,它对温度系数的结果仅有较小的贡献。

以上仅是对燃速温度敏感系数最基本的考虑,更进一步的讨论是假定 Φ 随初温而变化。利用不同的 Φ 表达式以及其所产生的温度依赖性是已研究的不同燃烧模型的主要区别特征所在。尽管模型中热性质仍被假定与推进剂初温无关,但由于 Φ 是据不同的燃烧理论而建立的,所以温度敏感系数的表达也更接近实际。

3.2 双基推进剂模型及结果

按照双基推进剂稳态燃烧理论,双基推进剂燃速主要由表面反应及嘶嘶区的热反馈机制控制,暗区和发光火焰区因离燃烧表面太远,没有起到较大的作用,由此可推断,燃速温度敏感系数也应由燃烧表面和嘶嘶区的反应控制,燃烧表面的热平衡方程为

$$\rho_P r C_p(T_s - T_0) = \lambda_g \left(\frac{\mathrm{d}T}{\mathrm{d}x}\right)_{s,g} + \rho_P u Q_s \tag{16}$$

据 σ_p 的定义,则

$$\sigma_p = \left[\frac{\partial}{\partial T_0} \ln \lambda_g \left(\frac{\mathrm{d}T}{\mathrm{d}x}\right)_{s,g}\right]_p - \left[\frac{\partial}{\partial T_0} \ln \rho_P C_p \left(T_s - T_0 - \frac{Q_s}{C_p}\right)\right]_p \tag{17}$$

Kubota 通过假定 λ_g,C_p 和 ρ_P 不随初温而改变以及嘶嘶区的反应是一步的 K 级 Arrhenius 型反应。借助于双基推进剂气相到凝固相的热反馈表达式。又经过简化,推得双基推进剂燃速温度敏感系数公式如下:

$$\sigma_p = \frac{1}{2} \frac{E_g}{RT_g^2} \left(\frac{\partial T_g}{\partial T_0}\right)_p - \frac{1}{2} \frac{1}{T_s - T_0 - \frac{Q_s}{C_p}} \left(\frac{\partial T_s}{\partial T_0} - 1\right)_p \tag{18}$$

由此式和实验结果表明,在确定温度敏感系数上,气相反应和凝固相反应起着重要作用。气相反应的主要因素是活化能和嘶嘶区的温度,为了降低 σ_p,有必要降低活化能,增加嘶嘶区的反应温度。在凝固相,由于 $(\partial T_s/\partial T_0)_p < 1$,所以若降低 σ_p 就必须提高 T_s。值得注意的是,尽管随着初温的升高,嘶嘶区的气相反应速度和温度以及 T_s 增加,但在燃烧表面释放的热量相对地不受初始推进剂温度的影响。此外,高能推进剂比低能推进剂有更低的温度系数,即:推进剂单位质量所含的能量增加,σ_p 降低。

3.3 GDF 或 KTSS 模型

基于 Summerfield 复合推进剂粒状扩散焰模型(GDF),Cohen-Nir,Ewing 和 Osborn,以及 Kubota 得到不同的 σ_p 表达式。GDF 模型表达了在不稳定燃烧过程中的热反馈规律,作为其模型的温度系数结果称作 KTSS 模型,有人也叫 GDF 模型。Cohen-Nir 的 σ_p 表达式为

$$\sigma_p = \frac{1}{2}\left[\left(T_s - T_0 - \frac{Q_s}{C_p}\right) + \frac{RT_s}{E_s}\right]^{-1} \tag{19}$$

Ewgin 等人在做了假定 $\partial T_s/\partial T_0 = dT_s/dT_0 \cong \Delta T_s/\Delta T_0 = RT_s^2\sigma_p/E_s$ 之后得到:

$$\sigma_p = \frac{1}{2\left[T_{s0} + \left(\frac{RT_s\bar{\sigma}_p\Delta T_0}{E_s} - T_0\right) - \frac{Q_s}{C_p}\right] + \frac{R}{E_s}\left(T_{s0} + RT_{s0}^2\bar{\sigma}_p\frac{\Delta T_0}{E_s}\right)} \tag{20}$$

本方程可用计算机来计算,直至 σ_p 和 $\bar{\sigma}_p$ 的数值差小于 10^{-5} 为止。Kubota 得到了类似的结果。

$$\sigma_p = \left[\frac{RT_s^2}{E_s} + 2(T_s - T_0)(1 - H)\right]^{-1} \tag{21}$$

其中 $$H = Q_s/C_p[T_s - T_0]$$

KTSS 模型据配方中的不同成分有不同的变化形式。如应用于含 AP 复合推进剂的形式;应用于硝胺的 KTSS 形式等。当把此类模型用于计算温度系数时,人们往往会遇到许多困难,预估的趋势和实验数据不能很好地吻合。显然,"简化"不可能说明推进剂燃烧行为的真实情况。

3.4 Denion 和 Baum 预混焰模型(Coates)

Coates 研究了用气相参数来表达燃速温度系数的方法,他把层状焰理论应用于温度敏感度的估算,对于气相和固相比热相同且为常数的情况,理论推得:

$$\sigma_p = \frac{1 + N/2}{T_F} + \frac{E_g}{2RT_F^2} \tag{22}$$

诚然,用气相参数和固相参数估算的 σ_p 应该是一致的,因为在表面边界处,气相和固相符合能量守恒定律。

从气相观点来看,式(22)表明:高的火焰温度(高能推进剂),低的气相反应活化能和低的反应级数可导致低的燃速温度敏感系数。一般来讲,高能推进剂趋向于有低的温度敏感度。如含 AP 的复合推进剂参数的典型值为 $N = 2$,$T_F = 3000$ K,$E_g = 62.8$ kJ/mol,则 $\sigma_p = 0.11$ %/℃。这和 KTSS 模型方程的结果一致。

3.5 Kubota 高能黏合剂模型和 CMDB 模型

基于 Schvabzeldovich 火焰理论在气相嘶嘶区的应用,Kubota 研究了高能黏合剂的燃烧

模型,结果是一个既有气相参数又有固相参数的有关燃速的积分表达式。为了求 σ_p,对其表达式进行微分,结果如下

$$\sigma_p = \left[\frac{RT_s^2}{E_s} + 2\left(T_s - T_0 - \frac{Q_s}{C_p}\right)\right]^{-1} + \frac{E_g}{2RT_F^2} - \frac{1}{T_F} \tag{23}$$

比较 σ_p 表达式可发现,某些项是重复出现在方程式中的。显然,他们是温度敏感系数的最基本方面。

为了说明在嘶嘶区进行的反应,有资料用图表明了气相的重要性质与的 T_0 函数关系。当显焰增加时,气相反应紧靠推进剂表面发生,结果在表面附近的温度梯度(热反馈)增加,于是燃速增加,嘶嘶区火焰温度也增加。这就是初温升高,使热被贮存在固相中的结果。

Kubota 和 Masamoto 修改了原来的 Kubota 双基推进剂燃烧模型,并讨论了添加 AP 和 HMX 的双基推进剂。Swaminathan 和 Soosai 用这些模型进行了温度敏感系数的研究。显然 CMDB 模型不像其他推进剂模型那么具有综合性,但亦可得到 σ_p 的积分表达式。AP/XMDB 推进剂的结果是

$$\sigma_p = \left\{\frac{r}{r_{DB}}(1-\xi)\left[\left(\frac{E_g}{RT_F^2} - \frac{2}{T_F}\right)\left(T_s - T_0 - \frac{Q_s}{C_p}\right) + 1\right]\right\}_F \div \left[2\left(T_s - T_0 - \frac{Q_s}{C_p}\right) + \frac{RT_s^2}{E_s}\right] \tag{24}$$

HMX/XMDB 推进剂的结果是

$$\sigma_p = \left[\left(\frac{E_g}{RT_F^2} - \frac{2}{T_F}\right)\left(T_s - T_0 - \frac{\bar{Q}_s}{C_p}\right) + 1\right] \div \left[2\left(T_s - T_0 - \frac{\bar{Q}_s}{C_p}\right) + \frac{RT_s^2}{E_s}\right] \tag{25}$$

由于 AP 和靠近燃烧的区域与黏合剂有不同的燃烧机理,而 HMX 与黏合剂却有相同的燃烧机理,所以两类推进剂表达式不同。固相添加物 HMX 的好处在于增加了表面温度,降低了放热 Q_s 的有效值。但 σ_p 的计算值尚未和实验值进行比较。

3.6　BDP 单元推进剂模型

在 Beakstead 和他的同事的一系列文章中,把复合推进剂 BDP(Beackstead - Detrr - Price)燃烧模型的一部分应用于单元推进剂成分的燃烧上。第一篇文章应用初始的 BDP 模型于 AP 和 HMX 的燃烧;第二篇文章用 BDP 模型的改进形式重新检查了 AP 和 HMX 的燃烧;第三篇文章是 XLDB 高能黏合剂的模型化,且在此方法中,来自气相的热反馈被火焰片状模型所描述。

Beakstead 公布的最新的 σ_p 表达式为

$$\sigma_p = \left[\frac{E_g}{RT_F^2}\frac{dT_F}{dT_0} + \frac{e^\xi/\xi}{2\left(T_F - T_0 - \frac{Q_s}{C_p}\right)}\right] \div \left[1 + \frac{RT_s^2}{E_s}\frac{e^\xi/\xi}{\left(T_s - T_0 - \frac{Q_s}{C_p}\right)}\right] \tag{26}$$

此表达式不同于前面的任何一个,它说明了 T_F 和 T_0 的依赖关系。根据火焰片状模型,包括元因次火焰高度在内的许多项出现在 σ_p 公式中,Beakstead 也根据对各个项的数字估算,提出了许多近似表达式。在燃烧由气相控制的极限条件下,最简单的表达式为

$$\sigma_p = \frac{E_g}{2RT_F^2}\frac{dT_F}{dT_0} \tag{27}$$

若在燃烧由放热凝固相控制的极限条件下

$$\sigma_p = \frac{E_s}{RT_s^2} \tag{28}$$

前者发生在非常高的压强下,后者发生在非常低的压强下,显然这暗示出控制机制随压强

的变化而变化。

3.7 近似 BDP 复合推进剂模型——多焰模型

AP 复合推进剂的多焰模型是一个可用来计算燃速的模型。Baker 由此模型得到了 σ_P 表达式,但是它太复杂以至于在提供某些理解方面价值有限。Beakstead 借助于检查各项的极限条件和大小成功地得到了有用的表达式。在足够低的压强下,燃烧由 AP 和黏合剂之间的扩散焰控制,故而近似表达式为

$$\sigma_p = \left[\frac{1}{T_F} + \frac{E_{PF}}{RT_F^2}\frac{1}{1+(X_{PD}^*/X^{PF})}\right] \div \left[1 + \frac{1}{1+(X_{PD}^*/X_{PF}^*)}\right] \tag{29}$$

在足够高的压强下,燃烧由 AP 单元推进剂火焰控制,且近似表达式与式(27)相同。据式(29)计算的一个有代表性的低压 σ_p 值约为 0.05 ％/℃,而从式(27)对 AP 燃烧火焰计算高压下的 σ_p 值约为 0.2％/℃,这可作为两个基准。因为在复合推进剂模型中,随着压强增加而计算的 σ_p 值增加,σ_p 值在两个基准之间的变化可看做"控制机制"转移的标志。

由上可知,扩散焰控制比 AP 火焰控制有更小的 σ_p,从基本的观点出发,扩散过程不如动力学对温度敏感,而 AP 火焰是动力学限定火焰。进一步讲,在这样的特殊情况下,扩散焰比 AP 火焰(预混焰)更加高能,因此导致扩散焰有更小的温度敏感度。在扩散焰控制的状态下,当扩散焰变得更加占主要地位时,σ_p 将随着压强的增加而减少。随着压强增加 σ_p 增加是 AP 火焰增加的结果。

4 机理总结

温度系数的表达式实质上是在许多不同的燃烧理论的基础上,利用理论的物理模型和数学模型发展出来的数学模型。上面所列的一些模型实际上就是燃烧机理模型,只不过燃速温度敏感系数表达式比燃速表达式又进了一步而已。

从上面的模型探讨中可看出:对于凝固相机理,低 σ_p 是高的 T_s 和吸热的 Q_s 引起的。因为固相能含量受 T_0 影响不大,表面能量平衡也基本不受 T_0 影响;就气相机理而言,低 σ_p 是由高的 T_F 低 dT_F/dT_0,低 E_g 和扩散焰控制而造成的,因为热反馈势力能受 T_0 影响小,气体温度对 T_0 很不敏感,反应动力学对 T_0 几乎钝感。当然,扩散过程控制比动力学反应控制有更小的敏感性。

就组分而言,硝胺出现是相当有益的,因为它们有相对高的 T_s,气化吸热,且比 AP 有更高的控制火焰温度和相对低的 dT_F/dT_0。由于高能黏合剂有相对低的 T_s,且气化放热,所以高黏合剂存在使 σ_p 增高。AP 复合推进剂当由扩散焰控制并有高的控制焰温度时,能够得到低的 σ_p 值,但是当由 AP 火焰控制时,则 σ_p 较高。

压强和温度对 σ_p 的影响依赖于许多因素。增加压强,T_s,T_F 和反应速度趋向于低 σ_p 值,但反应主导区(即控制机制)的变化和增加的 Q_s 放热量能够增加 σ_p。一般来说,σ_p 随着 T_0 增加而增加。但 σ_p 的增加能够被 T_s 和 T_F 的增加,有利的 Q_s 变化以及复合推进剂的多焰结构所抵消。因此,利用上述理论可调节 σ_p 的大小。

文章来源:航空航天部第三情报网第十一次技术情报交流会报告,1990.

对高推力比单室双推力固体发动机
装药研制中若干问题的研究

李上文　孟燮铨　白宜生　王百成　张蕊娥

摘　要: 对高推力比单室双推力固体火箭发动机装药研制中的技术关键进行了分析,并对技术关键的解决作了介绍。经缩比发动机和全尺寸原理发动机高低常温实验表明,采用两种燃速和两种药型螺压中能无烟推进剂组合成的单室双推力装药可以达到推力比 16:1 的水平且内弹道性能、重现性良好,发动机两级推力(压强)-时间曲线工作正常,两级推力(压强)过渡段平滑。该研究工作为今后进一步结合型号研究奠定了良好的技术基础。

关键词: 双推力火箭发动机装药;固体推进剂火箭发动机;高温实验;低温实验

1　引言

单室双推力发动机是当前国内外新型固体火箭发动机的一个重要发展方向。它适用于反坦克导弹、防空导弹和其他小型战术导弹的动力装置,在战术导弹发动机研制中受到普遍的重视。近年来,该类发动机已在国外的机动、快速反应中低空防空导弹(如美国的"尾刺"英国的"长剑"),空对空近距离导弹(如法国的"超 530")和远程反坦克导弹(如以色列的"蝰蛇")中得到应用。因此研究这类发动机将对战术导弹动力装置的发展起促进作用。

但是,一般国外报道的单室双推力发动机推力比均在 4～6 左右。1986 年左右服役的以色列"蝰蛇"远程反坦克导弹,采用两种燃速的 HTPB-AP 推进剂浇铸成单室双推力药柱,推力比可达 16:1,是当前所能了解到国外最高推力比的单室双推力发动机之一。"蝰蛇"发动机所用的 HTPB-AP 推进剂助推级燃速为 20 mm/s(工作压强 20 MPa),药型为内燃星型;续航级燃速为 5.5 mm/s(工作压强 1～3 MPa),药型为端面燃烧;采用浇铸工艺分别把两种不同燃速的推进剂浇铸在一起。该推进剂的缺点是能量不高(不加铝粉),压强指数大(约为0.5)且燃气中存在大量的腐蚀性气体氯化氢(HCl)这对制导兵器来说是不希望的。

2　单室双推力装药研制的技术关键

根据固体火箭发动机工作原理可知,实现单室双推力的技术途径有四条:

(1)喷管面积 A_1 不变,采用一种燃速推进剂,只改变其燃烧表面积 S_0,实现双推力;

(2)A_1、S_0 不变,采用两种燃速推进剂实现双推力;

(3)A_1 不变,用两种燃速推进剂同时改变 S_0,实现双推力;

(4)采用一种推进剂仅调节 A_1,实现双推力。

以上四种途径中第三种易于实现,它设计比较灵活,在推进剂燃速比不很高时也可实现较高推力比。本研究工作采用技术途径 c（即同时改变推进剂燃速和燃面，A_1 不变），同时参考"蝮蛇"反坦克导弹高推力比发动机的性能，选用综合性能较好的螺压中能无烟推进剂代替"蝮蛇"的 HTPB-AP 复合推进剂，探索达到 16：1 推力比的技术可能性，试图为我国新型反坦克导弹提供一种微烟、高推力比、综合性能良好的单室双推力原理发动机装药的科研成果。

若要实现发动机推力比 16：1，推进剂和包覆层性能是技术关键。要求推进剂装药能突破如下的具体技术难点：

（1）发动机助推级应采用一种在 20 MPa 左右时高燃速的推进剂，其高压区压强指数最好小于 0.2，即所谓高压平台推进剂。

（2）发动机续航级应用一种在 1~2 MPa 压强时低燃速的推进剂，其低压区压强指数最好不大于 0.2 即所谓低压平台推进剂。此外，该推进剂在此低压范围内，特别是在低温条件下能稳定正常地燃烧（不喘燃、不熄火），而且在助推级工作压强（20 MPa 左右）下也能正常稳定地燃烧。

（3）推进剂燃烧产物应是无烟、无腐蚀气体，对制导电磁波不引起大的衰减。

（4）应确保续航级端燃药柱中心致密，轴向无贯穿气泡。

（5）两级螺压成型药柱对接黏结应牢靠，保证两级药柱燃烧过渡段工作正常，过渡段时间尽可能短。

（6）采用能耐长时间烧蚀的少烟包覆层配方，并解决相应的工艺问题。

3 对若干技术问题的研究

针对上述的技术关键，我们开展了研究工作，现将其中的一些问题的研究结果作简要介绍。

3.1 两个高压平台高燃速推进剂（MSG-1 和 MG-30）的研制

RDX-CMDB 推进剂加入燃烧催化剂后可使其压强指数从 0.8 降低到 0.2 左右，这已为我们多年的实验所证实。为满足助推级高燃速的要求，选用第 1 组复合催化剂经过催化剂比例优化得到 MSG-1 配方。它的平台区燃速为 21 mm/s，平台压强范围为 10~19.0 MPa。在 20 MPa 以上压强范围，该配方压强指数开始增大。此配方已用于本研究工作的缩比发动机助推级中。为了改善 MSG-1 配方的高压压强指数和提高燃速，在第 1 组复合催化剂的基础上，调整比例并加内 1% N-1 添加剂，形成了 MG-30 配方。该配方在 16~22 MPa 压强范围内压强指数为 0.1，平台燃速为 30 mm/s。此配方后来在全尺寸原理发动机中用作助推级装药。

上述 MSG-1 和 MG-30 两个配方的主要性能见表 1 和图 1。

3.2 低压平台低燃速推进剂（MSD-1）的研制

续航级推进剂主要在 1~2 MPa 压强下长时间工作，因此在要求它在低压下有较低的燃速和平台燃烧特性的基本前提下，还要求它在 -40℃ 低温下能稳定正常地燃烧。我们采用第 1 组复合催化剂调整其合适的配比，达到了低压下燃速为 5 mm/s 左右，$n<0.3$，且低压下稳定燃烧的要求。由于续航级工作压强较低，释放比冲较小，为了尽可能提高配方的理论比冲，采用优化设计，使理论比冲比助推级配方增加了 34 N·s/kg。这即是 MSD-1 配方，其主要性

能见表 1 和图 1。它在本研究的缩比发动机和全尺寸原理发动机中均作为续航级装药使用。

表 1 中所列三个配方的共同特点有：微烟、无腐蚀性气体、压强温度系数低、采用螺压成型工艺性能重现性好以及便于大批量生产。其差别是三者平台燃速和平台压强范围不同，以适应助推级和续航级的不同要求。根据目前的技术储备和水平，我们可以做到依照不同单室双推力方案的要求，在上述配方基础上比较方便地调出燃速 5～30 mm/s 范围内的各种燃速配方。因此这三个中能微烟配方的研制成功，为高推力比单室双推力火箭发动机装药研制解决了头三个技术难题，为整个科研工作的顺利进展开拓了道路。

表 1 MSG-1,MG-30 和 MSD-1 三种推进剂主要性能

项目	助推级推进剂		续航级推进剂
	MSG-1	MG-30	MSD-1
实测爆热 Q_v(水)/(kJ·kg^{-1})	4 677	4 527	4 728
实测比冲 I_{sp}/(N·s·kg^{-1})	2 231	2 182	
密度 ρ/(g·cm^{-3})	1.656	1.686	1.670
定压燃烧温度 T_c/K	2 826	2 798	2 919
平台区燃速 u/(mm·s^{-1})	21.3	30	5.5
压强指数 n	0.1	0.1	0.3
平台压强范围/MPa	10.0～19.0	16.0～22.0	1.0～4.0
燃速温度系数 σ_p/(%·℃$^{-1}$)	0.15	0.04	0.10
压强温度系数 π_K/(%·℃$^{-1}$)	0.13①	0.22①	0.12②
	0.12③	0.17②	
烟雾情况	无(微)烟、无腐蚀性气体氯化氢		
成型工艺	螺旋挤压成型		
装药装填方式	自由装填		

注：①直径 50 mm 发动机实测值；②直径 115 mm 全尺寸发动机实测值；③直径 65 mm 缩比发动机实测值。

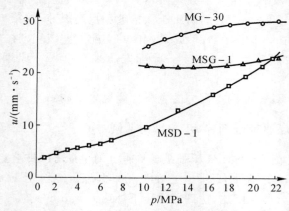

图 1 三种高低压平台中能无烟推进剂的燃速与压强关系

三个配方的主要成分如下：

MSG－1 双基黏结剂 71.2％；弹道性能改良剂 3.3％；硝胺添加剂 25.5％；

MG－30 双基黏结剂 69.3％；弹道性能改良剂 5.7％；硝胺添加剂 25.0％；

MSD－1 双基黏结剂 66.9％；弹道性能改良剂 3.1％；硝胺添加剂 30％。

3.3　续航实心药柱成型

多年来，我国采用螺压成型工艺制造较大尺寸实心药柱一直存在着药柱中心部位不致密的难题。某反坦克导弹续航装药在研制初期(采用 SG－1 双基药，直径约 90 mm)曾因此问题在 6～7 MPa 压强下装药中心烧成漏斗坑而导致发动机工作失败，严重影响了研制进度。采用一定的技术措施后，得到了解决。但螺压实心药柱中心疏松的"坏名声"已给发动机设计单位留下了深刻的印象。

对于高推力比的单室双推力发动机，续航装药在发动机工作之初，也要在助推级的 20～24 MPa 高压下同时燃烧，这就给续航药柱中心致密性带来了更高的要求。根据工厂和我们的实践经验表明，解决该问题的技术措施有：提高模具压缩比(模具最大断面积/成型体断面积)以增大药柱在模具中承受的挤压强；提高模具成型体的长径比，使药料在模具中停留时间加长；采用新结构的花盘；减少工艺附加物硬脂酸锌的含量；降低螺压机转速；调整药料的流变性等。

未采取措施前药柱发动机实验出现中心窜火，发动机压强剧升，装药残骸显示出药柱中心有明显的燃穿孔。采取上述措施后，压制的缩比发动机用 ϕ60 mm 药柱和全尺寸原理发动机用 ϕ110 mm 药柱均保证径向内外密度基本一致(中心 1.671 g·cm^{-3}，离中心 15 mm 处 1.688 g·cm^{-3})发动机 p-t 曲线正常(最大工作压强达 22 MPa)。

3.4　助推和续航两级药柱对接

能否确保两级药柱对接处黏结牢靠是装药研制中又一技术关键。曾采用过两种黏结剂方案。一种是聚氨酯(pu)胶，另一种是 pu＋Nc 胶。实验表明，前者黏结良好，后者黏结强度不好，在车床加工药柱表面时，对接处常因车床加工时的扭力而脱黏。于是我们决定采用专门研制的 pu 型 GDZ－3 胶黏接。它具有橡胶的弹性，能减少装药加工、使用和贮存过程的应力，强度比 RDX－CMDB 推进剂高，与推进剂相容性好。40 余发实验证明薄薄的一层 GDZ－3 胶可保证 p-t 曲线高压到低压过渡段的圆滑过渡，过渡时间均小于 0.2 s。说明用 GDZ－3 胶黏接是成功的。

3.5　耐烧蚀包覆层及过渡层研究

本研究使用中能微烟推进剂，它与双基配方主要的差别是含有 25％～30％左右的 RDX。由于固体结晶粉末 RDX 的加入，使配方中 NC 含量相应减少，从而使该药柱表面性能与单纯双基推进剂有了明显的差异。于是必须研究适应于 UP－3 包覆层和中能微烟推进剂的过渡层，否则包覆层与推进剂的脱黏问题将很难克服。经过实验研究，选用了 GDZ－1 复合过渡层。

3.6　缩比发动机实验

根据优化设计方案，以 MSG－1 高压平台推进剂六角星孔药柱为助推级，以 MSD－1 低压平台推进剂实心药柱为续航级,用 GDZ-3 胶对接,组成侧表面和球形头部带 UP-3 包覆层的缩比发动机装药,装药直径 ϕ64 mm。-40～+50℃ 的静态点火实验证明(图及数据从略)。发动机设计值与实测值相近;$p(F)-t$ 曲线工作正常;装药燃烧稳定;曲线重视性良好,证明实现推力比 16:1 的装药方案是可行的;含 RDX 的 CMDB 推进剂在 -40℃,1.0MPa 左右可以稳定燃烧;高压-低压段平滑过渡是可以做到的,GDZ-3 胶能满足使用要求,UP-3 包覆层可满足长工作时间(12 s)烧蚀的要求。

3.7 全尺寸发动机实验

在缩比发动机实验成功的基础上,根据装药优化设计方案,我们以 MG-30 高压平台推进剂八角星孔内燃药柱为助推级,以 MSD-1 低压平台推进剂端面燃烧药柱为续航级,两者仍用 GDZ-3 胶黏结,侧表面和球头部分再用 UP-3 包覆层包覆,组成直径 114 mm,长 179 mm,药重约 2.5 kg 的单室双推力装药。该装药在全尺寸单室双推力原理发动机(SDT)中,用北京理工大学研制的双量程压强(推力)传感器,在 1 t 推力台上进行静态点火实验。+20℃ 的 4 发,-40℃ 和 +50℃ 各 3 发,实验结论如下。

(1)采用螺压中能微烟推进剂和 UP-3 包覆层组成的单室双推力装药,在 SDT 原理发动机中实现了 16:1 的高推力比指标。其他各项指标也满足设计要求和合同规定。主要内弹道性能数据偏差均小于 4%,实验值与设计值偏差小于 5%,平均比冲不小于 2 082 N·s/kg(212 s),单发最小比冲不小于 2 040 N·s/kg(208 s)。

(2)为该研究专门研制的高压平台和低压平台推进剂(MSG-1,MG-30 和 MSD-1),达到设计要求,其综合性能较好。用螺压成型两种药柱经对接和侧面包覆方法制成的双推力装药经过高温、低温和常温实验的考核,工作正常,过渡特性良好,未出现振荡燃烧和异常燃烧。低压正常燃烧压强为 1.2 MPa,打破了双基系列推进剂临界压强高的传统观念。

(3)助推段压强温度系数为 0.17(%/℃),续航段压强温度系数为 0.12(%/℃),反映了该类推进剂具有低的温度敏感性特征。

4 结论

(1)高推力比单室双推力发动机是当前国内外正在研制的新型固体火箭发动机中的一种。采用螺压成型的中能微烟推进剂,经对接和侧面包覆方法形成的整体式高推力比(16:1)单室双推力装药。

(2)研制出高压(10～22 MPa)高燃速(21～30 mm/s)中能平台推进剂配方两个。其中 MG-3 配方在 16～22 MPa 压强下,压强指数低达 0.11。

(3)研制出低压(1～4 MPa)低燃速(5 mm/s)中能无烟推进剂 MSD-1 配方。它在 -40℃ 压强 1.2 MPa 下可稳定正常燃烧,打破了双基推进剂临界压强高的传统概念,扩大了 RDX-CMDB 推进剂的使用压强范围。

(4)研制出对推进剂有良好黏结性能的对接黏结剂 GDZ-3,包覆过渡层 GDZ-1 和耐烧蚀性较好的 UP-3 包覆层,解决了对接和包覆质量控制和工艺问题。

(5)用螺压成型工艺基本解决直径 110 mm 以下含 RDX 的推进剂实心药柱中心致密性问题。

(6)本研究工作为今后螺压中能微烟推进剂在型号中的应用奠定了良好的技术基础。

参加本工作人员还有牛保祥、王吉贵、尤菊芳、王江宁、牛西江、李东林等同志。

参考文献

［1］ 闵斌.高性能单室双推力发动机［J］.推进技术，1982(4)：1-12.

［2］ 刘海峰.单室双推力固休火箭发动机装药［J］.上海航天，1990(3)：5-9.

［3］ 胡克娴.高推力比单室双推力固体火箭发动机的初步研究［C］.北京:航空航天部推进专业学术会，1990.

［4］ 王元有，等.固体火箭发动机设计原理［M］.北京:国防工业出版社，1983.

文章来源:弹箭与制导学报，1993(4)：32-37.

用于双基系固体推进剂的
非铅催化剂的研究与发展动向

赵凤起　李上文　单文刚

摘　要：综述了铜化合物、锡化合物、钍化物、氧化物加金属粉以及钡化合物在双基系固体推进剂中的应用及其研究，分析并介绍了非铅催化剂的研究新动向，强调了我国大力开展对稀土化合物和催化剂优化组合在推进剂中应用研究的重要性。

关键词：非铅催化剂；双基推进剂燃烧

1　引言

固体推进剂的燃速（u）和压强指数（n）是其主要的燃烧性能。u 和 n 的调节一直是推进剂配方研究的技术关键。对双基系固体推进剂而言，调节 u 和 n 的方法有化学法和物理法两种，化学法以燃烧催化剂为主要的技术途径。目前，国内外双基系固体推进剂中所用的燃烧催化剂主要是铅、铜化合物及其复合物，尤其是铅化合物始终被当作主要的燃烧催化剂，并且已研究了四十多年。适量的某些铅化合物不仅提高了双基系推进剂的燃速，而且使得该推进剂产生平台或麦撒燃烧特性，为推进剂在武器中的应用做出了贡献。但是，铅化合物是一种烟源。铅盐燃烧分解生成的氧化铅或直接加入配方中的铅的氧化物在发动机排气中为白色或浅蓝色（青色）烟，有碍导弹的制导，同时铅化合物也是有毒物质，有损人的身体健康。为此，国外与国内先后开展了对非铅催化剂的研究工作。

本文综述了应用于双基系固体推进剂的非铅催化剂及其应用研究情况，论述了非铅催化剂的研究趋势。

1.1　非铅催化剂及其应用研究

1.1.1　铜化合物催化剂

人们对铜化合物作民用化工催化剂的研究由来已久，但有人却对其在推进剂中的燃烧催化效果持怀疑态度。F. Volk 以经典的荷兰失重实验认为，铜盐影响了推进剂的化学稳定性，而铅盐则对推进剂有稳定作用。也有资料报道，铜化合物只能加强铅化合物的平台效应，而本身单独作催化剂时并不产生平台效应。但吉法祥通过大量的实验表明，某些铜化合物的对推进剂所起的稳定作用比某些铅化合物的作用还大。

在 1974 年 ICT 会议上有人报道了铜盐的催化效果：一元水杨酸铜或苯乙酮铜分别在压

强 19.64～27.44 MPa 和 17.64～23.62 MPa 范围内产生麦撒效应,其燃速约为 28 mm/s;而乙酰丙酮铜及一元甘氨酸铜在 13.72～23.52 MPa 压强范围内仅有轻微的麦撒效应,燃速约为 24 mms/;二元甘氨酸铜和醌醇酸铜使推进剂燃速更低,约为 17 mm/s,且平台区移向低压。

1974 年,camp 曾介绍了美国正在研究一种无铅、无硝甘和无烟的平台推进剂 NOSIHAA - 10,而从 1980 年解密的专利上得知,他所用的催化剂是 β-雷索辛酸铜。据称,这种 NOSIHAA - 10 推进剂,在长期贮存后弹道性能几乎保持不变,稳定性比著名的 N-5 推进剂还要好。且铜盐的用量少,推进剂燃气无烟性能好。为了更详细地了解铜化合物的催化规律,我们曾对 β-雷索辛酸铜、水杨酸铜等 17 种铜盐的催化特性进行了研究,结果表明、某些芳香酸铜盐不仅可作双基系固体推进剂的辅助催化剂,也可单独作主催化剂,它们使双基推进剂产生平台或麦撒燃烧的区域在中高压区,即 14.71～20.59 MPa。而且只要铜盐的加入量合适,均可使推进剂燃气的红外透过率大于典型的无烟双基推进剂双铅-2 而达到固体推进剂微烟化的目的。关于铜化合物的催化机理,我们认为铜盐主要在气相区起作用,活性组分是铜及其氧化物 (Cu_2O),催化的反应为 $CO+NO\rightarrow 1/2N_2+CO_2$。此外,铜盐中的有机部分也起到一定作用,影响着铜盐的分解温度,也影响着铜盐分解后铜的凝聚。同时,有机部分在高温下生成碳亦能起到一定的催化作用。

1.1.2 锡化合物催化剂

几乎在发现铅化合物的平台催化特性的同时就有人发现了锡化合物的平台催化特性。在 Creseenso 等人的配方(30.4% PNC,35.5% PETN,15.20% DEP,7.6% TA,2.0% C,1.0% N-甲基硝基苯胺)中,使用 2.5% 的顺丁烯二丁基锡和 2.5% 的 SnO_2 得到了压强指数 $n=0.04(11.03～15.52$ MPa)的平台推进剂,且该推进剂燃烧排气中含碳量较少。在推进剂燃烧过程中,有机化合物中的锡被还原成熔融的金属锡,在燃气中捕获固体粒子,有利于燃气的无烟化。但配方中需加入的锡化合物的量较大(5.0%),不利于无烟化的实现。

在 20 世纪 70 年代初,一份捷克专利也报道了锡化合物的燃烧催化特性,发明者认为:沸点或分解点高于 100℃ 的脂肪族或芳香族锡化合物克服了铅化合物的许多缺点(诸如毒性、影响红外检测等),可以代替铅化合物作推进剂的催化剂。能够被选用的液体锡化合物有:四乙基锡、三甲基乙锡、四丁基锡、二苯基二乙锡等。固体锡化物有:四苯基锡、水杨酸锡、硫代水杨酸锡等,且加入的锡化合物多在 5% 以上。可能正是因为锡化合物加入量较大,影响了推进剂的能量或其他性能,才使得后来研究人员不再对其给予特别的重视,研究较少。

1.1.3 钛化合物催化剂

Robert Lantz 在含有少量结晶高能炸药的低能配方中,加入钛化合物得到了麦撒燃烧效应。作者认为,所用钛化合物的量应该在 0.1%～10% 内。若低于 0.1% 则其改良作用太小,而大于 10% 则其平台麦撒效应又很弱,最好用量为 2%～5%。所用的钛化合物有:氧化钛、碳酸钛、丙二酸钛、苹果酸钛、酒石酸钛、环戊酸钛、硬脂酸钛、水杨酸钛、雷索辛酸钛、琥珀酸钛、庚二酸钛、己二酸钛及其混合物。如配方:40.0% NC(12.6% N),20.6% NG,9.4% HMX,15.0% TA,10% 蔗糖八醋酸酯,1.0% 乙基中定剂,1.0% N-甲基 P-硝基苯胺,3.0% 丙二酸钛,0.02% 碳墨,在 13.6～20.4 MPa 内有麦撒燃烧效应,这种含钛化合物的推进剂由于含有 RDX

或 HMX,燃速和火焰温度都较低。然而关于这种推进剂燃气是否无烟的问题却未见报道。就钍本身而言,它属于锕系,是一种放射性元素,对人体的健康不利,因而这种催化剂的实用性不大。

1.1.4 氧化物加金属粉作催化剂

曹贵桐等曾对氧化镁加镍粉的催化体系进行了研究,认为对爆热在 2 092~3 347 kJ/kg 范围内的双基推进剂加入适量的 MgO 和 Ni 粉,会在 0.98~9.8MPa 压强范围内出现超速、平台和麦撒燃烧效应。其原因在于:在低压下,Ni 对气相反应的催化强化了放热速度及对固相的热反馈,使燃速增加,燃烧表面的燃气排放速度增加。此时燃烧室压强较低,燃烧表面析炭速度较大。当压强达一定值时,燃面析碳成膜(MgO 和碳造成的)成为可能。这种碳膜一旦形成,使火焰对未燃推进剂的热辐射受到阻碍,燃速降低,当压强再增加时,火焰区进一步接近燃烧表面,使得燃面附近温度增加,到一定程度碳不易析出。于是碳膜对热阻碍消失,燃速增加。

钴粉和铁粉分别与 MgO 组合也能使双基推进剂产生平台或麦撒效应。但这类推进剂燃气是否少烟的问题却未可知。

1.1.5 钡化合物催化剂

Dvaid. C. Sayles 将水杨酸钡或其他有机酸钡盐,氧化钡和镧、铈、钽等元素的金属盐及其氧化物用于固体推进剂中作弹道改良剂,不仅保持了原来含铅推进剂的燃烧特性,而且产生极少的烟。如原配方中含 β-雷索辛酸铅和水杨酸铅各 2% 的推进剂燃气红外透过率仅为 20%~30%,而含水杨酸钡和 β-雷索辛酸钡各 1.66% 的推进剂燃气透过率达 56%。日本的岩间彬对此却持相反的观点,认为钡系化合物对控制轻油和重油燃烧的黑烟方面是有效的,但对固体推进剂的消烟不起作用。为此,1980 年我所研究人员对这一问题进行了探索,认为不论是钡盐单独作催化剂,还是钡盐的复合催化剂都有益于推进剂的无烟化,如含 Ba-Cu-CB-Al$_2$O$_3$ (4.6%~6.1%)的推进剂,其燃气的红外透过率为典型无烟双基推进剂双铅-2 的两倍,但在当时却未得到满意的平台燃烧效应。在后来的进一步研究中,分别得到了含不同加入量水杨酸钡的配方的平台催化特性,如加入 3.0% 或 4.0% 水杨酸钡的配方分别在 10.79~12.75 MPa 或 12.75~16.67 MPa 范围产生平台燃烧效应。印度的 K. V. Raman 等人也对硝酸钡、硬脂酸钡和 β-雷索辛酸钡进行了研究,结果发现:仅有 β-雷索辛酸钡能够增加推进剂的燃速,并使推进剂在 3.4~6.8 MPa 压强范围内产生平台燃烧效应,压强指数为 0.17。

从上面所述可以看出,某些钡盐是极有前途的平台化无烟催化剂,但对其催化机理和催化规律还有待进一步研究。

2 非铅催化剂研究的新动向

2.1 稀土化合物催化剂的研究

汽车尾气中的 CO 和 NO$_x$ 一直是空气的污染源之一。为了控制其对空气的污染,人们采用在排气装置中装添能催化 CO 氧化及 NO$_x$ 还原的催化剂以使排气中的 CO 及 NO$_x$ 量减少,发现稀土在这方面有突出的表现。考虑到 DB 或 RDX(HMX)-CMDB 推进剂体系在燃烧过程中存在许多 CO 和 O_x 的氧化还原反应,故而开展稀土化合物在推进剂中的应用便有了一定的理论基础。

David C. Sayles 曾提到镧、钽、铪的化合物可代替铅化合物作催化剂,但其具体的实验数据却未见报道。为此,近几年我们对稀土化合物进行了深入的研究,结果表明:某些稀土化合物不仅能使双基推进剂燃速提高,而且可在中高压区(13.73~21.58 MPa)使该推进剂获得平台或麦撒燃烧效应,且随添加量的增加,平台向高压移动。在所研究的 13 种稀土化合物中,以二氧化铈和柠檬酸镧的催化作用最为显著。其次还有草酸铈、邻氨基苯甲酸镧、铬酸镧、己二酸镧等。对于柠檬酸镧和二氧化铈的催化机理我们也通过常压熄火和单幅照相进行了探索。我们认为,柠檬酸镧对双基推进剂燃烧的催化与其使推进剂燃烧表面出现热亮球有关。二氧化铈的催化与其促使推进剂燃烧表面出现网络状碳层的物质有关。

稀土化合物很多,我们仅研究了少数的几种。鉴于由稀土化合物催化的推进剂燃烧表面与铅化合物催化燃烧的特征有许多相似之处,且我国稀土储量巨大,继续开发稀土化合物在固体推进剂中的应用是非常有意义的。

2.2 催化剂的组合使用研究

铅盐、铜盐和碳黑的组合使用,解决了 RDX(HMX)-CMDB 推进剂燃速较低、压强指数较高的难题,使得中能无烟推进剂的应用成为现实。催化剂的组合使用克服了单一催化剂的某些弱点,几种催化剂组合起来产生协同作用不仅可以改善固体推进剂的燃烧性能,而且可以通过催化剂添加量的变化得出一系列配方以拓宽固体推进剂的使用压强范围。事实上,非铅催化剂与其他物质的组合近几年已有较多的研究,人们似乎极乐意将非铅催化剂与碳黑组合使用。但值得注意的是,含铜盐的配方不能用添加碳黑的方法来大幅度调节燃速,稀土化合物与碳黑若得到令人满意的平台效应是较困难的,尽管柠檬酸镧或二氧化铈与碳黑复合能够使燃速增加。然而,有机铜盐和钡盐的组合,稀土化合物和铜盐的组合却是极有价值的。某些有机钡盐与少量的铜盐一起能够使推进剂燃烧产生宽压强范围的平台或麦撒燃烧效应,铜盐增加了稍低压强的燃速,钡盐抑制了较高压强的燃速,两者协同作用的结果使压强指数降低。此外,有些铜盐和钡盐的组合在 RDX-CMDB 推进剂中也表现出了较好的效果。稀土化合物与铜盐的组合使用虽不一定使燃速催化能力提高,但一般却能改善推进剂的平台特性,这对于发展平台推进剂亦是至关重要的。除上述之外,尚有铜化合物、钡化合物、稀土化合物它们本身体系内的组合,以及它们和铅化合物、铅化合物加炭黑的组合,这些都有待于进一步研究。

2.3 金属螯合物的合成及研究

为了解决含 β-雷索辛酸和水杨酸的铅盐或铜盐推进剂贮存时析出"白霜",影响推进剂弹道性能和长贮安定性的问题,含铅的螯合物或铅铜螯合物便应运而生了。伴随着它们的出现,某些铜的螯合物也已被合成。如已报道的含铜螯合物有:2,5-二羟基苯醌铜(Ⅱ)聚合物、水杨醛和 2,4-戊二酮的二价铜螯合物、水杨叉乙二胺的席夫碱铜、四氯-m-[双-二甲基咪唑铜(Ⅱ)]二铜(Ⅱ)等。

最近我们从一份澳大利亚专利上了解到,铜螯合物可改善推进剂的贮存性能,增加燃速,降低压强指数,还可以改进批与批间的重现性,且对推进剂黏合剂固化或老化无不良影响。

由此看来,确实有必要开展对铜螯合物的合成研究,尤其对浇铸双基系推进剂迫切性更大,因为铜螯合物有可能克服该工艺中难以解决的重现性问题。

3 结束语

20世纪70年代末,针对我国某导弹发动机的烟雾影响了红外测角仪及射手的正常工作的问题,西安近代化学研究所开始了双基系固体推进剂的无烟化问题研究。非铅催进剂作为实现无烟化的一条重要途径一直被探索着。我们不仅发现了一些使推进剂燃气红外透过率较高的非铅催化剂也找了一些能消除发动机二次火焰的非铅化合物这对无烟推进剂的发展是非常有意义的。

文章来源:飞航导弹,1993(8):30-33.

硝胺无烟改性双基推进剂燃烧
性能调节及控制规律的初探

李上文　　孟燮铨　　张蕊峨　　白宜生

摘　要：根据多年研究工作的经验,对该类推进剂的催化剂品种选择、复合催化剂的协同作用、硝胺品种对燃烧性能影响、临界压强的下降、燃烧不稳定的抑制及烟雾特性等技术专题作了简要的总结。

关键词：硝胺推进剂；无烟推进剂；燃烧催化剂；燃烧稳定剂；推进剂燃速

1　引言

现代固体火箭发动机要求具有低的可探测性和高的生存能力,因而对推进剂的无(微、少)烟和无(微、少)焰问题提出了更新更高的要求。经过十几年的努力,我国螺压中能无烟推进剂已从配方预研阶段步入结合型号应用的新时期。它已成为反坦克导弹、防空导弹和反舰导弹优先考虑选用的推进剂品种之一。燃烧性能的调节和控制是硝胺无烟推进剂研制工作中的核心内容。本文简要总结近年来该领域的技术进展和研究情况。

2　燃烧催化剂的选择

用 RDX 代替改性双基推进剂中高氯酸铵和铝粉是使它既能保持较高能量又能实现无烟的重要技术途径。但是,RDX 的大量引入(25％～30％)使无烟推进剂基础配方压强指数增大(约为 0.7～0.8)和燃速变低。因此降低压强指数(n)和提高其燃速(u)是 RDX - CMDB 推进剂研制中的技术关键之一。

根据双基推进剂和 RDX - CMDB 无烟推进剂在燃烧波结构上的相似性,可以认为对双基推进剂燃烧催化有效的各种铅盐、铜盐和炭黑,对 RDX - CMDB 推进剂的燃烧催化也可能是有效的。为此,选择了四种不同能量水平的双基系推进剂基础配方进行催化剂效果的验证实验。

1#配方——典型双基推进剂,主成分为硝化棉(NC)、硝化甘油(NG),实测比冲 1 962 N·s/kg左右。

2#配方——能量较高的双基推进剂,主成分为 NC,NG 和吉纳(DINA),实测比冲 2 060 N·s/kg左右。

3#配方—— RDX - CMDB 推进剂,主成分为 NC,NG,DINA 和 18％ RDX,实测比冲 2 109 N·s/kg左右。

4#配方——能量较高的 RDX - CMDB 推进剂,主成分为 NC,NG,DINA 和 25％RDX,实

测比冲 2 158 N·s/kg 左右。

　　所选用的催化剂及含量(外加)范围:芳香酸铅盐 A(1.0%～2.0%);芳香酸铜盐 B(0.3%～1.0%);炭黑 CB(四种规格)(0.1%～0.75%)。

　　由表 1 和图 1 可以看出,由芳香酸铅盐 A -芳香酸铜盐 B -炭黑 CB 组成的复合催化剂(简称为第Ⅰ组催化剂),对双基推进剂和 RDX - CMDB 推进剂均是良好的中、高压(8～20 MPa)平台催化剂。只要比例选择适当,可在 1 962～2 158 N·sk/g 各种基础配方中实现平台和麦撒燃烧特性,平台区平均燃速为 15～29 mm/s,压强范围不小于 6MPa。同样,由芳香酸铅盐 B -脂肪酸铜盐 A -炭黑 CB 组成的另一组复合催化剂(简称第Ⅱ组催化剂)在上述四种基础配方中的实验结果亦表明:它不仅是双基推进剂而且也是 RDX - CMDB 推进剂良好的低压(1～11 MPa)平台催化剂。其低压下平台燃速为 3～11 mm/s,平台区不小于 4 MPa。

　　于是,采用上述两组催化剂便构成了从 3～30 mm/s 燃速范围、1～2 MPa 压强范围内一系列的配方,初步满足了螺压无烟推进剂燃烧性能调节的要求。平台燃烧速系列化的典型示例见图 2。

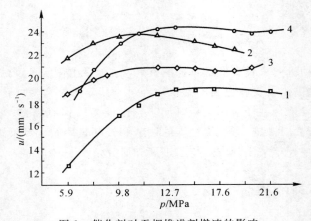

图 1　催化剂对无烟推进剂燃速的影响

1 — 2.0%铅盐,0.5%铜盐,0.5%CB;　2 — 2.0%铅盐,0.5%铜盐,0.5%CB;

3 — 2.0%铅盐,0.5%铜盐,0.5%CB;　4 — 2.0%铅盐,0.3%铜盐,1.0%CB

表 1　含 25%RDX 的 4 号推进剂的燃烧性能

编号	催化剂含量/(%)				压力指数 n	平台或麦撒区燃速 u/(mm·s^{-1})	平台或麦撒区范围/MPa
	铅盐 A	铜盐 B	炭黑 CB	总计			
0	0	0	0	0	0.773	Non plateau	Below 21.57
1	1.5	0.3	$\dfrac{CB_1}{0.5}$	2.30	0.120	26.0	11.3～21.6
2	1.5	0.5	$\dfrac{CB_2}{0.3}$	2.30	0.201	16.0	8.8～16.7
3	1.5	1.0	$\dfrac{CB_3}{0.75}$	3.75	0.055	15.0	7.8～15.7
4	2.0	0.5	$\dfrac{CB_1}{0.75}$	3.25	0.004	29.0	12.8～21.6
5	2.0	0.3	$\dfrac{CB_2}{0.75}$	3.30	−0.025	24.5	12.8～21.6

对于高效、多功能、抗水解的新型燃烧催化剂也进行过大量的应用研究。PbSnO$_4$ - TDI 热解催化剂在中能无烟推进剂中显示了 n 和燃速温度系数 σ_p 较低的优良特性,抗水解性能较好。但制造工艺过程较复杂,价格较高。其他的铅-铜螯合物催化剂、非铅催化剂(钡盐、稀土化合物、过渡元素化合物等)以及含能的催化剂等均进行过探索。

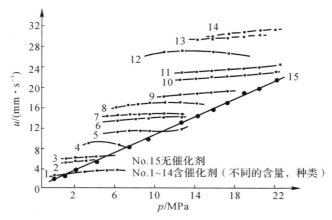

图 2   一系列含 25%RDX 的无烟推进剂的燃速曲线

3　铅-铜-炭黑复合催化剂的"协同作用"

在双基推进剂中,铅盐和铜盐的复合使用将使平台或麦撒效应更为强烈,平台燃速更高。我们在研究 GP - 19 螺压改性双基推进剂时发现:邻氨基苯甲酸铅、2,4 -二羟基苯甲酸铜及炭黑这三种催化剂单独使用和俩俩复合时,对 RDX - Al - CMDB 配方无明显的燃烧催化作用。而当铅盐-铜盐-炭黑三者按一定比例复合使用时,能使该推进剂低压下燃速明显提高并出现了压强指数小于 0.3 的良好效果。在中能无烟推进剂的研究中,用第 I 和第 II 组催化剂进行实验,都再次证明了三种催化剂复合使用的必要性。国内外大量研究实验确认,平台双基推进剂出现超速燃烧现象与燃烧时在泡沫区生成一层碳质物质有密切的关系。燃烧表面覆盖着的细碳层(丝、网、簇),一是由 NC 和其他有机组分热解生成,一是由铅盐或铜盐热解生成物 PbO 或 Cu$_2$O 与硝酸酯热解的醛类碎片起化学反应生成。碳层的存在可能起如下作用。

(1)嘶嘶区较厚的碳层增加了推进剂组分分解碎片通过气相的滞留时间,从而有利于各组分分解碎片在气相内的相互作用。

(2)碳是气相反应的良好催化剂,也是催化剂的良好载体。燃烧生成的多孔性碳层不仅作为铅、铜催化剂的载体而且在嘶嘶区吸附醛、NO 以及 NO$_2$ 等物质并促进了放热反应,导致靠近燃烧表面处贮存大量热量,使一次火焰区(嘶嘶区)温度升高。这些均引起固相分解消失过程加速,即出现超速燃烧。当压强进一步升高时,碳被氧化的速度与碳生成的速度达到动态平衡,则出现燃速不变的平台效应。而当碳层被气流喷射出嘶嘶区的现象出来时,导致燃速下降,即出现了麦撒效应。

含 RDX 和 DINA 的 CMDB 推进剂,碳元素含量比较少。中能无烟推进剂燃温比双基推进剂高～500K,燃烧时表面出现的碳层在数量、厚度和密集程度上均比双基推进剂少。即使铅盐、铜盐的加入促进了 PbO(或 Cu_2O)与醛生成碳的反应,仍不足以形成超速燃烧。所以向含有铅-铜盐的 RDX - CMDB 推进剂中加入一定数量的炭黑,将会有效的弥补燃烧时表面生成碳的不足,从而保证燃烧表面附近有足够量的碳,以出现超速燃烧和平台、麦撒现象。

催化剂对双基推进剂燃速调节规律早已有报道,但对于 RDX - CMDB 无烟推进剂的燃烧性能调节规律至今尚未见公开发表的文献,根据我们大量的实验数据归纳整理可以认为,其调节规律与双基推进剂类似。

4　硝胺品种对燃烧性能的影响

不同的硝胺对无烟推进剂 u 和 n 影响的实验结果列在图 3 中,从中可以看出以下几点。

(1)当基础配方相同(硝胺含量均为 25%)、采用第Ⅰ组催化剂时,含二硝基哌嗪(DNP)的配方燃速比含 RDX 的配方小约 2 mm/s,但平台燃烧转为麦撒燃烧,且麦撒区向高压方向延伸,特别是在 22 MPa 压强以上 n 值相当小。而含 RDX 的配方在 20 MPa 以上 n 开始恶化。

(2)当基础配方相同(硝胺含量均为 25%)、采用第Ⅱ组催化剂时,含 DNP 的配方平台燃速反而比含 RDX 配方高约 2 mm/s,麦撒区从低压(4.9～6.8 MPa)向高压区(8.8～17.6 MPa)移动,麦撒区明显拓宽。看来,无论是采用高压平台或是低压平台催化剂,DNP - CMDB 推进剂均比 RDX - CMDB 推进剂有更小的压强指数和更宽的平台(麦撒)压强区。这是 DNP 材料的重大特点。

(3)当基础配方相同(硝胺含量为 25%)、采用第Ⅰ组催化剂时,含四硝基并哌嗪(TNPP)的配方具有更高的高压燃速,比含 RDX 配方约高 6 mm/s,这是 TNPP 材料的重大特色,而且其能量比 DNP 高,接近 RDX 的水平。

(4)HMX - CMDB 和 RDX - CMDB 推进剂两者燃速是相近的,但 HMX - CMDB 在高压(20 MPa 以上)n 值较低,这是 RDX - CMDB 推进剂所不及的。

综上所述,可以认为改变硝胺的品种是调节含硝胺改性双基推进剂 u 和 n 的一个值得重视的技术途径。所以,研究 n 值小,燃速高的含能添加剂是有实际意义的。

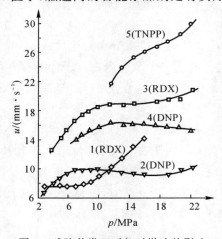

图 3　硝胺种类(25%)对燃速的影响

注:相同基础配方,1,2 号样品使用Ⅱ组催化剂,3,4,5 号样品使用Ⅰ组催化剂。

5   硝胺无烟推进剂的临界压强

双基推进剂在 $-40\,℃$ 下稳定燃烧的压强下降 p_{cr}（简称临界压强）较高，一般在 6 MPa 左右；而复合推进剂一般在 1 MPa 或更低的压强下也能正常稳定燃烧。双基推进剂在低于 p_{cr} 值的压强下燃烧时常出现"喘燃"或熄火的现象，这就限制了它在低工作压强的发动机中使用。硝胺–CMDB 推进剂的 p_{cr} 值明显地下降。当采用直径 50 mm 发动机、$\phi45/8$ 管状药型实验时，p_{cr} 可达 3 MPa 左右；而当采用气流侵蚀效应较小的端面燃烧药型时，p_{cr} 值可能达到 1 MPa 左右。在单室双推力发动机提高推力比研究中，用螺压中能无烟推进剂 MSD-1 和 MG-30 组成单室双推力装药，经缩尺寸（直径 65 mm）和全尺寸（直径 115 mm）发动机实验证明：MSD-1 推进剂端燃药柱可以在 $-40\,℃$，1.3 MPa 压强下正常稳定地燃烧 20s。扩大了中能无烟推进剂在发动机中使用的低压范围。

RDX-CMDB 推进剂的 p_{cr} 值比双基推进剂低得多的原因如下。

(1)RDX 的加入使配方的爆热增大，有利于 p_{cr} 的降低。

(2)RDX 的加入使推进剂燃烧时生成的热量随压强降低的现象得到明显的克服。RDX（或 HMX）在低压下能保持有较高爆热的现象可以认为和硝胺起始分解生成 N_2O 有关。双基药中主要成分硝酸酯的初始分解物为 NO_2，在嘶嘶区发生 NO_2 还原成 NO 的反应，但在低压下 NO 进一步还原成 N_2 比较困难，因此释放的热量就少。硝胺初始分解生成的是 N_2O，它可能在低压下较 NO 更容易还原成 N_2 并释放出热量，维持了含硝胺推进剂在低压下的继续燃烧，从而使该类推进剂临界压强大为降低。

6   不稳定燃烧的抑制

国外大量理论和实验研究证实了燃气中悬浮的凝聚相微粒可有效地抑制火箭发动机中高频声不稳定燃烧。抑制的程度取决于单位体积燃气中微粒的重量、直径和密度。可供选择的高密度、耐热、难熔惰性物质有 TIO_2，Al_2O_3，ZrO_2，WC，SIC，BN 等。对其中大多数我们已进行过初步实验，证明它们确有好的抑制不稳定燃烧的效果。但从微粉来源、成本及粒度分布易控制的角度考虑，选用 Al_2O_3 作为主要研究对象。

根据微粒阻尼理论，计算声振频率为 1 000～2 000 Hz 的发动机的 Al_2O_3 的最佳微粒直径为 2.0～2.8 μm。用 T 型燃烧器测出含有 10 μm，7.0 μm 和 2.5 μm Al_2O_3。的推进剂配方响应函数 R_b 值，其结果见图 4，由图可知：

(1) Al_2O_3 微粒直径在 10 μm 时，响应函数随频率增加缓慢减小，即阻尼变化不大；

(2) Al_2O_3 微粒直径在 2.5 和 7 μm 时，响应函数随频率增加而急剧下降，即随频率的增加阻尼剧增，推进剂燃烧更加稳定；

(3)理论计算最佳微粒直径为 2～2.8 μm，实验表明微粒直径在 2.5 μm 时响应函数最小即阻尼最大。理论与实验结果相符。

发动机验证实验表明，含 1.5% Al_2O_3：的推进剂，无论 Al_2O_3 粒度是 2.5 μm 还是

$3.5~\mu m$,均在$-40\sim+50℃$下抑制了不稳定燃烧,而含1.0%的Al_2O_3配方,无论Al_2O_3粒度是$2.5~\mu m$还是$3.5~\mu m$,均在$-40℃$下出现不稳定燃烧的二次压强峰。因此,当稳定剂最佳粒度确定后,稳定剂含量也是一个不可忽视的因素。

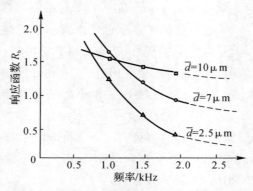

图4　响应函数与颗粒尺寸及声振频率的关系

采用理论计算最佳微粒尺寸—测响应函数初步确定最佳微粒直径—进行少量发动机实验进行验证的办法,可为推进剂配方设计中稳定剂品种、含量及最佳粒度选择提供有重大参考价值的数据,提高了配方研制的水平和加快了研制速度。

7　烟雾特性

根据经验可知,中能无烟推进剂的氧系数控制在0.6以上时,一般燃气中组分游离碳含量的计算值均小于$10^{-3}~mol/kg$,可以认为燃烧比较完全。为了确保推进剂有合适的燃速、尽可能小的压强指数和抑制不稳定燃烧,又需加入一定量的燃烧催化剂和稳定剂。在目前的技术水平下,燃烧催化剂和稳定剂总量一般可控制在5%左右或更少些,而推进剂的烟雾特性仍处于相当好的水平。通常我们认为$SQ-2$双基推进剂属于烟雾较低的"标准"无烟推进剂。对螺压中能无烟推进剂与$SQ-2$双基推进剂的烟雾大小相对比较实验数据列于表2和表3中。

表2　部分推进剂(Ⅰ)烟雾透过率对比

透过率/(%) ＼ 推进剂	红外($1.8\sim2.5~\mu m$)	激光($6~328\text{Å}$)	可见光($3~200\sim7~000\text{Å}$)
DB DG-2	75	13	32
DB SQ-2	89	38	48
RDX-CMDB MTW-1	86	65	48

表 3　部分推进剂(Ⅱ)烟雾透过率对比

透过率/(%)　　推进剂	红外/(1.8~2.5μm)	可见光(3 200~7 000Å)
DB，DG - 2	17	0
DB，SQ - 2	9	0
RDX - CMDB MSG - 1	43	10
RDX - CMDB MG - 30	38	8
RDX - CMDB MSD - 1	44	10

8　结论

(1)选用的两组催化剂可满足螺压无烟推进剂燃烧性能调节的要求。

(2)铅-铜-炭黑复合催化剂的协同作用显著,在 RDX - CMDB 推进剂中,炭黑作为燃烧催化剂必不可少,作用关键。

(3)不同的硝胺对无烟推进剂的燃速和压强指数有一定的影响。

(4)实验证明,硝胺-CMDB 推进剂在适当的发动机结构中可以降低 p_{cr},扩大低压使用范围。

(5)根据理论计算最佳微粒尺寸,加入适当量的稳定剂,可有效抑制不稳定燃烧;控制燃烧催化剂和稳定剂的总量,可使无烟推进剂的烟雾特性处于相当低的水平。

文章来源:推进技术,1995(3):63 - 69.

RDX－CMDB 推进剂铅-铜-炭催化燃速模型

杨栋　宋洪昌　李上文　冯伟

摘　要：分析了 RDX 在平台催化中的作用,认为 RDX 对平台催化有正、负两方面的影响。据此提出了 RDX－CMDB 推进剂平台催化燃速模型。导出的燃速公式能够定量地描述平台燃烧现象的各个阶段。在 MTW－1 推进剂基础配方的应用表明,计算值与实测值之间的平均相对误差小于 10%。

关键词：改性双基推进剂;平台推进剂;推进剂燃速;燃烧催化剂;燃烧化学动力学

1　引言

硝胺推进剂燃速较低,燃速压强指数较高。提高燃速,降低压强指数的难度大。至今对硝胺推进剂燃速催化剂的研究仍是有限的,当前实际使用的催化剂是铅盐、铜盐及炭黑。在一系列实验研究的同时,也提出了一些有关硝胺推进剂的燃烧模型。Kuboat 等人的模型虽然可以定性地计算"超速"和平台现象,但他们仍简单地认为 HMX(或 RDX)与双基基体是同一的,尤其是气相反应相同,燃面上的热反馈只是两者的简单加合。此理论仍不能说明平台硝胺推进剂的"麦撒"现象。由此看出目前尚无一种理论能够定量地描述硝胺推进剂平台燃烧效应的各个阶段。

本文在已经建立的火药燃速预估模型及平台双基推进剂复合催化剂燃速模型的基础上,对 RDX－CMDB 推进剂含有铅、铜盐和炭黑时的催化燃速模型进行研究,并导出可以定量计算的燃速公式。

2　非催化火药燃速预估模型的要点

(1)按照化学性质和嘶嘶区反应中所起的作用,可将燃烧表面附近区域内分解产物分类为燃料(还原剂),氧化剂,中性自由基和可进一步裂解的自由基。为分析方便,用五类物质 $[NO_2]$,$[CH_2O]$,$[CHO]$,$[CH]$,$[CO]$(每一个[]内代表一类化合物,而不是某一种化合物)来代表。在特征压强(9.807 MPa,记为 p^*)下,1kg 推进剂产生这五类产物的摩尔数可计算,并分别记为 δ',γ',q',β',α'。

(2)将燃烧表面附近气相区域中氧化性气体的摩尔数记为 $\theta_0(p)$,p 为实际压强(MPa)。令 $\alpha=\alpha'/\delta'$,$\beta=\beta'/\delta'$,$q=q'/\delta'$,$\gamma=\gamma'/\delta'$,当 $p=p^*$ 时,$\theta_0(p^*)=1/(\alpha+\beta+q+\gamma+1)$

(3)火药燃烧初期的分解程度主要体现在可裂解自由基$[CHO]$的裂解程度的变化上。$[CHO]$的形成和裂解决定着嘶嘶区反应之前燃烧表面附近气相区域的组成配比。$[CHO]$的裂解规律可用$[CHO]$裂解函数 $\eta(p)$ 表示：

$$\eta(p)=2-e^{0.693\,1(1-p/p^*)} \tag{1}$$

(4)压强对 $\theta_0(p)$ 的影响体现于对$[CHO]$自由基裂解过程的影响,即

$$\theta_0(p)=1/(\alpha+\beta+\eta(p)\times q+\gamma+1) \tag{2}$$

(5)对于硝胺推进剂,由于硝胺的热分解随着温度的升高从以 C—N 键断裂占主导地位,转化为以 N—N 键断裂为主,因而其分解产物中出现高温(或高压)下 N_2O 向 NO_2 的转化。把硝胺推进剂在燃烧初期分解产生的 N_2O 的相对摩尔数记为 α_N,X_N 为 1 kg 硝胺推进剂分解生成 N_2O 的摩尔数,则 $\alpha_N=X_N/\delta'$。

假定 N_2O 的转化率表征函数记为 $\xi(p)$,则

$$\theta_0(p)=(1+\xi(p)\times\alpha_N)/(\alpha+\beta+\eta(p)\times q+\gamma+1) \tag{3}$$

(6)非催化剂的复合改性双基推进剂的燃速是压强和推进剂组成的函数。当初温为 20℃ 时,燃速公式为

$$u(p)=1.709p(\theta_0{}^2(p)h_H)/\rho_v \tag{4}$$

其中

$$h_H=1+11.73(\rho_p/\rho_H)^{1/3}(a_H)^{1/3}d_H$$

ρ_p,ρ_H 分别为推进剂和硝胺的密度,单位 kg/cm³;d_H 为硝胺的粒度,单位 μm。a_H 为推进剂中硝胺的含量。

3 铅-铜-炭复合催化模型

燃速预估理论认为,平台双基推进剂燃烧时催化剂的作用主要体现在对自由基[CHO]裂解方式的影响。由于 RDX - CMDB 推进剂仍以双基部分为主体,其火焰结构也类似于双基推进剂。同双基推进剂基体混合的 RDX 结晶粒子在推进剂表面处熔化、分解、气化,分解的 RDX 气体扩散到刚好处于燃烧表面上的双基母体的气体中而形成预混火焰。因此 RDX - CMDB推进剂的燃烧机理不会发生根本变化。

3.1 铅-铜-炭作用下的[CHO]裂解

双基推进剂在铅-铜-炭作用下[CHO]的裂解程度的表达式为

$$\eta'(p)=2-e^{0.693\,1c(1-p/p')} \tag{5}$$

其中 c 为催化效率,无量纲。

产生平台燃烧的原因是[CHO]自由基生成和裂解受到抑制,使[CHO]完全生成时的压强(特征压强)由 p^* 增加到 p',即 $p'=p^*+p_e$。

在复合催化作用中铅和铜均有抑制[CHO]裂解的作用。即

$$p_e=16.67e^{-[(p-p_a/W_a)]^2}+14.71e^{-[(p-11.77)/7.85]^2} \tag{6}$$

上式右第一项为铅盐的贡献,第二项为铜盐的贡献,W_a 表示催化剂作用压强范围的参数。在铅-铜-炭的复合催化中,铅为主催化剂,铜和炭起助催化作用,这样,就得到了催化效率 c 的表达式

$$c=1+c_1(1+c_2)(1+c_3) \tag{7}$$

其中 c_1,c_2,c_3 分别为铅、铜和炭黑对催化效率的贡献,统一的函数形式为

$$f(x)=\Phi e^{-(x-x_0)2/x\cdot x_0} \quad (x>0) \tag{8}$$

其中 Φ 为权重值,无量纲;x 分别为铅含量,Cu/Pb 之比和 C/Pb 之比,无量纲。

3.2 RDX - CMDB 推进剂铅-铜-炭催化作用

由前讨论可知,RDX - CMDB 推进剂的燃烧机理及催化作用与双基推进剂相比不会发生

根本改变。然而,在人们研究 RDX 燃烧特性的过程中发现,黑索今燃烧时形成大量的炭黑。因此,RDX 加入平台双基推进剂后,在客观上增加了复合催化剂中炭黑的含量。因此在构造模型时必须加入这一部分炭黑的作用,设 Y_R 为黑索今的炭黑转化率,C_{CB} 表示外加炭黑的催化活性参数,

C_R 表示 RDX 产生的炭黑的催化活性参数,则有

$$C/Pb = (C_{CB} + C_R)/Pb = (C_{CB} + Y_R)/Pb \tag{9}$$

同时,权重值也相应地增加,其具体形式已输入到计算程序中。这样,我们得到 RDX - CMDB 的 C 的表达式:$C = 1 + C_1(1 + C_2)(1 + C_3)$

p' 形式不变,又得 [CHO] 的裂解函数 $\eta'_R(p) = 2 - e^{0.693\,1C(1 - p/p')}$

3.3 铅-铜-炭催化作用下 RDX - CMDB 推进剂的燃速公式

有了 $\eta'_R(p)$,我们得到 $\theta_0(p)$ 的形式

$$\theta_0(p) = (1 + \xi(p) \cdot \alpha_N)/(\alpha + \beta + \eta'_R(p) \cdot q + \gamma + 1) \tag{10}$$

将式(10)代入式(4)即得平台 RDX - CMDB 推进剂的燃速公式

$$u(p) = 1.709 p \theta_0^2(p) h_H / \rho_p$$

由此可以计算已知配方的平台 RDX - CMDB 推进剂的燃速。

4 计算结果与实测值的比较

本文选取的用于验证模型合理性的推进剂组成如表 1 所示,配方中 RDX 的含量从 0～30% 变化,催化剂含量从 0～3.7% 变化。

图 1[①]～3 为燃速的计算值与实测值的比较,其中图 1 为不含任何燃速催化剂的空白配方的燃速值,图 2～3 为不同 RDX 含量,不同催化剂含量的 RDX - CMDB 推进剂的燃速-压强曲线,从图中可以看出,计算值与实验值不但变化趋势一致,而且数值上也符合得较好。表 2 为误差分析结果。可见,本模型的计算值与实测值的平均误差小于 10%。

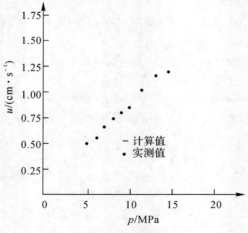

图 1   mt0 推进剂的 $u - p$ 曲线

---

① 由于年代较远,本文原插图 1 中计算值数据丢失。

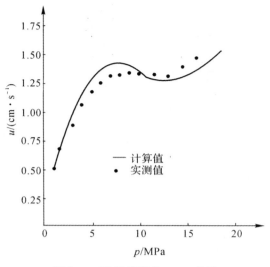

图 2　mt20 推进剂的 u-p 曲线

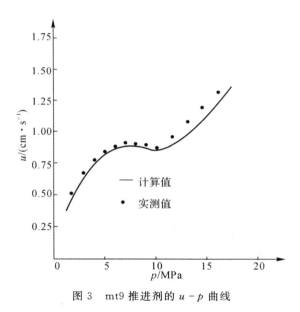

图 3　mt9 推进剂的 u-p 曲线

　　然而,由图中也可看出,高压下燃速的计算值与实验值相差较大。说明模型还需进一步改进。

表 1　推进剂成分

编号	配方	成分/(%)					见图号
		黏合剂	RDX	Φ-Pb	β-Cu	炔黑	
1	mt0	69.2	30.8	—	—	—	图 1
2	mt19	96.8	—	2.5	0.4	0.3	

续表

编号	配方	成分/(%)					见图号
		黏合剂	RDX	Φ-Pb	β-Cu	炔黑	
3	mt20	86.8	10.0	2.5	0.4	0.3	图2
4	mt21	76.8	20.0	2.5	0.4	0.3	
5	mt22	66.8	30.0	2.5	0.4	0.3	
6	mt1	66.3	30.0	3.0	0.4	0.3	
7	mt9	66.9	30.1	2.5	0.4	0.1	图3
8	mt8	66.1	30.1	2.5	1.0	0.3	
9	mt4	67.7	30.1	1.5	0.4	0.3	

表2　燃速相对误差

编号	1	2	3	4	5	6	7	8	9
配方	mt0	mt19	mt20	mt21	mt22	mt1	mt9	mt8	mt4
相对误差(10 MPa)	−3.6	6.3	−0.8	−6.2	5.5	−0.3	−3.6	2.8	−7.2
平均相对误差/(%)	−5.6	0.4	2.4	−1.6	−0.9	−8.2	−4.5	−0.7	−9.6

5　讨论

燃速预估模型认为[3]，火药用单质炸药的分子结构与火药的燃烧特性密切相关，并有一定的规律可循。例如，就化合物内化学基团而言，—NO_2基团愈多，则有利于提高燃速，—CHO基团愈多，则有利于降低火药燃速压强指数，N—NO_2基团愈多（同时CH_2也多）的情况下，将引起火药燃速压强指数在40～140 MPa区域内大于1.0。

硝胺化合物RDX与硝酸酯相比，在结构中引入了N—NO_2基团，缺少了—CHO基团。从热分解实验，飞行质谱分析以及燃烧产物分析得出结论，RDX（包括HMX）的主要热解产物有NO_2，CH_2，N_2O和N_2，可见其燃烧初期产物中没有[CHO]自由基，因此，当RDX被加入到非催化双基基体后，使火药[NO_2]含量下降，[CHO]含量下降，即使火药燃速随RDX的增多而下降，燃速压强指数随RDX的增加而上升。

当RDX加入平台双基基体中后，由于催化剂作用的受体[CHO]自由基含量减少，使催化剂的催化效率降低。然而RDX燃烧过程中产生大量的炭黑，在客观上增加了复合催化剂中炭黑的含量，有可能增加平台燃烧效应。因此，最终的结果应该是这两种相互作用的结果。

6　结论

（1）将平台双基推进剂铅-铜-炭催化燃速模型推广到RDX-CMDB推进剂中。

（2）RDX 对平台燃烧效应有正负两方面的作用，负面影响是由于燃烧表面附近气相区域中［CHO］自由基减少；正面影响是由于燃烧过程中 RDX 产生大量的炭黑。

（3）实验结果说明本模型的基本假设是合理的，计算值与实测值的平均相对误差小于 10％。

（4）本燃速公式的适用范围：压强 p 从 0～20MPa，RDX 含量 0～30％，Φ－Pb 含量 0～3.0％，β－Cu 含量 0～1.0％，炭黑含量 0～0.5％。对于其他催化剂及其他使用条件有待验证。

参考文献

［1］ Raman K V，Singh H. Ballistic Modification of RDX－CMDB Propellants［J］. Propellants，Explosives，Pyrotechnics，1988(13)：149－151.

［2］ 孟燮铨，张蕊娥，李上文. RDX－CMDB 推进剂燃烧性能调节［J］. 推进技术，1989(3)：64－69.

［3］ 宋洪昌. 火药燃烧模型和燃速预估方法的研究［D］. 上海：华东工学院，1986.

文章来源：推进技术，1995(3)：46－51.

直链叠氮硝胺对双基推进剂燃烧性能的影响

李上文　王江宁　孟燮铨　张志忠　曹式琦

摘　要:研究了三种自制直链叠氮硝胺化合物在两种双基系推进剂基础配方中对燃烧、能量等性能的影响,认为:叠氮硝胺化合物作为双基推进剂的添加物是提高燃速的一种新技术途径。DATH 以 15％含量代替微烟推进剂中 RDX 后能使该配方燃速增加 8％～43％且能量基本不变,而燃气中氮气的摩尔数增加了,这对于降低配方燃气信号特征是有益的。

关键词:叠氮化物;硝胺;燃速;双基推进剂

1　引言

叠氮有机化合物作为含能添加剂或增塑剂可赋予发射药和固体推进剂以优异的性能。美国空军研究先进固体推进剂计划的重点放在脂肪族叠氮硝胺化合物上。论证了 DADNH 和 DATH 两种候选的氧化剂后发现,可以按照配方制得具有物理性能合格的推进剂,且弹道性能实验也证实了使用这些叠氮硝胺配方的高能潜力。本文探索了表 1 中所列的三种脂肪族叠氮硝胺在双基系推进剂中对燃烧等性能的影响。

2　实验方法与样品

2.1　基础配方

DADZP 和 DADNA 在含铝(7.0％)的双基基础配方 Ⅰ 中进行实验,DATH 在含 RDX(31.75％)的双基基础配方 Ⅱ 中进行实验。

2.2　样品制备

采用常规吸收-压延无溶剂法工艺制造出压延药片,再切成 5 mm×5 mm×150 mm 的药条,刮去棱角包覆侧表面待用,或通过 ϕ80 mm 螺压机压出 ϕ9/6 药条供发动机实验用。

2.3　测试

采用靶线法调压式燃速仪在 1～22.5 MPa 压强范围内测出燃速。爆热、感度、化学安定性等均为常规测试方法。

表1 3种叠氮硝胺化合物的性质

性质	化合物		DADZP①	DADNH②	DATH③
外观			白色结晶粉末		
密度/(g·cm⁻³)			—	—	1.70
熔点/(℃)			64~72	71~76.7	135~137
DTA	初始温度/(℃)		152	145	132
	分解峰温/(℃)		182	191	192
溶解性			不溶于水却溶于热苯或丙酮		
5秒爆发点/℃			230~235	230	215
生成热/(kJ·mol⁻¹)			+513.2(+754.3)	+642.2(+723.7)	761.0
撞击感度	2 kg-25 cm 爆炸概率/(%)		100	68	96
	特性落高/cm		—	14.2	19.5
摩擦感度	0.25 MPa,66℃ 爆炸概率/(%)		—	76.0	12.7
	0.19 MPa,50℃ 爆炸概率/(%)		—	100	—
对NC的增塑性			良好	良好	良好
与NC,NG,RDX的相容性			良好	良好	良好
相对分子质量			246	260	320
结构式			N_3-CH_2 NO_2-N CH_2 O_2N-N N_3-CH_2 [$C_3H_6O_4N_{10}$]	N_3-CH_2 NO_2-N CH_2 O_2N-N N_3-CH_2 [$C_4H_8O_4N_{10}$]	N_3-CH_2 NO_2-N CH_2 O_2N-N CH_2 O_2N-N N_3-CH_2 [$C_4H_8O_6N_{12}$]

注:①DADZP:1,5-diazido-2,4-dintrazapentane;②DADNH:1,6-diazido-2,5-dinitrazahexane;③DATH:1,7-diazido-2,4,6-trinitrazaheptane.

3 实验结果与讨论

3.1 三种单质化合物性质的讨论

近年人们对叠氮有机化合物分子结构与撞击感度关系的研究表明,叠氮有机化合物由于分子结构的差别,感度差别较大,其中有些为钝感而有实际应用价值。实验证实,表1所示的三个脂肪族叠氮化合物,其撞击和摩擦感度均随着分子链的加长而明显得到改善。另外,表1的三个叠氮硝胺与 NC,NG,DINA,RDX 和铅、铜盐催化剂等双基推进剂主要组分的相容性均较好,对 NC 的增塑能力均较强。

  三种叠氮硝胺化合物的生成热均为正值,比 RDX 的生成热值大。根据理论计算,在某个微烟硝胺推进剂配方中用 5%DATH 代替等量 RDX 后,理论比冲净增 4 N·s/kg,当 30%DATH 完全取代同量的 RDX 时,理论比冲净增 24 N·s/kg,燃气总摩尔数增加 0.95 mol/kg,而燃温只增加 21 K(见图1,图2)。DATH 代替 RDX 后,燃气组分变化的趋势是:CO_2,N_2 和 H_2 的摩尔数上升,而 H_2O 和 CO 的摩尔数呈下降趋势。综合而言,燃气中 CO_2 和 N_2 摩尔数的增大和 H_2O 摩尔数的下降对火箭发动机排气羽焰降低信号特征是非常有益的。

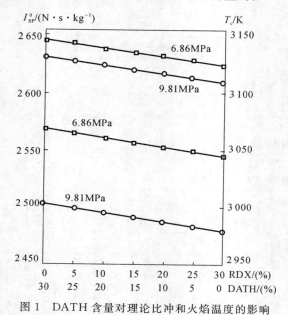

图 1　DATH 含量对理论比冲和火焰温度的影响

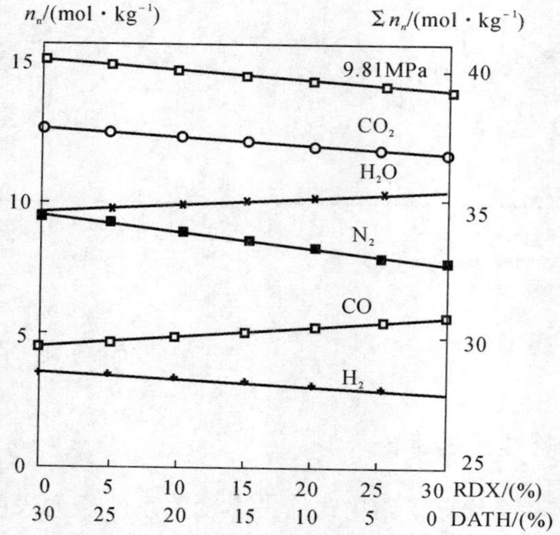

图 2　DATH 含量对燃气组成的影响

3.2 对燃烧性能的影响

3.2.1 DADZP

用8%的 DADZP 代替基础配方Ⅰ中同量的 DINA 后,10 MPa 下配方的燃速从23.64 mm/s提高到29.24 mm/s,增加23.7%;而12.5 MPa 下燃速增大约30%。鉴于DADZP的撞击感度相当大,未继续研究。

3.2.2 DADNH

DADNH 引入基础配方Ⅰ中的主要目的是试图使这类含铝的双基配方燃速从 24 mm/s高到 35 mm/s(10MPa)。从实验数据可知,5%的 DADNH 加入配方中使对比配方 10 MPa 燃速提高 2.89 mm/s(12.2%);而加入 10%DADNH 后,配方 10 MPa 燃速提高 9.68 mm/s(40.9%);当加入 15%DADNH 后,配方 10 MPa 燃速增加 10.84 mm/s(45.8%)。看来,DADNH 加入量以 10%为宜。若对含 10%的 DADNH 配方作适当调整,增加硝化棉氮量(从12.6%提高到13%N),铝粉从 7%降低到5.3%,10 MPa 下的配方可达到燃速 35 mms/和压强指数为 0.5 的目标。该配方曾做成 $\phi9/6$ 药管以毛刷式装药形式在发动机中进行过静止点火实验,燃烧正常。

3.2.3 DATH

用5%,10%和15%DATH 分别代替 RDX 的微烟推进剂基础配方Ⅱ中的 RDX,寻求在不影响配方能量的基础上提高配方燃速的技术途径。实验表明:

(1)5%和10%的 DATH 对基础配方燃速无明显的影响,只有当 DATH 含量达15%时,从 3 MPa 开始燃速有明显的提高,且随着压强增大燃速增加也愈明显(见图3)。如在 10 MPa压强以下,燃速只比基础配方 n 增大 2~3 mm/s(+8%~12%),而在 2 MPa 下增加燃速7 mm/s(+28%)。此时对比基础配方压强指数为 0.21(13~22 MPa),而含15%DATH 的配方(hm-33)压强指数为 0.5。

(2)若 hm-33 配方中 NC 氮量提高到13%,则燃速增加更为可观,如 10 MPa 以下燃速增加 3 mm/s(12%),而 22 MPa 下,燃速增加 13 mm/s(43%),见图3。

(3)15%DATH 代替 15%RDX 后配方热量基本上没有改变:前者为 5 054 kJ/kg,后者为5 060 kJ/kg,而比容却增加 7.3 L/kg(11.34%)。可以认为,在含 RDX 的 CMPB 配方中,DATH 代替 RDX 后配方能量至少保持不变。

(4)DATH 加入使配方压强指数恶化,预期通过催化剂配比优化或选择新的组合催化剂可得到改善。

3.3 化学安全性

三种叠氮硝胺与双基推进剂的主要组分均相容,DTA 结果也显示了三种叠氮硝胺的初始分解温度和激烈分解温度均较高,化学安定性较好。含 10%DADNH 和 15%DATH 的推进剂配方106.5℃维也里 10 次加速重复实验均为 70~70 h,比 171 推进剂(51.4 h)、06#推进剂(52.5 h)双迫药(>30 h)要好。

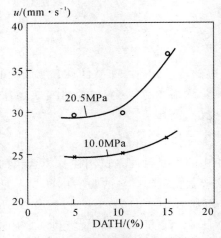

图 3　DATH 含量对燃速的影响

4　结论

(1)所讨论的脂肪族叠氮硝胺随分子链长度的增加机械感度降低。DATH 的机械感度是配方工艺安全性所能接受的。

(2)由于叠氮硝胺分子中含有叠氮基团,其燃速较杂环硝胺(RDX,HMX,DNP)等要高。用 DATH 之类脂肪族硝胺或叠氮硝酸酯作为氧化剂/增塑剂,部分或全部代替推进剂中的 RDX 或 HMX 是提高该类推进剂燃速的一个切实可行的技术途径。

(3)计算和初步实验证明,DATH 的加入使配方能量至少与 RDX 相当,且燃气组分对发动机排气低信号特征有益。

(4)DATH 可推荐作为压伸或浇铸的微(少)烟双基或复合系推进剂中作为含能氧化剂或增塑剂使用。晶析和压强指数高的问题留待今后解决。

致谢:张蕊娥、王百成、段安平、张晓红、李晓迎和李朝阳参加了配方研制;宁交吾、洪关林等提供了三种叠氮硝胺样品,在此深表感谢。

文章来源:推进技术,1995,16(4):61-65.

2000年固体推进剂的主要发展目标

李上文　　赵凤起　　单文刚　　陆殿林

摘　要：根据未来战术火箭、导弹技术发展的趋势,认为低特征信号推进剂、钝感推进剂、触变〈胶质〉推进剂、单室及〈多〉推力发动机装药和多脉冲发动机装药等技术是2000年固体推进剂主要发展目标。预计这些推进剂及装药的发展和应用将对未来的火箭导弹武器提高生存能力和机动攻击能力及增大射程有明显的效果。

关键词：低特征信号推进剂;钝感推进剂;触变推进剂;灵活的能量控制;推力调节

1　引言

近几年来,国外文献特别强调指出,21世纪的战术导弹固体火箭发动机面临着三个主要发展目标:首先,低特征信号(Low Signature,缩写为LS),它要求发动机排气应是微(少)烟,且二次燃烧火焰较小;其次,钝感弹药(Insensitive Munition,缩写为IM),它要求发动机对外界的刺激是钝感的;最后,灵活的能量控制(Flexible Energy Management,缩写为FEM),它主要要求导弹运动的自如性,即发动机推力控制的自如性。上述前两项与固体推进剂性能的改进密切相关,后一项则涉及推进剂性能及装药设计和研制新概念推进剂的问题。本文将围绕以上三个目标中与推进剂有关的技术问题进行讨论。

2　降低固体火箭发动机特征信号的重点是发展低特征信号推进剂

由火箭发动机喷管排出的推进剂燃烧产物在喷管出口处之后形成了羽毛状发光火的流场,文献上称之为排气羽流(Exhaust Plume)。排气羽流的存在及它与环境的相互作用产生了噪音、烟雾、辐射能发射,并形成对制导或通信信号的干扰和对环境的污染等各种效应。

早期,火箭和反坦克导弹为隐蔽发射阵地、改善射手观察目标的工作条件对推进剂提出了"无可见烟雾"要求,于是"无烟推进剂"应运而生了。随着导弹采用红外、激光、微波和无线电制导方式后,希望控制站与飞行着的导弹控制操纵系统之间保持最好的通讯联系。然而,排气羽流中的一次烟〈金属氧化物和微粒炭〉、二次烟(水和HCl,HF)和可燃性气体(CO和H_2)与空气中氧混合产生"二次燃烧",形成的高温二次燃烧火焰构成非均匀的等离子场,均使上述制导电磁波产生不同程度的衰减和干扰,甚至使制导信号失真或中断,从而严重地影响了导弹命中精度和战斗力。因此人们对无烟推进剂的"无烟"又赋予了新的内涵,即要求排气羽流对制导信号不产生干扰和衰减,即排气羽流对制导信号是"透明"的。由于上述军事上的需求,到20世纪80年代中期为止,国外大力发展了微烟少烟推进剂,并在许多型号中使用。

随着科学技术的发展,20世纪80年代后期,西方各国愈来愈重视排气羽流对导弹的隐身能力的影响。美国《航空与空间技术》周刊 1993 年刊载一篇文章,提出了一个值得注意的观点:"对于各军种来说,拥有一种隐身武器与在 20 世纪 50 年代拥有一种核武器同样重要"。这表明,在人造卫星和探测技术飞速发展的今天,任何武器在战场上一旦被发现就意味着可能被摧毁。近年来,随着导弹本体和发射平台的隐身能力的提高,导弹发动机排气羽流特征信号〈烟、焰及辐射能〉就成为导弹被敌方探测的重要特征信号源。换句话说,发射平台及导弹的隐身能力有可能被导弹发射时明显的可见烟迹,明亮的羽焰和强烈的紫外、红外辐射能所破坏。因此排气羽流烟焰减弱或消除已成为降低导弹武器特征信号研究工作的重要组成部分。正是基于这种考虑,国外把"低特征信号"视为 21 世纪战术导弹发动机的主要发展目标也是很自然的。也正是基于这种军事上的强烈需求,早期的无烟推进剂的内涵又进一步扩展和延伸了。

"特征信号"(Signature)是描述一个系统或火箭发动机排气全部性能的专用术语,该性能可用于探测、识别或拦击执行任务的运载平台或导弹。火箭排气羽流的特征信号包括:烟、辐射能的发射和雷达吸收等。而所谓的"低特征信号"是指火箭发动机排气羽流的烟(一次烟和二次烟),羽焰的可见光、红外和紫外辐射等特征信号较低,使导弹或运载平台不易被敌方探测、识别和截击。固体火箭发动机欲达到低特征信号要求的技术关键是采用低特征信号的推进剂(LS Propellant),它实际上是在 20 世纪 80 年代的无(微、少)烟推进剂基础上的发展和提高。用一句通俗的语言表达:低特征信号推进剂就是一种"既无烟又无焰"的新型推进剂。它代表着当今国际上固体推进剂发展的一个方向。

美国各军种都试图减少各领域推进剂系统所产生的特征信号。在 1983 — 1988 财年美国空军火箭推进实验室研究计划中,低特征信号推进剂研究是名列第一的研究项目。1990 — 1991 财年美国国防部《关键技术计划》的"高能量密度材料"、"超高速射弹"和"目标特征控制"三个项目中,低特征信号推进剂的研究是其重要的研究内容。美国人声称,在发展低特征信号推进剂方面居世界领先地位;美军正在努力减弱战术导弹发动机可见光、红外、紫外和微波特征信号;美、英、法、德四国达成了协议以发展高能量、钝感和低特征信号的推进技术等。英国 IMI 公司展示他们采用二次燃烧抑制剂技术,使推力为 2~12 kN 的固体发动机红外、紫外、可见光辐射减少了 90% 以上,激光透过率提高 27%,微波衰减从 10 dB 降低到 0。英国人认为,这种抑制了二次燃烧的既无烟又无焰的低特征信号推进剂及其装药技术代表着当今固体推进技术的最新进展。这种推进剂英国人已用于"海标枪"导弹助推器中,达到既提高能量又抑制了二次燃烧,发动机特征信号大为降低的目标,这对于反舰导弹隐身和突防是至关重要的技术。

北约宣布,2000 年后使用的战术导弹全部采用微烟低特征信号推进刑。日本人从 1982 年起,要求战术导弹全部改用具有微烟、少烟特点的复合双基推进剂。据不完全统计,文献报道中明确说明采用"无烟、无焰"低特征信号推进剂的导弹有:法国"沙蟒"近程反坦克导弹、瑞典"比尔"近程反坦克导弹、英国"海标枪"舰 - 舰导弹和美国三军通用的防区外攻击导弹(TSSAM)等。2000 年后美国三军全部装备 TSSAM 导弹。

虽然美国在低信号推进剂的研制和应用方面居世界领先地位。但美国仍在最近制订了发展低特征信号钝感推进剂的发展规划,继续大力发展比冲为 2 255~2 451 N · s/kg(230~250 s) 的低特征信号且钝感的推进剂。

固体火箭发动机降低信号特征的技术途径有:推进剂配方中加入二次燃烧抑制剂,装药结构的特殊设计;采用富氮(少氢)的含能材料,如 GAP,CL - 20 和新型无卤素氧化剂 ADN 等;

发动机喷管优化设计及其他。

我国在研究 LS 推进剂方面,对 14 种二次燃烧的抑制剂做过研究,找出 2 种确能消除二次燃烧的抑制剂,并在其发动机中进行了成功的检验,关键是如何把"消烟"和"消焰"两者有机结合起来。

3 钝感弹药要求钝感的推进剂

低感度弹药(IM)亦称"钝感"弹药,是美国海军根据 1967 年 Foraste 航空母舰搭载弹药燃烧爆炸,引起伤亡扩大,导致死亡 134 人的严重事故后提出要求发展不敏感(亦称低感度、钝感)弹药的,即该种弹药对外界刺激时钝感,美海军已提出并制订了 IM 的国军标(MIL - STD - 210A),其中对 IM 提出七项测定的方法和判据,基本上要求 IM 在快速或低速烤燃、碎片、聚能射流和枪击下只燃烧不爆轰。美海军 IM 开发的基本方针是:今后开发的弹药必须满足 IM 标准的要求。在改进已装备的弹药中已选择十五种弹药,1995 年必须达到 IM 标准。这些弹药有"鱼叉"和"企鹅"反舰导弹;"响尾蛇""白眼星"和"标准"空-空导弹;"百舌鸟""HARM"反辐射导-弹;"幼畜"空-地反坦克导弹等等。由此可见国外对 IM 的重视程度。

导弹火箭发动机的钝感是意味着该发动机受到子弹、高速破片、射流的撞击或火焰的燃烤时发动机中装药只燃烧,而不至于酿成爆炸的后果,这就要求发动机采用所谓的钝感或低易损(LOVA)推进剂。

钝感或 LOVA 推进剂的技术途径是:采用分解时吸热的黏结剂;采用低感度含能黏结剂(如 GAP,BAMO 等);采用低感度硝基化合物;采用比 NG 感度低的含能增塑剂(如叠氮硝胺);采用 ADN 新型氧化剂或无相转变的硝胺作氧化剂代替 AP 和 HMX 及其他可能的钝感技术。

根据文献报道,国外是把 LS 和 1M 推进剂作为一个统一体来开展研究,其技术难度更大了。美国已制订了一个近期、中期和远期的三步规划来分步骤解决 LS 和 IM 的技术难题。总之,具有 LS 和 IM 性能而其他性能也满足使用要求的推进剂相对于传统的推进剂来说是一种新型的性进剂概念,它代表着 21 世纪固体推进剂的发展方向之一。

4 适应"灵活的能量控制"(FEM)的推进剂装药和新概念推进剂

众所周知,固体火箭发动机最大的缺点是推力无法控制。采用可调节喉面的喷管是理想的解决方案,但它存在技术上的困难和可靠性的问题,在目前的技术水平下尚难以克服。为此找到如下的解决办法,在不同的程度上做到了"灵活的能量控制"(即推力调节)。

(1)单室双推力发动机装药:单室双(多)推力发动机与多室双(多)推力发动机相比,结构简单、消极重量较小、可靠性高、点火同步、点火延迟期较易准确控制,因此是国外固体发动机研究的热点之一。国外已采用单室双推力发动机作动力装置的火箭导弹很多,如法国的"米兰"反坦克导弹(推力比为 2.57∶1);美国的"旋火"反坦克导弹(推力比为 3∶1 至 4∶1);以色列的"蝮蛇"远程反坦克导弹(推力比为 16∶1)和 1985 年后美国轻型人携式反坦克导弹(研究目标推力比为 22∶1)。而法国的"普吕东"远程火箭把单室推力发动机改为单室三推力发动机后,射程从 60 km 提高到 120 km。近十年来国外正在大力发展一种新概念的导弹——高速动能弹,主要用于防空和防坦克,而且有报道指出,高速动能弹已从战术武器领域进入外层空间战略防御武器体系的高技术领域。而这种弹的动力装置就是一种细长比很大的高推力比单室双推力发动机。国外该类型发动机所采用的推进剂,原先多选择复合推进剂,现在多转向使用含硝胺的微(少)烟推进剂。

(2)多脉冲发动机装药:为提高导弹的生存能力,国外特别强调从防区外发射导弹,也强调导弹飞行弹道应是可变的。多脉冲发动机在提高导弹效射程、灵活地控制导弹的速度(推力)等方面有其独特的优越性。

1)在给定总冲条件下,可提高导弹的射程,据因外报道,采用双脉冲发动机维持在最高飞行速度时,可使导弹有效射程比助推-续航发动机增加 50%。

2)使导弹以最大末速度或最短的飞行时间飞抵指定的航程终点,从而提高了导弹的攻击机动性。

3)比助推-续航发动机提高比冲 5%～7%。

多脉冲发动机在国外已研制多年,目前正处于先期技术开发阶段。其工作原理是在发动机中装有多段装药,每段装药间用特殊的隔热、阻燃隔板分开。按照预定的推力—时间程序使各段装药分别点燃。

多脉冲发动机方案的技术关键是隔板组件的研制。要求装药应有良好的隔热包覆,隔板应薄而轻,耐腐蚀,能承受第一级最大设计压强,而第二级点燃则在相当低压强下形成小碎片。加拿大采用玻璃陶瓷材料作为隔热板。其抗压强度为抗拉强度的数倍,4.8 MPa 下破碎成 5 mm 的小碎片。并从喷口排出,也可采用喷射棒式的堵塞,材料为酚醛基纤维增强塑料。装药现采用端面燃烧或其他药型。

美国正在研制的防区外发射远程攻击导弹(SRAM-1)发动机就是一种采用端面燃烧的双脉冲发动机装药。目前国外达四脉冲的发动机已实验成功。有的已进行飞行实验考核。

(3)触变(胶质)推进剂:固体推进剂一旦点火,推力就不能调整,导弹只能按预定的速度飞行。而采用液体推进剂发动机的导弹虽然可以用调节液体推进剂流量来调节飞行的推力和速度,但它的危险性较固体推进剂为大。胶质(触变)是一种比液体推进剂更安全,比固体推进剂更能灵活控制推力的新概念推进剂,由胶态燃料和胶质氧化剂组成,分别装在不同的贮箱巾,是典型的双元推进剂。燃料和氧化剂有触变性,当施加一定的压强后,胶态燃料和胶态氧化剂才能流动,喷进燃烧室后两者相互接触才燃烧,两者不接触则不燃烧。它的优点是:

1)实现了发动机"推力可调"特性。当导弹作巡航飞行时推进剂以低速燃烧;当导弹需增加推力时,则高速燃烧,这样导弹可以方便地机动飞行。

2)实现了"钝感弹药"特性。胶态推进剂的燃料箱或氧化剂箱遇火或小型兵器击中时不易爆炸。贮箱被子弹击中后不会发生泄漏现象,因为其黏稠性介于胶状物和牙膏之间。正像一管牙膏被扎了一个孔一样,胶态燃料从被扎的孔中流出一点就把弹孔堵住了,防止了进一步的泄漏。

3)提高了导弹射程。美国陆军导弹司令部(MICOM)的实验表明,采用这种新概念推进剂的"长矛"地-地导弹的射程是采用液体燃料原型号的两倍。

4)价格仅比固体推进剂贵 30%。

美国陆军导弹司令部研究这种胶态推进剂已有十多年了。由于资金不足和难度较大原来并未列入重点项目,但他们坚持研制终获成功。美军高级官员认为,必须更加重视 MTCOM

的推进剂研制计划,因为这种新型推进剂可提高未来自动化导弹的作战性能和可靠性,而且操作运输均安全。采用这种胶质燃料加上先进的软件将使导弹比现役型号更加灵活。

据了解,乌克兰波罗的海大学研究触变推进剂已有 20 年历史,采用 φ200 mm 发动机进行了实验,用流量大小来调节推力,但尚未用于型号中。触变推进剂研制技术的关键之一是如何使液态的燃料或氧化剂胶凝成膏状,如何保证膏状的燃料或氧化剂在不同环境温度下流动性一致,亦即需研究物料流变学问题和胶凝化学的问题。

文章来源:兵工学报火化工分册,1996(1):50-54.

高燃速推进剂研究进展与展望

单文刚　李旭利　李上文　赵凤起

摘　要:分析了国内外 DB,AP/NC,AP/HTPB 系推进剂提高燃速的途径及发展水平;指出高燃速推进剂将向高能、高燃速、高强度及低感度的"三高一低"方向发展。

关键词:固体推进剂;燃速;催化;比表面

1　化学法提高推进剂燃速

1.1　燃烧催化剂法

最常用的提高固体推进剂燃速的方法是添加燃烧催化剂。对于 DB 推进剂,其燃速受放热反应区和燃烧表面上的反应控制[1]。美国 20 世纪 50 年代发现铅化物对 DB 推进剂的平台麦撒催化作用及对火箭推进剂的稳定燃烧极为有效,其后的一系列研究发现类似硬脂酸铅等低熔点和低分解温度的铅化物的平台催化范围在低压区,而如水杨酸铅等高熔点和高分解温度的铅化物的平台催化范围则在高压区。由于 RDX(HMX)－CMDB 推进剂与 DB 推进剂具有相似的燃烧波结构,因而对 DB 推进剂燃速调节有效的燃烧催化剂对 RDX(HMX)－CMDB推进剂燃速调节同样适用[2]。迄今为止,双基系推进剂的燃速催化剂已由单一铅化物发展为包含多种非铅金属化合物(如铜、钙、镁、钡、钛、锡、镍及稀土等)在内的多元复合化体系,而目前最常用和最有效的仍是铅－铜－炭黑三元复合催化体系,该催化体系使推进剂燃速达42 mm/s左右[3]。

在 AP/NC 或 AP/HTPB 推进剂中常用过渡金属化合物(如 Fe_3O_4,Cu_2O,CuO,Co_2O_3,Ni_2O_3,Cr_2O_3,亚铬酸铜及二茂铁等)和硼氢化合物作燃烧催化剂以提高燃速。

20 世纪七八十年代为防止二茂铁的迁移而制备了许多二茂铁的衍生物并对其在推进剂中的应用进行了较为深入的研究。将二茂铁结构引入到黏合剂和氧化剂分子中,以克服二茂铁的挥发和迁移问题,以 4,4－(二茂铁基)－1－戊醇和 3,3－二(二茂铁基)异氨酸酯作催化剂使其与 HTPB 结合在一起,使推进剂在 7.0 MPa 下的燃速达 81.3 mm/s,将三(二茂铁基)甲基高氯酸盐作催化氧化剂可部分或全部取代 AP,甚至将二茂铁与碳硼烷二者特点结合起来制得的 1－异丙烯基－2－二茂铁酰碳硼烷仍可在较宽压强内获得燃速可控的推进剂。其后 20世纪 90 年代,美国和日本等国先后对二茂铁衍生物(如 2,2－双乙基二茂铁丙烷 BEFP、二丁基二茂铁 di－nBF)从合成方法、作用机理乃至推进剂工艺过程中药浆流动特性以及与碳甲硼烷的组合催化进行了研究,发现二茂铁衍生物(BEFP,di－nBF)不仅具有较 Fe_3O_4 为佳的燃烧催化作用,而且使推进剂的压强指数较 Fe_3O_4 为低[4]。法国在含 68% AP 的复合推进剂中引入了一种"Butacence"的催化剂,将推进剂燃速提高到 105 mm/s(20 MPa),且推进剂压强指数为 0.46。

含硼化合物(尤其是硼氢化合物)一直以其能使推进剂获得较高燃速而深受研究者们钟爱,如 $LiBH_4$,$NaBH_4$ 等因能促进 HMX 的热分解而对推进剂燃速提高有利。美国人用 $B_{10}H_{10}^{2-}$ 可将推进剂燃速提高到 10~100 mm/s。

20 世纪 70 年代以来,美国、日本、苏联等国相继对碳硼烷衍生物进行了大量研究,其研制的正己基碳硼烷不仅能大幅度提高燃速(大于 100 mm/s),而且能使推进剂工艺性能和力学性能得到改善,对比冲降低幅度小。W. E. Hill 等人用 12% 的 11-异丙烯基-12-丙基碳硼烷(IPCA)将含 48%AP 的 AP/TEGDN 推进剂燃速提高到 101.6 mm/s(14 MPa)。该领域较为活跃的专家是美国的 D. C.Sayles,20 世纪 70 年代初期为了使—$B_{10}H_{10}$—基团与推进剂结合良好,D. C. Sayles 将环氧基团与—$B_{10}H_{10}$—相结合,使其在推进剂固化过程中因环氧基与固化剂的作用而与推进剂结合良好,在含 68%AP 的推进剂中添加 0.2% 的 1,2-间 2,3 环氧丙基碳硼烷和 35% 的 1-(2,3 环氧丙基)碳硼烷后,将推进剂燃速提高了约 18 mm/s。其后为了考察硼笼与氧化剂间的作用及获得性能更好的硼笼催化剂,Sayles 又将氧化性基团(如 —ClO_4)引入硼氢化合物中,从表 1 可见,硼笼基团数越多,二者距离愈近,则该化合物对推进剂燃烧催化作用愈强。有人认为这是因硼笼与 ClO_4 间形成了分子内催化而增强了该化合物的催化作用[5]。虽然这类化合物的燃烧催化作用强,但因使用其感度较高,使提高燃速与降低感度这一矛盾愈加突出。到 20 世纪 80 年代,Sayles 等终于在 AP/NC 系统中使用了丙酸碳硼烷甲酯,并综合利用了其他方法使提高燃速与降低感度这一矛盾得到了较好的解决,使推进剂燃速达 170 mm/s(14 MPa)。目前美国人已在其"蝮蛇"反坦克火箭筒中使用了含碳硼烷的高燃速推进剂。

表 1　含硼笼基团和—ClO_4 基团化合物对 AP 推进剂催化作用

化合物代号	硼笼基团数	—ClO_4 基团数	燃速(14 MPa)/(mm·s⁻¹)	催化作用程度
NHC	1	0	144.78	一般
MTCMP	3	1	203.2~228.6	很强
CDFMP	1	1	177.80	强

1.2　新型含能材料法

一般说来,提高推进剂的爆热有利于推进剂燃速的提高,普通 DB 推进剂中,通常以提高—O—NO_2 含量(即增大 NG 含量或 NC 含氮量)以提高推进剂燃速。而对于含惰性黏合剂和惰性增塑剂的推进剂体系,则多采用含能黏合剂与含能增塑剂取代之以达到提高燃速的目的。

60 年代以来,国外对新型含能材料的研究形成高潮,在氧化剂方面有高氯酸羟胺、高氯酸锂等,黏合剂方面有含硝基、硝酸酯基、二氟氨基的聚合物,但皆因成本高,有毒,不稳定,制备难而难以实际应用,自 80 年代以来,关于新型含能材料研究的文献急剧增多,尤以含叠氮基(—N_3)的黏合剂和增塑剂为突出。美、法、日、德等国都先后进行了 GAP(聚叠氮缩水甘油醚)推进剂配方研究,准备以其制造高能推进剂、高燃速推进剂、高能燃气发生器和冲压式发动机的高能固体燃料。

据 A. M. Helmy 等人报道,某些叠氮化合物(如 GAP,DIANP 等)危险性小,可降低 TMETN 及 BTTN 等的冲击感度,而 GAP 具有正的生成热+33 kcal/mol,可提高 AP 和 HMX 推进剂的比冲和燃速。Hercwles 等发现 DIANP 具有正的生成热,(+163.3 kcal/mol),与 RDX 和 HMX 相容,对热稳定,冲击感度小,且可减少燃挠产物中的低分子量产物并能在不提高燃烧热和燃烧温度的条件下提高燃速。美国海军武器中心对 GAP/BTTN,GAP/TMET 和 HTPB 推进剂的比较研究,发现含 GAP 的推进剂在能量、感度、力学性能和点火性能方面明显优于 HTPB 推进剂。D. C. Sayles 等以 GAP 取代 NG 后,推进剂燃速由 170 mm/s 增为 259 mm/s(14 MPa),且使推进剂具有比冲较大、力学性能较好、爆轰感度较低的特点。俄罗斯门捷列夫化工学院的杰尼秀克和费格里赞科认为双基推进剂燃烧时,经由 NO_2→NO→N_2,其凝聚相中主导反应为 NO_2→NO。该步转化率较低(仅 10% 左右),故而增加—NO_2 对 DB 系推进剂燃速增加不大。而含叠氮化合物的推进剂则由 RN_3→N_2+RN,RN 经分子重排释放能量,该反应一步完成,故虽含叠氮化合物的推进剂的能量增加不大,但燃速增加却较大,且含 RN_3 推进剂压强指数较低。

2 物理法提高燃速

2.1 增加热传导法

气相反应区向固相反应区的热传导对推进剂的燃速起着重要的作用。一般双基系推进剂高温(+500℃)下的热扩散率约为 $2.9×10^{-2}$ m²/s。而许多金属材料和非金属材料如银、铝、石墨等均为热的良导体,如银在高温(+500℃)下自热扩散率为 $1.2×10^{-4}$ m²/s,较 DB 系推进剂约高 400 倍。从 20 世纪 60 年代至今,采用高导热纤维提高推进剂燃速仍不失为一种重要的方法。早在 20 世纪 60 年代 L. H. Caveny 和 Glick[6] 等就在推进剂中加入银丝和银箔,使推进剂燃速达 50 mm/s(10 MPa),并通过改变银丝的加入量和银丝的直径使推进剂燃速提高到 80 mm/s(10 MPa),法国人通过研究金属丝与燃速之关系发现推进剂燃速与金属丝同燃面形成的夹角 θ 值成某一函数关系。美国在浇铸推进剂中用磁场定向法使金属丝(如铝、镁、锆或其他在燃烧中释放大量热的其他金属)垂直于燃烧表面,从而达到提高推进剂燃速的目的。D. C. Sayles 等人用铝纤维以达既增强传热效果提高燃速又改善推进剂力学性能之目的。

国内外研究者对石墨纤维提高推进剂燃速的能力极为赞赏,认为石墨纤维可以克服金属丝使推进剂药柱能量降低、感度增加、均匀性降低及烟焰增多的缺点,赫克力斯公司曾在压伸改性双基推进剂中加入 0.03%～3.0% 直径 9 μm,平均长度 5.08 mm 的石墨纤维,将推进剂燃速由 76.2 mm/s(14 MPa)提高到 154.9～228.6 mm/s(14 MPa)。国内研究者曾就石墨纤维(GF)的长度、工艺处理及在加工过程中的定向问题进行了研究,发现石墨纤维可将 AP/NG 系推进剂燃速由 50 mm/s 提高到 123.5 mm/s,且随 GF 长度的增加,燃速递增,但发动机燃烧的不稳定性亦增大。

2.2 增大比表面法

将推进剂中某些活性组分的比表面增大,可使推进剂的燃速提高。对 AP 而言,增大比表面的方法有三种,其一是将 AP 制成多孔材料;其二是将 AP 制成超细 AP(1.0~1.5 μm)即 UFAP(或 VFAP),按 AP - CMDB 推进剂之燃速(u)与 AP 粒径(d)之关系:$u \propto d^{-0.244}$,即 d 减小,则 u 大大增加。D. A. Flanigan 等人在 20 世纪 70 年代就对 UFAP 提高燃速的途径进行了研究,至 20 世纪 80 年代日本又在有其含二茂铁衍生物的推进剂中对 1.5 μm 的 VFAP 进行了研究。可见超细 AP(UFAP 或 VFAP)是制备高燃速推进剂不可缺少的材料之一;其三是通过 150℃ 加热条件下的热震动和快速冷却并依靠介质作用,在大颗粒 AP 的表面和内部人为产生许多沟槽和空穴,再进行包覆保护,从而达到提高 AP 比表面的目的。D. C. Sayles 等人用 10% 的这种超比表面 AP 代替一般的多孔 AP 后,将含 AP65% 的推进剂燃速由 71.1 mm/s(14 MPa)提高到 81.3 mm/s(14 MPa)。

对燃烧催化剂而言,增大比表面可大大提高其催化效率,从而提高推进剂的燃速,这已被国内外许多经验证明是行之有效的。特别在纳米级微粉处理技术获得重大突破后,将使许多传统的催化剂品种旧貌换新颜。最近美国宾夕法尼亚州的 MachI 公司采用气相氧化法工艺研制了一种牌号为 NANOCAT 的纳米结构的超细氧化铁,比表面达 250 m^2/g,单个球形氧化铁粒子直径约为 3×10^{-3} μm,含大约 600 个 Fe 原和 900 个 O 原子,以其取代目前高性能的 L2817 氧化铁后,可使 HTPB 推进剂燃速提高 25%。该材料与二茂铁类催化剂相比,自燃温度高、冲击感度较低是传统产品的理想替代品[7]。

除了上述方法外,还有许多提高推进剂燃速的方法。如制成多孔推进剂,扩大燃面以提高推进剂燃速及通过装药设计制成双组元和多组元装药,将不同工艺、不同燃速的推进剂组合成一体以提高整体燃速等方法,在此不一一列举。

总而言之,提高推进剂的燃速需兼顾推进剂的综合性能,因而常常需多种方法并举,融会贯通,在保证推进剂综合性能的前提下实现提高燃速的目的。如美国在 20 世纪 80 年代就曾通过采用大比表面 AP(1.0 μm)、导热 Al 纤维、新型含能黏合剂 GAP 及碳硼烷衍生物等多种方法而制得高能、高燃速、低感度的所谓“三高一低”推进剂。

3 几点看法

综合国内外文献可见,每一时期提高推进剂燃速方法的采用无不以其当时所处的技术环境为基础。在未来高燃速推进剂发展中,笔者认为下列几点将是未来一段时间内高燃速推进剂的发展方向。

3.1 发展“三高一低”的高燃速推进剂

以新型含能黏合剂和含能增塑剂、氧化剂的合成研究为基础,发展高能量、高燃速、高强度和低感度的“三高一低”推进剂,是未来武器的要求之一。

3.2 高新技术的应用将促进高燃推进剂的研究

依托于边缘学科及新兴专业提出的新概念、新原理、新方法而发展的高新技术对挖掘现有材料的潜力、达到提高推进剂燃速的目的将具有前所未有的作用。如纳米级微粉处理技术在超细 AP 及燃烧催化处理等方面的应用,将使现有推进剂燃速水平更上一层楼。

参考文献

[1] Huggett C. Combustion of Solid Propellants. Combustion Processes[J]. High Speed Aerodynamics and Jet Propulsion Series，1960(2)：514 – 576.

[2] 孟燮铨，等. RDX – CMDB 推进剂燃烧性能调节[J]. 推进技术，1989(3)：64 – 69.

[3] 李上文，等. 国内外无烟推进剂性能对比和差距分析[J]. 固体火箭技术，1990(2)：64 – 74.

[4] 王永寿. 二茂铁衍生物/极细高氯酸铵系高燃速复合推进剂研究[J]. 飞航导弹，1995(3)：40 – 45.

[5] 唐松青，丁宏勋. 硼氢化合物作为固体推进剂高燃速调节剂的新发展[J]. 推进技术，1983(2)：35 – 51.

[6] Sayles D C. Non-nitroglycerin Containing Composite Modified Double Base Propellant [P]. USP，4，707，199.

[7] 费玉周. 固体火箭推进剂的超级燃速催化剂[J]. 固体火箭技术，1995(3)：18 – 19.

文章来源：西安近代化学研究所联合推进会议，1996.

二元稀土组合物对双基推进剂燃烧催化作用研究

单文刚　赵凤起　李上文

摘　要: 研究了镧(铈)/铜盐、镧/铅盐、镧/铈组合物及镧/铈焙烧复合物对双基推进剂燃烧的催化作用,发现铜盐对稀土化合物的平台催化作用的改善有利,铅盐使稀土化合物的平台催化范围向高压区移动。镧/铈组(复)合物的燃烧催化作用与镧/铈比例密切相关,且使双基推进剂产生 2 个以上的平台燃烧区。稀土/铜盐对双基推进剂红外透过率的贡献高于其他二元稀土组合物。

关键词: 双基推进剂;平台推进剂;稀土化合物;燃烧催化剂

1　引言

为降低含铅双基系推进剂的信号特征和毒性,从 20 世纪 60 年代以来,许多研究者对铜、钡、钙、镁、钍、钴、钽、铪等众多非铅燃烧催化剂的作用规律进行了探索[1]。而稀土化合物对双基推进剂燃烧催化及降低燃气的红外衰减具有突出的作用。在含 NO_2,CO 及碳氢化合物的汽车尾气处理中,稀土与其他过渡元素的复合体系具有优越的催化性能。鉴于推进剂燃气组成与汽车尾气组成的相似性,因而有必要探索稀土与其他常用燃烧催化剂(如 Cu,Pb 及稀土等化合物)的组(复)合催化作用。

2　实验

实验用推进剂组成:0.120N 硝化棉(NC)60%,硝化甘油(NG)30%,邻苯二甲酸二乙酯(DEP)7.5%,二号中定剂(CZ)2.0%,凡士林(V)0.5%。样品按吸收、驱水、放熟、压延的常规双基无溶剂工艺制备。投料量为 1 kg,外加催化剂。

实验选作催化剂的稀土化合物为镧、铈轻稀土化合物,包括丁二酸镧、己二酸镧、柠檬酸镧、邻苯二甲酸镧、对羟基苯甲酸镧、水杨酸镧。β-雷索辛酸镧、邻氨基苯甲酸镧、铬酸镧、柠檬酸亚铈、二氧化铈。选择的铜盐为邻苯二甲酸铜,铅化物为件雷索辛酸铅,复合物为镧/铈焙烧复合物。

燃速测试采用靶线法,红外透过率(T_i)采用 Hw-1 型三路测烟仪,红外波长 1~3 μm,药量 0.5 g,测试压强 8 MPa。

3 结果与讨论

3.1 二元稀土/铜盐组合催化规律

从表 1 可见,当 2.0％稀土化合物与 0.5％邻苯二甲酸铜组合后,在脂肪酸盐中,二元脂肪酸盐的燃速负催化作用均得以加强,而柠檬酸镧的燃速正催化作用亦增强,且平台范围增大,在芳香酸盐中,除邻氨基苯甲酸镧的燃速催化作用增强外,其余带羟基、羧基的芳香酸盐的燃速正催化作用均减弱,但平台催化作用却增强;稀土无机化合物组合后燃速催化作用降低,但铬酸镧的平台压强范围增大。可见稀土与铜盐的组合催化不一定有利于推进剂燃速的提高,但一般却对推进剂平台燃烧性能的改善有利。

从表 2 可见,当邻氨基苯甲酸镧与 0.5％～0.7％铜盐组合时,以与 0.5％铜盐组合催化效果最佳,它使推进剂平均燃速增长 15.09％,且随铜盐含量的增加,平台范围有增宽或向低压延伸的趋势,这一规律与柠檬酸镧/铜盐组合催化规律相似。

表 1 稀土化合物(A)/铜盐(B)二元混合物对 DB 推进剂燃烧性能的影响

稀土化合物	2.0％ A		2.0％ A+0.5％ B	
	$n(p_1, p_2)$	$c_m/(\%)$	$n(p_1, p_2)$	$c_m/(\%)$
丁二酸镧	NPB	−7.60	NPB	−14.38
己二配镧	0.186(14,16) 0.193(18, 20)	−8.24	0.196(16.22)	−13.74
酒石酸镧	NPB	2.33	NPB	1.00
柠檬酸镧	0.174(16, 18)	15.74	−0.098(16, 22)	20.56
邻苯二甲酸镧	0.184(18,20)	5.50	0.073(10.12)	−1.33
水杨酸镧	NPB	15.01	0.160(12, 14) 0.158(18, 20)	−0.28
β-雷索辛酸镧	NPB	14.48	0.189(16, 20)	7.33
邻氨基苯甲酸镧	0.062(18, 20)	10.09	0.103(12, 14)	18.84
铬酸镧	0.059(20, 22)	14.30	0.200(16, 22)	5.24
二氧化铈	−0.024(14, 18)	22.32	0.022(16, 18)	10.63
柠檬酸铈	0.139(20, 22)	13.10	−0.155(20, 22)	17.05

注:NPB 指非平台麦撒燃烧,$n(p_1, p_2)$为 p_1 到 p_2 范围内的燃速压强指数,c_m 为燃速增大比例的平均值。

表 2 稀土化合物/铜盐二元混合物中二者比例对 DB 推进剂燃烧性能的影响

混合物成分		$n(p_1, p_2)$	$c_m/(\%)$
稀土化合物	铜盐		
1.5% 邻氨基苯甲酸镧	0.3% 邻苯二甲酸铜	0.257(20, 22)	8.42
1.5% 邻氨基苯甲酸镧	0.5% 邻苯二甲酸铜	0.102(18, 22) 0.290(16, 22)	15.09
1.5% 邻氨基苯甲酸镧	0.7% 邻苯二甲酸铜	0.188(16, 20) 0.244(16, 22)	13.50
2.0% 邻氨基苯甲酸镧	0.5% 邻苯二甲酸铜	0.040(12, 14) 0.380(16, 22)	20.57
3.0% 邻氨基苯甲酸镧	0.5% 邻苯二甲酸铜	0.106(16, 18) 0.310(16, 22)	13.89

而当组合物中稀土含量在 1.5%～3.0% 变化时,以含量为 2.0% 时燃速催化作用最佳,且随稀土含量的增加,低中压区有出现平台燃烧的趋势,而高压区压强指数亦有增大的趋势。这与柠檬酸镧/铜盐组合作用规律不同。可能与二者所含有机基团的不同导致燃烧分解历程的差异有关。

3.2 二元稀土/铅盐组合作用规律

从图 1 可见,当柠檬酸镧与 0.5% β-雷索辛酸铅组合后,随组合物中柠檬酸镧含量的增加,含量为 2.0% 处燃速催化作用最低,但其平台催化特性却随柠檬酸镧含量的增加而变好。柠檬酸镧为 1.0% 时无平台催化作用,2.0% 时在 20～22 MPa 范围内出现 $n=0.085$ 的平台,而当含量为 3.0% 时 $n(20,22)=0.049$。由于柠檬酸镧本身单独作用时平台压强在 14 MPa 以上,而 β-雷索辛酸铅又属于分解温度较高的高压平台催化剂,故二者"协同"作用使组合催化剂的平台催化压强范围向高压移动。

3.3 二元稀土/稀土组(复)合物的燃烧催化规律

虽然柠檬酸镧和 CeO_2 是 2 种平台催化能力较佳的稀土催化剂,但二者的组合物却未能达到预期的叠加催化作用效果。从表 3 可见,2.0% 柠檬酸镧同 0.5% CeO_2 组合后燃速催化作用下降,且其 16～18 MPa 范围内的平台作用被 8～10 MPa 及 20～22 MPa 的高低压双平台催化所取代,而 2.0% CeO_2 与 0.5% 柠檬酸镧组合后,其燃速催化作用亦下降,但其 14～18 MPa 压强范围内的平台作用拓宽至 12～18 MPa,且在高压区(20～22 MPa)亦出现平台催化。调整组合物中柠檬酸镧和 CeO_2 的比例可见,当两者等比例时,组合物平台燃烧催化能力最佳。且随着二者比例的变化,组合物均使双基推进剂出现高、低压 2 个甚至 3 个平台燃烧区,这对于以同一推进剂实现单室双推力装药设计具有积极的作用。以往研究证明,柠檬酸镧的燃烧催化作用与其在推进剂燃烧表面产生的热亮球有关,而 CeO_2 的燃烧催化作用则与其能促使推进剂燃烧表面产生网络状碳层结构有关。二者组合物的独特催化规律与两种不同催化作用过程的综合作用紧密相关。

焙烧法制镧/铈复合物与非焙烧的镧/铈组合物相比(见表 4),仍具有较可观的燃烧催化作用,且同样具有双平台或多平台催化作用,随镧/铈比例的变化,以镧/铈近似于 1 时的平台催化作用最佳,这与非焙烧二元镧/铈组合催化规律相似。

综上所述,不论采用何种方法,二元镧/铈组(复)合物均可使双基推进剂燃速提高,且在高、低压区分别产生 2 个或多个平台燃烧区,其平台催化性能以镧/铈等比例时效果最佳。

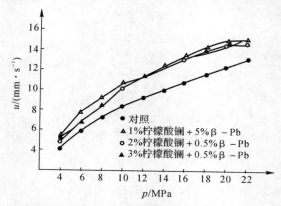

图 1　柠檬酸镧/β-Pb 二元混合物对 DB 推进剂燃速的影响

表 3　柠檬酸镧/CeO₂ 二元混合物对 DB 推进剂燃烧性能的影响

二元混合物成分		$n(p_1, p_2)$	$c_m/(\%)$
柠檬酸镧/(%)	CeO$_2$/(%)		
2.0	0	0.174(16,18)	15.74
2.0	0.5	0.200(16,18) −0.022(20,22)	7.35
1.25	1.25	0.083(6,8) 0.230(12,18) −0.097(20,22)	17.08
0.5	2.0	0.240(12,18) −0.099(20,22)	16.18
0	2.0	−0.024(14,18)	22.32

表 4　焙烧法制备的镧/铈复合物对 DB 推进剂燃烧性能的影响

La/Ce 的质量比例	$n(p_1, p_2)$	$c_m/(\%)$
0.5/1.0	0.178(8,12) 0.061(16,18)	15.12
0.7/0.8	0.163(8,12) 0.249(18,20)	15.48
0.9/0.6	0.165(8,10) 0.025(10,12) 0.171(18,20)	3.87

3.4 二元组合物对双基推进剂红外透过率的影响

由表5可见,柠檬酸镧与铜盐、铅盐、稀土等形成的二元组合物中,以与铜盐的组合物对双基推进剂红外透过率的改善最为有利。而在镧/铈二元组合物中,随铈化物含量的增加,推进剂红外透过率呈递增趋势。

表5 二元组合物对双基推进剂红外透过率的影响

编号	二元组合物	红外透过率/(%)
1	2.0% 柠檬酸镧	34.8
2	2.0% 柠檬酸镧+0.5% 邻氨二甲酸铜	51.2
3	2.0% 镧+0.5%β-Cu	29.5
4	2.0% 镧+0.5%CeO_2	30.7
5	1.25% 镧+1.25%CeO_2	35.1
6	0.5% 镧+2.0%CeO_2	35.9

4 结论

(1)稀土化合物与铜盐的组合虽不一定较单一稀土化合物的燃速催化作用强,但其平台催化作用一般均较单一稀土化合物为佳。芳香酸稀土/铜盐组合催化作用规律与脂肪酸稀土/铜盐组合催化规律不尽相同。

(2)稀土/芳香酸铅组合物对燃速催化作用较强,使双基推进剂在高压区出现平台燃烧。

(3)镧/铈二元组(复)合物的催化作用与镧/铈比例密切相关,其中以镧/铈比为1时组(复)合物的催化作用为佳。该组(复)合物使双基推进剂产生2个以上的平台燃烧区。

(4)二元稀土组合物中以稀土/铜盐组合物对双基推进剂红外透过率的改善最佳,镧/铈组合物中,铈化物增加对红外透过率的改善有利。

参考文献

[1] Rarnan K V, Singh H, Ran K R K. Effect of certain barium and cobalt salts on the burning rate pressure relationship of double base rocket propellants[J]. Combustion Science and Technology, 1986, 45: 213 - 219.

文章来源:推进技术,1997,18(4):69-74.

新型含能催化剂对 Al-RDX-CMDB 推进剂热分解性能的影响

刘所恩　赵凤起　袁潮　陆殿林　李上文

摘　要：PPO 是一种新型的高活性含能燃烧催化剂。已经在 Al-RDX-CMDB 推进剂中得到成功应用。采用 DSC,TG 等热分析测试技术研究了这种含能催化剂对 CMDB 推进剂热分解性能的影响。并从热分析角度讨论了 PPO 的催化燃烧机理。

关键词：含能催化剂；改性双基推进剂；热分解性能；燃速性能

1　引言

　　研究开发新型高活性含能燃烧催化剂是提高固体推进剂能量的一种十分有效的技术手段,也代表了当前燃烧催化剂的一个研究方向,已经受到了普遍重视[1]。

　　PPO(一种有机铅盐,含 Pb 58.51%)就是一种十分理想的含能催化剂,不仅含能,而且催化活性也很高。已经成功地应用在 Al-RDX-CMDB 推进剂中,使得推进剂的比冲得到较大幅度的提高,从而有利于提高中远程武器的射程或增大有效载荷。PPO 作为主催化剂,在配方中其含量只有 1.0%,而使用一般惰性铅盐。含量均在 2.0% 以上。有时甚至高达 3.0% 以上。为了进一步认识 PPO 的催化作用,有必要详细研究它的催化燃烧机理。

　　热分解是推进剂燃烧的前奏和准备[1],在一定程度上推进剂的热分解特性决定着它的燃烧性能。因此研究催化与非催化推进剂的热分解特性也是研究推进剂燃烧机理的一种有效手段。本文采用 DSC(差示扫描量热)、TG(热量分析)技术对催化剂与非催化剂样品进行了常压下的热分解性能测试,从热分析角度探讨了 PPO 的催化燃烧机理。

2　实验

2.1　配方

表 1 是实验所选择的催化与非催化共五个 CMDB 推进剂配方。

表 1　实验配方组成

样品号	双基黏结剂	Al	RDX	PPO/β‑Cu/CB
N‑1	63.9	8	28.1	0/0/0
N‑2	63.9	8	27.1	1.0/0/0
N‑3	63.9	8	26.6	1.0/0.5/0
N‑4	63.9	8	26.3	1.0/0/0.8
N‑5	63.9	8	25.8	1.0/0.5/0.8

注：β‑Cu 是一种有机惰性铅盐催化剂（Cu＝27.50%）。

2.2　含能组合催化剂对 CMDB 推进剂燃烧性能的影响

2.3　测试方法及仪器

采用美国 TA 公司制造的 DSC910S 差示扫描量热仪测试常压及不同压强下的热分解过程，氮气气氛，常压下氮气流速为 50 mL/min，试样皿为铝盘，试样用量约 1.2 mg，升温速率为 10 ℃/min。测试结果见表 2。

表 2　催化剂对 CMDB 推进剂燃烧性能的影响

编号	不同压强（MPa）下的燃速（mm·s⁻¹）					不同压强区间指数 n	
	10	12	14	16	18	10～18	12～16
N‑1	11.41	13.99	16.06	18.53	20.96	1.023	0.974
N‑5	21.87	23.43	24.65	25.80	27.15	0.360	0.334

3　结果与讨论

3.1　常压下 DSC 实验

五个样品在常压下 DSC 实验曲线的数据处理结果见表 3。

表 3　DSC 实验曲线数据处理结果

编号	T_1/℃	T_2/℃	ΔH_{1+2}/(J·g⁻¹)	T_3/℃	ΔH_3/(J·g⁻¹)
N‑1	180.8	205.7	1 014	239.1	237
N‑2	181.8	205.7	1 005	238.4	204
N‑3	—	206.5	1 037	238.3	256
N‑4	—	205.2	1 075	238.9	271
N‑5	—	205.3	1 076	238.4	239

首先分析空白配方样品在常压下的热分解过程。DSC 曲线显示，该样品常压时呈现三个

分解放热峰,没有出现 RDX 的熔化吸热峰。第一个放热峰较弱,且与第二个放热峰相距相近,几乎重叠在一起。分析认为第一个小峰是由于 NG 的挥发吸热峰(也可能有部分发生分解)与 NC 的分解放热峰发生重叠造成的。在配方中,NG、NC 两组分占了很大比例。由文献[1]可知,NG 在常压下受热主要以挥发为主,NC 挥发吸热量最大速率处约为 198℃,而 NC 分解放热最大速率处约为 209℃,这就造成两个峰部分重叠,两峰叠加的结果,就在 DSC 曲线上出现了 180.8℃的小放热峰。205.7℃处的强放热峰是 NC 的分解峰,但峰温比单组分 NC 的分解峰温(209.4℃)提前了近 4℃。239.1℃处的第三个热峰自然就是 RDX 的分解放热峰,峰温也比单组分 RDX 的分解峰温(240.06℃)提前了 1℃左右。RDX 弱的熔化吸热峰此时也被 NC 的放热峰掩盖了,另外,DSC 曲线也未反映出 RDX 的二次分解反应,分析认为,这可能是 NG,NC 的分解产物影响了 RDX 的分解过程而造成的。

现在对含催化剂的四个样品在常压下的热分解过程进行分析。与空白样品对比可发现,单加 PPO 的 N-2 号样品其 DSC 曲线与空白样品很相似,也存在三个分解峰。前二个分解峰的峰温变化不大,放热量也没有明显的变化。RDX 的分解峰温提高了 0.7℃,放热量有所减少,由此说明,将 PPO 单独加入配方中,对双基组分的热分解过程影响不大,而对 RDX 的热分解过程影响较明显。N-3,N-4,N-5 号样品的常压热分解过程则与空白样品有区别。DSC 曲线上均未显示出第一个弱的放热峰,分析认为,由于这三个样品均含有两种以上催化剂(其中一种是 PPO),催化作用的结果使得 NG 的挥发过程变得更加平缓。另外,分解的量也可能增多了,抵消了一部分放热,最大吸热速率处吸热速率减小,与 NC 的最大放热速率处温度差也更加缩小,结果使得小峰不明显。另外还发现铅炭组合或铅铜炭三者组合使用,双基分解峰温均明显提前了,峰面积也增大了,即放热量增大了。RDX 的分解峰温及放热量也有不同程度的提前和增大。铅铜组合除对 RDX 的热分解过程起作用外,对双基的热分解作用不明显,峰温后移了近 1℃。由以上分析可知,PPO 在配方中不能单独起作用,只有与铜盐、炭黑一起组合使用,才能表现明显的催化作用,从而说明含能催化剂也遵循"铅-炭"理论和"铅-铜-炭"理论。

3.2 常压下的 TG 实验

本文将表 1 所列 N-1,N-5 两个配方样品进行了常压下的 TG 实验,表 4 是它们的 TG/DTG 曲线数据处理结果。

表 4　TG/DTG 曲线数据处理结果

编号	参数	第一阶段		第二阶段			第三阶段
		台阶 1	台阶 2	台阶 1	台阶 2	台阶 3	台阶 1
N-1	$T/℃$	161.78	184.01	不明显	不明显	219.47	259.13
	$W/(\%)$	18.11	12.92	不明显	不明显	33.07	17.00
N-5	$T/℃$	167.19	180.41	190.02	204.45	218.27	252.52
	$W/(\%)$	25.13	7.10	5.61	14.55	13.71	15.05

从空白样品的 TG/DTG 曲线看出,推进剂的热分解失重过程分三个阶段,在 184.01℃ 以前第一阶段,显示出两个失重峰,失重量为 31.03%。在 184.01~219.74℃ 之间为第二失重阶段,曲线显示出一个较大的失重台,失重量为 33.07%。在 219.74~259.13℃ 之间为第三个失重阶段,失重量为 17.00%。从曲线可知,四个失重台阶是相互重叠在一起的。分析认为,第一阶段的二个失重峰反映的主要是 NG 的挥发(或分解)失重,部分与 NC 的初期分解失重发生重叠,该阶段失重量与配方中 NG 的含量基本相符。第二个失重阶段的失重峰反映的主要是 NC 的失重,失重峰所处的温度区间与 DSC 曲线 NC 曲线主分解峰温区间相吻合,该阶段失重量与配方中 NC 的含量基本相符.另外 RDX 的部分初期分解失重也与之重叠。第三个失重阶段的失重峰反映的主要是 RDX 的失重,最大失重速率处的温度(231.3℃)与 DSC 曲线上的 RDX 的分解峰温(239.1℃)相对应。在 259.1℃ 以后还剩余 18.98% 的残渣,主要是 Al 粉(一部分被氧化成 Al_2O_3)、未分解完全的小碎片和分解反应生成的炭等。由于 Al 粉在 660℃ 熔化,1000℃ 左右时才被氧化,所以 DSC 曲线上也不可能反映出它的放热峰。

从 N-5 样品的 TG/DTG 实验的结果发现,第一失重阶段也分为两个失重台阶,失重量达到 32% 以上,第一失重台阶的失重量则由空白样品的 18.11% 增为 25.13%,表明该样品在低温区挥发(部分分解)的量较大,也说明在同样条件下,加三元组合催化剂的样品比空白样品分解反应开始的早,反应容易进行。这也可能是 DSC 曲线上未出现小峰的原因之一。第二失重阶段则变得更加复杂,由空白样品的一个失重台阶变为三个失重台阶。这表明加三元组合催化剂后,不仅使 NC 的分解反应提前进行,而且使分解反应复杂化,放热也变得较为缓和。TG/DTG 曲线上第三个失重阶段也只有一个失重台阶,失重量比空白配方少一些,由 17.00% 少到 15.05%,最大失重速率处温度则较空白样品提前近 7℃,这说明含三元组合催化剂样品使得 RDX 的热分解反应变得容易进行了,RDX 先期部分分解失重与 NC 的失重发生重叠,这一结论于 DSC 实验所发生的情况是一致的。另外,从 N-1,N-5 两样品的 TG/DTG 曲线上我们均未发现 RDX 存在二次失重过程,这一点也与它们的 DSC 实验结果相符。

从以上分析情况说明含 PPO 的含能化合催化剂对 CMDB 推进剂中的三种主要含能组分的热分解过程起到了明显的催化作用,不仅提高了推进剂的燃速,更使得推进剂的燃速性能变得容易调节,有利于降低压强指数。

4 结论

(1)PPO 是一种新型的高效含能催化剂,与 β-Cu,CB 组合(总量为 2.3%)使得 CMDB 推进剂获得很好的燃速性能。

(2)PPO 是一种高效含能催化剂,但单独使用对 CMDB 推进剂各组分的热分解反应作用不明显,必须与 CB 和 β-Cu 组合使用才能发挥作用。由此可知,含能催化剂同样遵循"铅-炭""铅-铜-炭"理论。

(3)含 PPO 的三元组合催化剂对 CMDB 推进剂中三种主要组分 NC,NG,RDX 的热分解过程均有不同程度的影响,作用的结果不仅使推进剂燃速提高,且有利于调节燃速性能,降低压强指数。

(4)由热重实验结果可知,含能组合催化剂使 CMDB 推进剂获得好的燃速性能,其原因主要在于改变了 NG,NC,RDX 的分解历程,尤其使得 NC 的分解历程变得复杂化。

参考文献

[1]　周起槐,任务正.火药物理化学性能[M].北京:国防工业出版社,1991.

文章来源:火炸药学报,1997(3):36-39.

含叠氮硝胺的低特征信号推进剂燃烧机理初探

党智敏　　赵凤起　　李疏芬　　李上文　　董存胜

摘　要:利用多种分析方法研究了含叠氮硝胺的低特征信号推进剂的燃烧火焰结构和燃烧前后的表面物化结构,认为燃烧表面的物化结构差异主要表现在燃烧表面叠氮基分解产生大量的氮气并形成了表面多孔性。多孔性增加了燃烧表面和热交换强度,从而增加了燃速。含叠氮硝胺的推进剂的分解燃烧历程与双基推进剂相比的差异主要表现在凝聚相—嘶嘶区的分解产物不同。

关键词:低特征信号推进剂;叠氮硝胺;燃烧机理

1　引言

低特征信号的推进剂将是国外 21 世纪战术导弹的主要能源,而含叠氮基化合物的这一类推进剂正受到国外的重视。含叠氮基化合物主要有两类,一是叠氮黏结剂(如 GAP 等),一是叠氮添加剂(如叠氮硝胺等)。因此,有关含这两类化合物推进剂燃烧的文献报道已逐渐增多,但多偏重于 GAP 类黏结剂。

本文用叠氮添加剂即叠氮硝胺 DATH(1,7 -二叠氮- 2,4,6 三硝基氮杂庚烷)代替硝胺改性双基推进剂中的 RDX。运用推进剂燃烧火焰结构分析和燃烧中止技术以及几种表面分析手段研究叠氮硝胺(DATH)的低特征信号推进剂燃烧表面的物化结构,以便对这一类推进剂的分解燃烧有深入的了解,为以后进一步研究燃烧机理提供有益的信息。

2　实验研究概述

2.1　实验样品

以无溶剂吸收压延工艺制备的含叠氮硝胺低特征信号推进剂样品,实验配方见表1。

2.2　实验方案

(1)利用单幅彩色摄影技术对不同压强下的燃烧过程拍照以观察火焰和燃面的状况;

(2)利用Ⅱ型带状双钨铼微热电偶测温技术对不同压强下从凝聚相区到火焰区推进剂燃烧时的温度分布进行跟踪记录;

(3)利用热重分析仪(TG)研究催化剂中Φ- Pb 和己- Cu 热分解时的质量变化;

(4)利用扫描电镜(SEM)观测燃烧前后样品(N - 1,N - 8,N - 9)的表面形貌,并用电子探针对表面成分进行分析;

(5)利用傅里叶变换红外光谱(FTIR)研究燃烧前后 N-1,N-8,N-9 中叠氮基的变化。

表1　推进剂成分　　　　　　　　　　　单位:%

编号	双基黏结剂	RDX	DATH	DINA	Φ-Pb	己-Cu	CB
N-1	61.5	23.5	15	—	—	—	—
N-2	61.5	23.5	15	—	2	—	—
N-3	61.5	23.5	15	—	—	2	—
N-4	61.5	23.5	15	—	—	—	2
N-5	61.5	23.5	15	—	2	0.5	—
N-6	61.5	23.5	15	—	2	—	0.5
N-7	61.5	23.5	15	—	—	0.5	0.5
N-8	61.5	23.5	15	—	2	0.5	0.5
N-9	61.5	35	—	3.5	2	0.5	0.5

注:Φ-Pb 为邻苯二甲酸铅;己-Cu 为己二酸铜。

3　实验结果

3.1　实验推进剂样品火焰结构

实验对九个推进剂样品进行了 2 MPa,4 MPa,6 MPa 时的单幅彩色摄影和温度分布测定。从照片看,随着压强的升高,燃烧表面的反应加剧,火焰几乎由红黄色变为蓝白色,且暗区变薄,火焰距燃烧表面的距离减小。

2 MPa 压强时燃烧火焰的暗区比较明显,且含有外加炭黑的 N-4,N-6,N-7 和 N-8 推进剂样品在燃烧表面上出现数目不等的亮点。经与样品组成对比,发现这种亮点数目的多少和大小恰好与样品中炭黑的含量成正比。认为对于外加炭黑的实验推进剂而言,外加炭黑在形成亮点时起着重要的作用。N-4 样品中炭黑的量高达 2%,故形成热亮点大而多;N-6,N-7 和 N-8 诸样品分别是 Pb-CB,Cu-CB 和 Pb-Cu-CB 复合催化剂,炭黑此时作为铅、铜盐催化剂的载体吸附了催化剂并在燃烧表面混合熔融成球形。由于吸附在球表面氧化氮的还原放热和 DATH 的分解放热,故形成热亮点。但当压强增加至 4 MPa 以上时,由于燃烧表面反应的加剧,亮点已和表面层相互叠加,从而不再表现出来。

另外,在 2 MPa 时还发现火焰结构照片中有喷射很细的火焰流,认为一部分主要是由 RDX 的喷射燃烧形成,文献[1]中也报道了类似的情况。另外一部分可能是 DATH 在推进剂表面分解后有机碎片随气流上升到火焰中形成。

从燃烧波温度分布实验可以进一步证实火焰结构照片中一些事实。随着压强由 2 MPa 到 6 MPa 的增加,所得到的温度分布曲线从凝聚相到火焰区的斜率在逐渐增加,从而说明随压强增加,表面温度升高,暗区变薄,火焰距燃烧表面的距离减小,这都是由于压强增加时反应的加剧而引起。

3.2 燃烧前后推进剂样品燃烧表面的物化结构

研究燃烧前后推进剂样品燃烧表面的物化结构时使用的是 N-1,N-8 和 N-9 三个样品。

燃烧前用扫描电镜(SEM)对样品表面观察可看到 N-1 样品的表面比较光滑黏结较好而 N-8 和 N-9 样品的表面则比较粗糙,原因可能是催化剂分布的影响。另外,在较高放大倍数下发现其表面上都不同程度地存在着 RDX 晶粒,这可以解释 2 MPa 燃烧时火焰照片中存在 RDX 的喷射流。通过傅里叶红外光谱(FTIR)分析发现 N-1 和 N-8 样品都在波数为 2 100 cm^{-1} 附近有较强的两个吸收峰,而 N-9 样品则无此吸收峰,认为该吸收峰是叠氮基存在时的吸收峰。

中止燃烧后的三个样品在较低的放大倍数下呈现珊瑚状,而在较大的放大倍数下则各不相同。N-8 样品中止燃烧后的燃烧表面如同峰窝状,表面上存在着密集的小孔甚至演变为小洞。N-1 样品表面也存在一些小孔,但不如 N-8 样品那么密集,而且大部分表面呈板结状。N-9 样品则表现为大范围的板结群,板结群中仅有一些裂纹。可以想象,孔的分布密度反映了燃烧反应的剧烈程度,这正好可以解释燃速的结果。中止燃烧后也用红外光声光谱法对 N-1 和 N-8 样品剩余物进行由表及里的分析。结果表明,对于 N-1 和 N-8 样品而言,在波数为 2 100 cm^{-1} 附近随着红外光声光谱扫描速度的递减,该吸收峰的强度在逐渐加强,这说明中止燃烧后的样品由表及里叠氮基的浓度在逐渐加强,同时由谱图可看到在叠氮基吸收峰附近出现腈基的吸收峰,该峰随着红外光声光谱扫描速度的递减,腈基的吸收峰在减弱。

综上所述,认为叠氮基在推进剂表面分解成某种腈基化合物并产生大量的氮气,这可以解释 N-1,N-8 样品的中止燃烧后的表面多孔性。同时,也进一步说明,推进剂表面—N$_3$ 基团已分解完全,中间则处于半分解状态,而更深的区域还未受热分解。

另外,用电子探针对中止燃烧后的三个样品表面成分进行分析,发现表面都不同程度地存在着较大量的碳,从而印证了火焰照片燃烧表面有一致密发光碳层。同时 N-8 和 N-9 样品表面上也存在着铅、铜元素的积聚,印证了热亮球的成分。从失重分析(TG)数据可看到,在 500℃时Φ-Pb 分解失重后仍有 65.12% 的残余量,这与Φ-Pb 分解后最终产物均为 PbO 的理论残余量一致(见图 1)。400℃时己二酸铜分解后仍有 38.8% 的残余量,这与己二酸铜最终分解产物为 CuO 的理论残余量一致(见图 2),因此认为表面上的铅、铜元素是以其氧化物形式存在的。

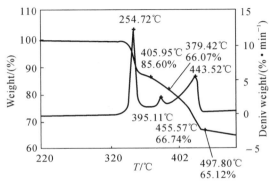

图 1　Φ-Pb 的常压 TG/DTG 曲线

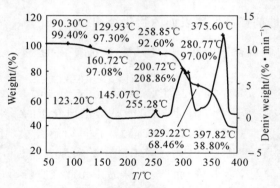

图 2 己二酸铜的常压 TG/DTG 曲线

4 结论

(1)叠氮硝胺 DATH 在双基系推进剂中的引入可以改变燃烧表面的反应状态,这是由于 DATH 有较大的正的生成热且分解能产生大量的氮气和热量而引起的。

(2)DATH 在推进剂燃烧表面剧烈分解生成大量气体 N_2 从而在燃烧表面产生大量的小气孔,这也有利于增加燃烧表面和热交换强度,并使反应程度加剧,从而增加燃速。

(3)含 DATH 的样品燃烧时,DATH 由表及里的受热分解,DATH 分解历程可设想为

$$N_3 - CH_2 - N(NO_2) - CH_2 - N(NO_2) - CH_2 - N(NO_2) - CH_2 - N_3 \rightarrow$$
$$\rightarrow N_3 - R - N_3 + 3NO_2 + Q_1$$

$N_3 - R - N_3 \rightarrow R'(CN)_2 + 2N_2 + Q_2$;$R'(CN)_2 \rightarrow$ 再裂解为其他有机碎片

(4)整个推进剂的燃烧过程在各区的组成见表 2。

表 2 火焰结构各区中的成分

推进剂类型	凝聚相	嘶嘶区	暗区	火焰区
双基推进剂	$R - ONO_2$	NO_2 $RCHO$	NO H_2	CO CO_2 N_2 H_2 H_2O
本实验推进剂	$R - ONO_2$ $R - N - NO_2$ $NO_2 - NR(N_3)_2$	NO_2 $RCHO$ N_2 $R' - (CN)_2$	NO H_2 N_2	CO CO_2 H_2 N_2 H_2O

可见实验推进剂与双基推进剂燃烧物化过程不同,主要在凝聚相嘶嘶区的分解产物不同。

(5)再次证明炭黑的加入对铅-铜复合催化剂形成热亮球起着重大的作用。

参考文献

[1] 王守范. 固体火箭发动机燃烧与流动[M]. 北京:北京工业学院出版社,1987.

文章来源:火炸药学报,1997(3):15-18.

The Interrelation Between the Thermal Decomposition of Lead Salt and the Platonization Mechanism of Double – Base Propellants

Yang Dong   Song Hongchang   Li Shangwen

Abstract: The effects of carbon black, cupric adipate and RDX on the thermal decomposition behavior of lead flake in double-base system are investigated by DSC measurement. The results show that the thermal decomposition peak of lead flake decomposition shifts to lower temperature with the addition of carbon black, cupric adipate and RDX, and the exotherm heat of lead flake increases with the addition of carbon black and RDX. DSC results are compared with the burning characteristics of practical plateau propellants, the chemical reactions involving lead salts near the burning surface are assumed. The mechanism of the effects of ballistic modifiers and RDX on the phenomenon of platonization are discussed.

Keywords: double-base propellant; platonization; thermal decomposition; lead salt

1   Introduction

The inclusion of small quantities of various lead compounds in the double-base propellants results in so called plateau or mesa combustion in certain region of pressure. The burning rate of propellants is increased further and the plateau region is enlarged more by adding small quantities of fine carbon black and copper salts to the propellants (Fig.1). In contrast, the burning rate decreased and the plateau region is reduced by adding heterocyclic nitramine explosives such as HMX, RDX, etc.

The phenomenon of plateau combustion is very beneficial to design higher rocket motor because of its lower value of pressure index n in the plateau region. Many investigations were made to explain the mechanism of the plateau combustion. It is well known that the effect of lead salts on plateau effect of double-base propellants seems to be specific, but up to now the detailed mechanism of the effect of lead salts is still unknown.

This paper researches the effects of carbon black, copper salt and RDX on the thermal decomposition of lead salt in double-base systems by DSC measurement. The results will be compared with the propellants burning characteristics. The conclusion drawn from them is helpful to understand the plateau mechanism.

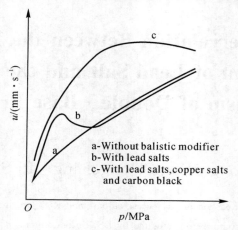

Fig. 1   Burning characteristics of DB propellants

2   Experimental

Recent investigations show that the ballistic modifiers accumulate in the vicinity of the burning surface, for example, the absolute concentration of lead increases 150-fold, though the concentration of them is no more than 5 percent in double-base propellant, that is to say, the effective concentration of ballistic modifiers near the surface is more than that in propellants composition[1]. In order to approach as closely as possible the truth of burning surface, the content of ballistic modifiers here is increased to 20 ± 30 times more than usually used. The double-base systems for DSC measurement are prepared by evenly mixing nitrocellulose(NC), nitroglycerin (NG), lead flake, cupric adipate, carbon black and hexogen (RDX, 10 μm) with ethylacetate and then volatilizing to remove the solvent. The details of double-base systems composition are given in Table 1.

DSC experiments of above samples were carried out on a Shanghai Balance Manufacturer's CDR1 differential scanning calorimeter, using a Ni/Cr-Ni/Si thermoelement and working under static ambient conditions at heating rate of 5℃/min. DSC curves were obtained for the open cell of aluminum. Heat treated $\alpha - Al_2O_3$ was used as reference sample, the sample weight was 2.0 mg.

3   Results

3.1   The effect of carbon black on the thermal decomposition of lead flake

DSC curve of systems 1 – 6 are shown in Fig. 2. When lead flake is used as the only ballistic modifier in the double-base systems, the decomposition temperature of lead flake is 416.5℃ (curve – 1), which conforms with the literature[3]. After the adding of carbon black to the system, the decomposition peak of lead flake shifts to lower temperature, the peak area increases obviously (curve – 2). In the case there is cupric adipate in double-base systems, with the addition of carbon black, the decomposition temperature of lead flake decreases gradually and the exotherm heat of lead flake decomposition enlarges gradually. Fig 3 shows the decomposition heat of lead salt under different weight ratio of carbon black to lead flake concentration.

Table 1   The Details of Double-base System Composition（in%）

No.	NC (12.0% N)	NG	RDX	ead flake	Cupric adipate	Carbon balck
1	35.5	27.3	0	37.2	0	0
2	33.0	25.5	0	34.6	0	6.9
3	31.7	24.4	0	33.3	10.6	0
4	30.6	23.7	0	32.2	10.3	3.2
5	29.6	22.8	0	31.2	10.0	6.4
6	28.0	21.6	0	29.3	9.4	11.7
7	34.2	26.4	0	17.9	14.3	7.2
8	32.7	25.2	4.3	17.2	13.7	6.9
9	31.4	24.2	8.1	16.5	13.2	6.6
10	30.1	23.2	11.9	15.8	12.6	6.4
11	29.0	22.4	15.2	15.2	12.2	6.0
12	27.9	21.5	18.3	14.7	11.7	5.9
13	26.9	20.8	21.2	14.1	11.3	5.7

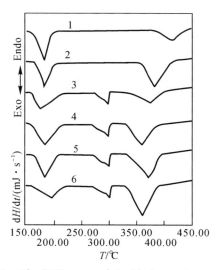

Fig. 2   The DSC curve of double-base systems 1 – 6

3.2 The effect of cupric adipate on the decomposition of lead flake in double-base systems

With the addition of cupric adipate to double-base system, the decomposition peak of lead flake shifts to lower temperature, but the area of peak does not change on the whole (curve – 3 in Fig. 2), which is different from the effect of carbon black.

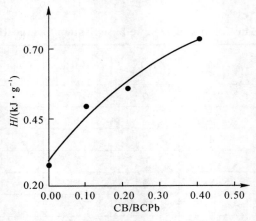

Fig. 3　The decomposition heat of lead flake systems

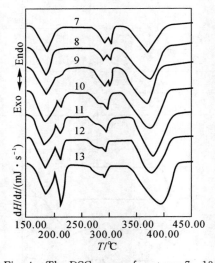

Fig. 4　The DSC curve of systems 7 – 13

3.3 The effect of RDX on the decomposition of lead flake in double-base systems

Fig. 4 shows the DSC curves of samples 7-13. When the content of RDX is smaller (less than 15.2 wt.%), the decomposition peak of lead flake shifts to lower temperature gradually and the area of the peak increases gradually with the increase of RDX. When the concentration of RDX is more than 15.2%, the effect on decomposition temperature is weakened, but the effect of RDX on the decomposition heat of lead flake is enhanced. The relationship between the exotherm heat of lead flake and the concentration of RDX in double-base system is shown in Fig. 5.

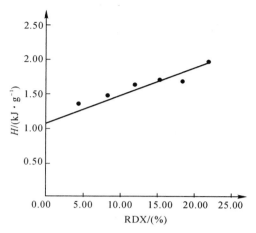

Fig. 5   The decomposition heat of lead flake in systems with different concentration of RDX

3.4   The effect of ballistic modifiers on the decomposition of NC

Many literatures[3] had concluded the acceleration effectof ballistic modifiers on NC. The present paper confirms it.

4   Discussion

4.1   The interrelation between the effects of carbon black on lead flake decomposition and the burning rate of plateau double-base propellants

Fig. 6 shows the relationship between the burning rate(at 17.0 MPa) of a series of plateau propellants and thecarbon black to lead flake weight ratio of these propellants. Comparing it with Fig. 3, it is found that with the increasing of carbon black, the exotherm heat of lead fake in double-base system increases, the burning rate of double-base propellants also increases. The principle of Fig. 3 is rather consistent with that of Fig. 6.

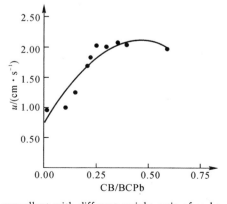

Fig. 6   The burning rate of DB propellant with different weight ratio of carbon black to lead flake at 17.0 MPa

It is known that one of the main products of lead flake is PbO[4]. The increase of exotherm heat with the addition of carbon black means it occurs the secondary reaction involving PbO and carbon black. The assumed reactions areas follows:

$$PbO(s)+C(s)=Pb(s)+CO(g) \tag{1}$$
$$\Delta H=108.68 \text{ kJ/mol} \quad (25℃)$$
$$PbO(s)+CO(g)=Pb(s)+CO_2(g) \tag{2}$$
$$\Delta H=-63.79 \text{ kJ/mol} \quad (25℃)$$

The above reactions are useful in the industry of smelting lead metal[5]. But the general reaction is endothermic, hence a further exotherm reaction is assumed as follows:

$$C(s)+O_2(g)=CO_2(g) \tag{3}$$
$$\Delta H=-393.7 \text{ kJ/mol} \quad (25℃)$$

Under the static ambient condition, lead metal is used as catalyst in the oxidation-reduction Eq. (3), which was confirmed by the investigations on the new structure of carbon.

As the plateau double-base propellants burn, lead metal product from the above reactions plays a key role in the plateau effect. In the case of carbon black absence, carbon quantity produced from the deflagration of nitrate ester is small, so the production of lead metal is small, and the plateau effect is inefficient, the plateau region is narrow. With the addition of carbon black, the production of lead metal increases, then the effect of platonization strengthens.

4.2 The interrelation between the effects of RDX on the lead salts and on the plateau effect

The results from Fig. 4 and Fig. 5 show that the effect of RDX on lead flake decomposition is very similar to the effect of carbon black on lead flake decomposition. RDX is deficient in oxygen, its oxygen balance is -0.216. It was found that even in the case of combustion, RDX produces a large quantities of carbon black[6], therefore, a conclusion is drawn that a certain quantities of active carbon black are produced by RDX deflagration, the active carbon black can react with the product of lead salt decomposition, the mechanism is discussed in 4.1. According to the results of 4.1, RDX should enhance the plateau effect.

The Fig. 7 shows the burning rate u versus pressure p of the plateau RDX – CMDB propellants with different content of RDX. The pressure index n of plateau region are also shown in the figure. It is found that with the increasement of RDX, the pressure index n is reduced. When we judge the plateau effect by the value of pressure index, it is believed that RDX enhances the effect of platonization. These conclusions are also drawn from Raman's and Kubota's work. Raman et al.[9] found the catalytic activity of catalytic RDX – CMDB propellants was higher than that in AP – CMDB propellants. Kubota[8] found that HMX reduced the pressure exponent of the lower pressure region in which the pressure exponent was large without HMX.

4.3　The effect of RDX on the plateau combustion

Now that RDX enhances the effect of platonization, why does the burning rate of plateau double-base propellants decrease and the range of plateau region reduce by adding RDX? It is supposed in this paper that RDX bring about positive and negative effects on propellant combustion. On the one hand, it enhances the effect of platonization by producing carbon black as it burns, on the other hand, it reduces the burning rate and is insensitive to ballistic modifiers because of its chemical structure.

Being different from nitrate ester, the molecular structure of nitramine introduces $N-NO_2$ group, lack of $N-NO_2$ and $-CHO$ groups. The main gas combustion products of itare NO_2, CH_2O, N_2O and N_2 [9-10], the NO_2 content is less than that of nitrate ester and there is not CHO free radical, CHO free radical plays the key role in plateau combustion[11], it is the catalysant of ballistic modifiers[12]. Among the energetic materials used in practice, nitrocellulose producesthe largest quantity of CHO free radical. That is why nitrocellulose is one of the key factors to ensure the burningrate modification and plateau characteristics in smokeless propellants.

As a conclusion, with the addition of RDX to plateau double-base propellants, the burning rate reduces because the ratio of oxidizer to reducer decreases in the gas products of the primary combustion[11,13]. In the mean time, the efficience of plateau combustion weakens with the decreasing of the content of catalysant CHO and enhances with the producing of a certain quantity of active carbon from RDX combustion. The combustion property of propellants is determined by the results of their comprehensive effects. In the designation of RDX – CMDB propellants, reasonable adjustment of the proportion of the lead salts, copper salts and carbon black, which mostly facilitates to exert RDX′s positive effect on platonization, can achieve plateau effect.

<h1 style="text-align:center">Reference</h1>

[1]　Sharma J, Wilmot G B, Campolattaro A A, et al. XPS Study of Condensed Phase Combustion in Double-Base Rocket Propellant with and without Lead Salt-Burning Rate Modifier[J]. Combustion and Flame, 1991, 85: 416 – 426.

[2]　Tianjin Chemical Engineering Institute. Handbook of Inorganic Industry[M]. Beijing: Chemical Engineering Press, 1979.

[3]　Fifer R A. Chemistry of Nitrate Ester and Nitramine Propellants[C]. Kuo K K, Summerfield M, eds. Fundamentals of Solid Propellant Combustion, Progress in Aeronautics and Astronautics, 1984.

[4]　Ma Xiqi, Suo Shuying. The Primary Investigation of the Plateau Catalysts Decomposition[J]. Shaanxi Military Industry, 1982, (2): 40 – 45.

[5]　Wuhang University. Inorganic Chemistry [M]. Beijing: University Education Press, 1983.

[6] Ma Qingyun. The Catalytic Effect of Explosive Combustion[M]. Beijing: National Defense Industry Press, 1982.

[7] Raman K V, Singha H. Ballistic Modification of RDX – CMDB Propellants [J]. Propellants, Explosives, Pyrotechnics, 1983, 13: 149 – 151.

[8] Sumi K, Kubota N. Reduction of Plateau Burning Effect of HMX Based CMDB Propellants[C]. 11th Symposium on Space Technology and Science, Tokyo, 1975.

[9] Palopoli S F, Brill T B. Thermal Decomposition of Energetic Materials 52: On the Foam Zone and Surface Chemistry of Rapidly Decomposing HMX[J]. Combustion and Flame, 1991, 87: 45 – 60.

[10] Lengelle Â G, Duterque J. Combustion des propergols a Á based'octogeÁne[C]. AGARD/PEP Specialists' Meeting on Smokeless Propellants, Florence, 1985.

[11] Song Hongchang. Propellant Combustion Model and the Prediction Method of Burning Rate[D]. Nanjing: Nanjing University of Science and Technology, 1986.

[12] Yang Dong. The Study on the Mechanism and Model for Smokeless/Mini Smoke Propellant Catalytic Combustion[D]. Nanjing: Nanjing University of Science and Technology, 1995.

[13] Kubota N, Ohlemiller T J, Caveny L H, et al. The Mechanism of Super-Rate Burning of Catalyzed Double-Base Propellants [C]. 15th Symposium (International) on Combustion, Pittsburgh, 1974.

文章来源:Propellants, Explosives, Pyrotechnics, 1998, 23: 77 – 81.

改性双基推进剂主要组分的高压热分解特性

刘所恩　　赵凤起　　李上文　　刘子如　　阴翠梅

摘　要:利用高压差示扫描量热仪测试了改性双基推进剂常用的 NC,NG,RDX,HMX 等几种主要组分在常压及不同压强下的热分解行为,揭示了它们的热分解行为与压强的关系,并进一步分析探讨了各组分对推进剂燃烧性能的影响。

关键词:改性双基推进剂;热分解;燃烧性能

1　引言

热分解是推进剂燃烧的前奏和准备。在一定程度上推进剂的热分解特性决定着它的燃烧性能。而推进剂的热分解过程实际上是由各组分的热分解过程形成的。因此,许多学者在研究推进剂燃烧机理时都要先研究它的热分解特性,并对配方中主要组分,如 RDX,HMX,AP等的热分解性能进行单独研究。但这些研究大多只限于常压下,而推进剂在压强下的热分解特性与常压时有很大区别,且推进剂都是在一定压强下工作的,所以研究压强下推进剂的热分解特性则更有意义。有的学者虽然对 HMX 等进行了压强下的热分解研究,但也只针对某一压强点,也发现不了它们的规律性。为了便于详细研究 CMDB 推进剂的燃烧机理,因此很有必要较系统地对 CMDB 推进剂中常用的几种主要组分进行热分解性能研究。本文主要测试了 CMDB 推进剂常用的 NC,NG,RDX,HMX 等主要组分在常压及不同压强下的热分解过程,揭示了它们的热分解行为与压强的关系,并进一步分析探讨了各组分对推进剂燃速性能的影响。

2　实验

采用美国 TA 公司制造的 DSC 910S 差示扫描量热仪测试各样品在不同压强(0.1～7 MPa)下的恒压热分解性能。氮气气氛,试样皿为铝盘,试样用量约 1.2 mg,升温速率为10℃/min。常压(0.1 MPa)实验时采用流动氮气气氛,气流速度为 50 mL/min。

3　结果与讨论

3.1　NC 的热分解特性

根据 NC(含氮量 12.0%)在常压及不同压强下的 DSC 实验曲线的数据进行处理,结果见表 1。

表 1　硝化棉的 DSC 实验数据

p/MPa	0.1	3.0	5.0	7.0
T/℃	209.40	210.46	210.35	210.25
ΔT/℃	59.0	55.5	53.1	49.2
ΔH/(J·g^{-1})	1 654	1 985	2 743	3 130

从 DSC 曲线上可以看出，NC 在常压及压强下只有一个放热峰，说明 NC 的热分解属于固相分解。在压强下，分解峰温受压强变化影响不大。而在常压下，峰温比在压强下还要低 1℃左右，这可能与常压实验时采用流动氮气气氛有关，也可能是 NC 在常压及压强下的分解历程有所区别而造成的。随着压强的增大，分解放热反应发生的温度区间（ΔT）在逐渐变小，说明随着压强的增大，NC 总的分解反应速度也在加快。分析认为这是由于分解的气态产物难于逸出表面，自催化作用加强了而造成的。另外可发现，分解放热量随压强增大而增大，说明压强增大，反应进行得更完全、更彻底。

3.2　NG 的热分解特性

按照 NG 在不同压强下的 DSC 曲线数据进行处理，结果见表 2。

表 2　硝化甘油的 DSC 实验数据

p/MPa	0.1	3.0	5.0	7.0
T/℃	197.68	205.78	206.54	207.12
ΔT/℃	—	45.4	51.2	56.0
ΔH/(J·g^{-1})	−339.5	2 696	2 784	2 881

在常压下，NG 在 DSC 曲线上只显示了一个不很强的吸热峰，证明 NG 在加热条件下全部挥发了，没有发生分解反应。且在 40℃（实验刚开始）就已开始挥发，在约 175℃时挥发加快，197.68℃挥发速率达到最大值，203.3℃时已全部挥发完毕。在压强下实验时，结果则完全不同于常压，曲线上没有出现吸热峰，而是反映了一个强的放热峰，说明在压强的存在下（即使只有 3 MPa），NG 的挥发就受到了抑制。在加热下主要是一个分解放热的过程，且压强增大，NG 的分解放热峰在向后推移，ΔT 也在逐渐增大。分析认为这是由于压强增大使 NG 的第一阶段的单分子分解反应受到一定程度抑制的缘故。但是，另一方面压强增大，又加速了它的第二阶段的自动加速反应，这一点从曲线上可看到，压强增大，曲线上分解峰在降落时倾斜得愈来愈严重，分解峰也变得愈尖愈窄。证明反应放热速度很快，这是由于分解产物在凝聚相中的积聚增强并发生自催化造成的。但总的来看，压强增大，NG 的分解峰温升高了，总的分解反应速度也减小了。这也可能是双基推进剂燃速性能容易调节的一个原因。由此看来，NG 的分解速度主要取决于第一阶段的单分子分解反应。从表 2 可知，压强增大，分解反应放热量也增大了，这也是符合规律的。

3.3　RDX 的热分解特性

RDX 在常压及不同压强下的 DSC 曲线和数据结果分别见图 1 和表 3。

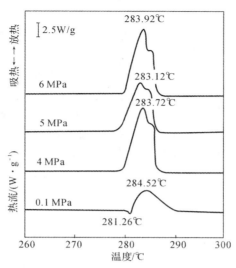

图 1   RDX 在不同压强下的 DSC 曲线

表 3   RDX 的 DSC 实验数据

p/MPa	0.1	3.0	5.0	7.0
$T_1/℃$	205.75	205.77	206.69	206.77
$T_2/℃$	240.06	240.06	239.71	239.05
$T_3/℃$	不明显	252.32	251.79	248.26
$\Delta H_2/(J \cdot g^{-1})$	1 229	2 997	3 106	3 580

由图 1 可知,不论在常压或是压强下,RDX 在 DSC 曲线上 206℃ 左右均有一个很尖的吸热峰,紧接着就是一个强的放热峰。证明 RDX 的热分解属于液相分解,而且是在熔化以后紧接着就开始进行分解,240℃ 左右分解放热速率达到最大。从 0.1 MPa 到 3 MPa,DSC 曲线上吸热峰和放热峰均在变高变大。在压强下实验时,随着压强的增大,吸热熔化峰逐渐后移,而放热峰则在逐渐前移,说明 RDX 的分解速率随压强的升高而后增大。从 DSC 曲线上还可以发现,RDX 存在二次分解反应,且随着压强的增大,二次反应愈发明显,分解放热峰也逐渐前移。另外,表 3 结果显示,RDX 分解反应放热量也随压强增大则明显增大。所有这些都表明:RDX 的热分解对压强是十分敏感的,从而导致含 RDX 的 CMDB 推进剂的燃速对压强的敏感程度也增加,这也正是为什么含 RDX 推进剂燃速调节困难、压强指数也较高的原因所在。由于 RDX 分解以前首先要在 206℃ 左右吸热熔化,而 206℃ 正处于推进剂燃烧波结构中的亚表面反应区,RDX 的吸热熔化必然要影响推进剂在该反应区的分解,这正是双基推进剂中引入 RDX 后使燃速下降的原因所在。

3.4   HMX 的热分解特性

HMX 在常压及不同压强下的 DSC 曲线和数据结果见图 2。由图 2 可知,HMX 的热分解规律与 RDX 相似,也属于液相分解,同时也存在二次分解反应。与 RDX 区别较大的是:

HMX 的熔点较高,达 281℃左右,而 RDX 的熔点约 206℃左右;HMX 的熔化吸热峰比 RDX 的小,在压强下,DSC 曲线上更未显示出此吸热峰。而 RDX 在压强下的吸热峰则更强一些。可能是由于 HMX 受压强的作用,在熔化的同时就开始分解并放出大量热,掩盖了 HMX 的熔化吸热现象;HMX 熔化以后分解迅速,放热峰与吸热峰(常压)的峰温差只有 3℃左右,压强下 DSC 曲线上则吸热峰不明显,而 RDX 的该两峰温则相差 34℃左右。由此可以推断,HMX 虽然分解温度比 RDX 高一些,但分解反应速度要快得多。所以在相同的基础配方中,加入 HMX 的推进剂燃速要比加入等量 RDX 的推进剂燃速高一些。HMX 在压强下,吸热峰消失,而二次反应分解峰则很明显。且放热量比常压下高出一倍多,压强愈高,放热量愈多,但主分解峰温相差不大。因此认为,在配方中引入 HMX 虽然也要影响它的燃速特性,但压强指数应该比引入 RDX 的配方低。

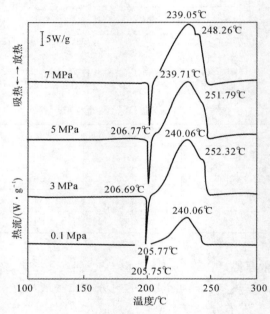

图 2　HMX 在不同压强下的 DSC 曲线

4　结论

(1)NC 属于固相分解,压强增大,分解反应速度增大,放热量也增大,反应更彻底。

(2)NG 在常压下只挥发,不分解,在压强下则全部分解,且压强增大,虽放热量增大,但分解反应速度在减小。这可能是双基推进剂燃速性能好的一个主要原因;

(3)RDX 的热分解属于液相分解,且存在二次分解反应,分解反应速度对环境压强十分敏感,从而导致含 RDX 推进剂燃速较低,燃速压强指数也较高;

(4)HMX 的热分解规律与 RDX 相似,也属于液相分解,也存在二次分解反应过程。但配方中加入 HMX 不会明显降低燃速,燃速性能也不会像加入 RDX 那样较难调节。

文章来源:火炸药学报,1998(2):27-29.

双基系推进剂用生态安全的含铋催化剂

赵凤起 李上文 蔡炳源

摘 要：综述了生态安全的含铋催化剂对双基和 RDX－CMDB 推进剂燃烧性能的影响，分析比较了铋化物和铅化物的催化作用。分析结果表明，粒度小、分散性好的铋化物能够取代生态安全性差的含铅燃速催化剂用于双基系推进剂中。

关键词：生态安全；铋化物；双基系推进剂；催化剂；燃烧

1 引言

铅化物是双基系固体推进剂极为重要的燃速催化剂，它们的加入，不仅能够使推进剂的燃速增加，压强指数降低，而且也可使某一温度范围内的燃速温度敏感系数降低。但是，在过去的数年间，用铅化物改良双基推进剂的一个缺点已经引起了广泛的注意，那就是铅化物的毒性问题。铅通过制备、实验、使用以及推进剂药柱的处理和火箭发动机排气等环节给工作人员和环境留下直接或潜在的危害，这已成为人们关心的焦点。另外，铅化物也是一种烟源，铅盐燃烧分解生成氧化铅或直接加入配方中的氧化铅在发动机排气中为白色或浅蓝色（青色）烟，对导弹的制导不利。这种对铅化物毒性和烟特征信号的关心已经成为发展非铅催化剂的动力。早在 20 世纪 80 年代初期，我国便开展了非铅催化剂的研究，资料报道了国内外对非铅催化剂的研究及其应用情况。俄罗斯从生态安全的角度阐述了摒弃铅化物的重要性，并说明了某些物质在工作区的空气中允许的最大浓度（MPC）和危险性等级。俄罗斯认为，铋化物是一种生态极为安全的燃速催化剂，它们的低毒性和与铅化物类似的催化作用特性使其取代铅化物具有光明的前景。本文综述了俄罗斯在铋化物研究方面的工作，并同铅化物的催化作用进行比较。

2 铋化物对双基推进剂燃烧性能的影响

早在 40 年代，莫斯科门捷列夫化工学院的 K. K. Andreev 教授就对铋化物作双基推进剂的燃速催化剂进行了研究，但是鉴于当时所用铋化物的分散性欠佳（粒度较大）以及所选推进剂配方的不合适，添加的铋化物对推进剂催化燃烧没有取得较明显的效果。近年来，粒度较小的铋化物的应用，产生了良好的催化效果，使得铋化物又重新得到了广泛的重视。

在含 1.2% 二苯胺（DPA）安定剂的双基推进剂中，粒度约为 5 μm 的 Bi_2O_4（Bi_2O_3 和 Bi_2O_5 的混合物）被用做催化剂。不同含量的 Bi_2O_4 对推进剂燃烧性能的影响不一样，催化剂的催化效率 $Z = u_K/u_0$，u_K 是催化试样的燃速，u_0 是空白试样的燃速，n 为压强指数。在 4 MPa 下，当 Bi_2O_4 的含量从 0 增加到 3% 再到 5% 时，推进剂的燃速从 7.2 mm/s 增加到 10.0 mm/s，再到 12.4 mm/s。催化剂增加到 6%，它使推进剂的燃速有所降低。随着压强增加，Z

值降低,结果导致压强指数在 4 MPa 以上从 0.77 降到 0.5 再到 0.4。添加少量(0.2%)的炭黑能够大大加强 Bi_2O_4 的催化效果。在 2 MPa 时,加入 1% 的炭黑,可使 Z 值从 1.35 增加到 2。这说明,炭黑对铋化物的燃烧催化有着重要的辅助作用。此外,有机铋盐和炭黑混合物有类似的影响。

使用 $1\sim2$ μm 的草酸铜与铋化合物复合并加入 NC-NG-DNT-DPA 推进剂中,催化剂总含量为 5%。结果表明,草酸铜引入代替部分 Bi_2O_4,使得较低压强范围内的燃速增加,在 2 MPa 时燃速增加 80%~100%,在 6 MPa 以上燃速降低,其结果导致压强指数显著降低。对于 NC-NG-DNT-DBP 推进剂,5% Bi_2O_4 在所研究的压强范围内(2~10 MPa)使推进剂燃速增加,同时降低压强指数到 0.4。草酸铜单独加入配方后,导致燃速降低,Bi_2O_4 和草酸铜以某一比例加入推进剂后,可以在低压范围内提高燃速,如在 2 MPa 下,燃速从 3.4 mm/s 增加到 7.2 mm/s,再到 7.7 mm/s;加入 1.5% Bi_2O_4 和 3.5% CuC_2O_4,6 MPa 以上推进剂产生平台效应($n=0$);2% 的 Bi_2O_4 和 3% 的 CuC_2O_4,在 4 MPa 以上燃速对压强的依赖性很弱。由此看来,铋化物和铜盐的复合对双基推进剂的催化有较好的"协同作用"。

3　铋化物对 RDX-CMDB 推进剂燃烧性能的影响

选用 RDX-CMDB 推进剂配方:37% NC,33% NG,28% RDX,2% 工艺添加剂。

结果表明,Bi_2O_4 和 $Bi(OH)_2$ 实际上对该种推进剂的燃烧过程影响不大。加入炭黑后,铋化物对推进剂的燃速产生了明显的催化作用,即使在较高压强下的情况下亦是如此,如 1.5% $Bi(OH)_3$ 加入 0.7% CB,在 2 和 12 MPa 压强下 Z 值分别是 2.7 和 2.1,Z 随着 CB 量的变化有其极大值。铋化物和炭黑复合除了增加燃速之外,也极大地降低了某压强区间的压强指数。在所研究的压强范围可看到,催化剂具有催化的高效性,尤其是当催化剂总量降为 3%,催化剂之间比为 2∶3 时,见表 1。

表 1　炭黑对含铋化物的 RDX-CMDB 推进剂燃烧性能的影响

催化剂		2 MPa 压强		8 MPa 压强		12 MPa 压强		压强指数 n	
铋化物	炭黑/(%)	u	Z	u	Z	u	Z	6~12 MPa	8~16 MPa
Bi_2O_5 1.5%	0	5.7	1.1	10.6	1.1	13.8	1.1	0.63	0.67
	0.7	12.5	2.4	22.1	2.3	25.0	2.0	0.40	0.4
	2.0	13.0	2.5	24.1	2.5	25.0	2.0	−0.06	0.1
	3.5	11.3	2.0	20.2	2.1	23.8	1.9	—	0.4
$Bi(OH)_2$	0	6.8	1.3	11.5	1.2	13.8	1.2	0.63	0.63
	0.7	14.0	2.7	24	2.5	26.3	2.1	0.23	0.23
	1.5	12.5	2.4	22.1	2.2	22.8	1.9	0.29	0.30
	2.5	11.5	2.2	17.3	1.8	19.6	1.7	—	0.51

4　铋化物和铅化物催化作用的比较

铋化物对双基推进剂燃烧性能的影响,与含铅催化剂类似。在不少于 3%~5% 增塑剂

(DNT,DBP 等)的推进剂中,两种催化剂体系均能加速推进剂的燃烧,降低某压强范围的压强指数。如对配方为 57% NC,28% NG,11% DNT,4%工艺附加物的双基推进剂,铋和铅的氧化物的催化作用如表 2 所列。表 2 说明,1.5% 的 Bi_2O_5(粒度<1 μm)对推进剂燃烧的影响与高分散性的氧化铅有同样的作用,这些添加剂随着压强增加 Z 值降低,压强指数是空白配方的 $1/4 \sim 1/3$。

表 2   铋和铅的氧化物对推进剂燃烧性能的影响

添加剂	Z			n (2~10 MPa)
	2 MPa	4 MPa	8 MPa	
无	1.0	1.0	1.0	0.7
1.5% PbO_2	2.2	1.4	1.0	0.2
1.5% Bi_2O_5	2.2	1.46	1.0	0.3

将上述铋化物的催化作用效果和文献报道的有关结果进行比较可发现,像含铅催化剂一样,如果铋化物和生态安全性极佳的铜化物(铜和铜的衍生物的 MPC 比铅化物高 10~100倍)一起加入双基推进剂中,它们可极大地提高燃速,较好地降低压强指数,并且和 Pb - Cu 催化有类似的调节和控制燃烧性能的规律。铋化物同铅化物一样,几乎对不含除 NG 之外的其他增塑剂的 RDX - CMDB 推进剂的燃速没有影响,但无论如何,铋化物和炭黑一起加入推进剂中却产生了极好的增速作用,它们的作用效果与 CB 的含量有关,且有一极大值,这也可从铅化物和 CB 对 RDX - CMDB 推进剂燃烧性能的影响中观察到。

5   结束语

在世界各国日益注重环境保护、防止生态污染的今天,开发生态安全的铋化物在双基系推进剂中的应用研究十分必要。不同的铋化物对于某些双基系推进剂来说是相当有效的燃速催化剂。值得注意的是,铋化物的催化效果与其粒度和在推进剂中的分散性密切相关。从铋化物和铅化物催化作用的比较看,粒度小、分散性好的铋化物能够取代生态安全性差的含铅燃速催化剂用于双基系推进剂中。

文章来源:火炸药学报,1998(1):53 - 55.

火炸药燃烧应用基础研究的建议

李上文　　赵凤起

摘　要：总结了"火炸药燃烧国防科技重点实验室"自建设开始的七年内所开展的工作,并结合国外火药燃烧研究的动向,对火药燃烧应用基础研究的方向提出了建议。

关键词：火药；燃烧；基础研究；研究方向

火药是现代武器的动力源泉,火药的燃烧性能直接影响着武器的射程、射速和精度。火药燃烧是武器发射和推进技术的基础学科之一,对火药燃烧所进行的研究历来是火炸药技术中最活跃的研究领域,因此深入地开展火药燃烧过程的研究,揭示其内在的本质规律,有效地调节和控制火药的燃烧性能将为火炸药技术的发展和身管武器以及火箭、导弹更新换代提供可靠的技术和理论技术。正是基于上述考虑,由原国防科工委和兵器工业总公司投资的面对整个国防系统的"火炸药燃烧国防科技重点实验室"已于1996年在204所建成并运行三年。从实验室建设开始到运行的近七年的实践及结合国外火药燃烧研究的动向,我们对今后火药燃烧应用基础研究的方向提出如下几点建议,供领导和有关同志参考。

1　充分发挥已有的实验条件的作用,为武器装备和重点预研中与燃烧有关的技术问题的解决提供技术支撑

本实验室目前已建成有十个燃烧研究实验系统:

(1)火炸药其相关物的热分解实验系统；

(2)发射药点、传火模拟实验系统；

(3)发射药静态高压燃烧实验系统；

(4)发射药动态高压燃烧实验系统；

(5)液体发射药喷雾燃烧系统；

(6)固体推进剂稳态燃烧实验系统；

(7)固体推进剂不稳定性燃烧实验系统；

(8)固体推进剂羽烟特性实验系统；

(9)火炸药燃烧转爆轰实验系统；

(10)激光光谱燃烧诊断实验系统；

另外,还有一个计算机图形工作站。

以上十个实验系统和工作站在实验建设过程和运行的七年期间,已陆续为"八五""九五"期间的国防科技重点预研项目和型号研制中与火药燃烧有关的技术问题的攻关提供了技术支撑,配合解决了如下问题:为N-15高能推进剂研究其燃烧机理提供了降低压强指数的技术

途径;为重型反坦克导弹增速发动机工作过程中制导信号误码找到了原因;为新型的高能硝铵发射药测出高压下压强指数,证明高压下指数未出现转折,从而为该发射药药定型和实际应用提供了充分的数据;为 5.8 mm 枪的枪口烟焰进行了定量的测定,为新的枪用发射药减少烟焰,提供了方向;为低特征信号推进剂的预研提供了较全面的特征信号数据和较先进的烟雾分类方法……以上均获得了上级机关的好评。

今后我们将一如既往地紧密地配合型号和国防重点预研题目的需要,继续提供技术支撑。同时对 N-15 高能推进剂、低特征信号推进剂、GAP 推进剂、Cl-20 推进剂、叠氮硝铵发射药、液体发射药等新型火药的燃烧机理、燃烧规律进行深入的研究,并对 Cl-20,ADN,新型硝胺、纳米催化剂和纳米金属粉等国际上热门的具有发展前景的新含能材料的热分解和燃烧催化规律及机理进行跟踪、探索,为"十五"以后开展重点预研提供新的技术增长点。

此外,我们还将利用实验室评估后国家的补充投资,重点充实一些新的仪器和设备,更换个别老化的仪器,购买必需的软件,以进一步提高实验室的技术水平。

2   从化学角度加深对火药燃烧问题的理解

当前人们对火药燃烧的认识和分析基本上属于热物理学范畴。这些限制是由于人们对及火药燃烧中起决定性作用的化学过程缺乏认识而造成的,于是就忽略了在固体火箭发动机和枪炮身管中的气相化学反应和有限速率的气相化学反应动力学的影响。例如现有的不稳定燃烧理论就过于简化,过于偏重热物理学了,因而也就缺乏真实性。缺乏真实性的另一个例子是,利用常规的燃速理论不能很好地解释固体推进剂燃烧时形成平台和麦撒的特殊化学反应。即使是现在公认的"铅-炭催化理论"也是推论多,实验证据少。因此应设计各种实验方法弄清在推进剂凝聚相(它的分解反应是固体推进剂燃速的控制步骤)的确切的化学反应历程。为此采用 LIF,CARS 和温度突跃 FTIR 研究燃烧分解的反应组分;采用扫描电镜——能谱仪研究熄火推进剂熄火表面的形貌和熄火表面附近的元素分布;采用"三明治"(夹层)燃烧方法研究催化剂作用部位;采用专用的化学反应系统研究凝聚相附近 NO_2 和 CHO 的反应及 AP 的分解爆燃反应等是很有必要的。

1986 年,宋洪昌教授提出的从配方化学组成预估火药燃烧性能的方法与以往"依据燃烧过程中能量和质量输运现象,按实验观测建立物理模型后导出数学模型,对燃烧的化学过程处理得比较简单"的方法完全不同。该理论模型是由分析推进剂的化学结构与特征反应着手,结合质量输运建立了化学-数学模型。模型中把燃速表示为压强和火药组成的函数,避免了计算热传导、反应活化能和热效应等参数,通过分析火药燃烧初期分解产物中相对不稳定基因[CHO]可能裂解过程,可定性地解释平台推进剂超速燃烧、平台、麦撒现象,为把化学和物理学结合在一起研究燃烧理论迈出了可喜的第一步,具有中国自己的特色,已开始为国际上所认识。我们认为他们研究工作的方向是正确的,今后也应大力提倡我国的科技人员从化学的角度去研究、探索、认识火药的燃烧过程,建立更合理的以化学物理为基础的新燃烧理论。

3   深入进行高压燃烧研究

对于固体推进剂来说,其燃烧研究多是在火箭发动机工作压强下(5~10 MPa)进行的。

近年来由于大型发动机壳体材料强度的提高，发动机工作压强可以提高到 10～15 MPa。由于比冲是随发动机工作压强提高而提高的，当推进剂不变时发动机工作压强提高将对发动机比冲增加带来明显的增益，这比重新研究一个能量高的配方要容易得多。此外，单室双推力发动机、反坦克火箭发动机等也需要高压下燃烧的推进剂，因此对于各种固体推进剂特别是复合推进剂，在高压（15～30 MPa）下燃烧性能研究将是今后研究的热点之一。

而对于常规枪炮发射到来说，其工作压强已高达 100～300 MPa，而高膛压火炮工作压强可高达 400～500 MPa，因此各国均竞相在高压领域下开展对发射药燃烧的印究。我们已建立了压强高达 600 MPa 的燃速仪，并申请了专利。其工作原理新颖、富有特色受到来参观的美国和俄罗斯专家的赞扬。我们应继续利用该仪器为我国高能硝胺发射药和叠氮硝胺发射药的静态高压燃烧特性研究，进行更深入的预研，并与动态高压模拟燃烧实验系统相配合，为新型的叠氮硝胺推进剂燃烧性能改进和尽快应用于型号中做出贡献。

4 积极开展贫氧（富燃）推进剂燃烧的研究

自 1967 年苏联的 SA－6 地空导弹首次投入使用以来，固体火箭冲压发动机（SPRR）在世界各国得到快速的发展。SPRR 的优点是其海平面比冲为固体火箭发动机的 2～4 倍（这对长射程导弹是非常重要的）和推进系统体积减小 30%～40%。它已应用于地—空导弹中。在远程空—空导弹和大口径增程炮弹中也有良好的应用前景。

我国兵器部 845 厂和航天部 31 所早在 20 世纪 70 年代就开展过贫氧推进剂研究，中间一度停止研究。近年来航天 42 所和 31 所又开始了新的贫氧推进剂的研究。考虑到贫氧推进剂具有明显的发展前景，建议兵器系统应恢复贫氧推进剂的研究。在 SPRR 发动机中，贫氧推进剂的分解与燃烧；贫氧的冲压空气进入燃烧室与富燃的燃气混合点火、燃烧及其燃烧效率等，均为崭新的燃烧研究课题，亟待研究解决。建议开展该领域的燃烧方面的研究，为其实际应用奠定技术基础。

文章来源：中国兵器火炸药技术专家委员年会，杭州，1998.

利用生物技术，推动火化工、环保、军事等方面的技术创新

李上文　　赵风起

摘　要：讨论了生物技术对于推动火化工、环保、军事等领域技术创新的作用，提出火炸药行业在硝酸酯化合物研究方面的技术积累可在含硝酸酯(硝基)药物的发展中发挥重要作用。

关键词：生物技术；火化工；环保；军事；硝酸酯

1　引言

人类近代史发展特别是当今世界竞争表明，哪一个国家善于创新，他就发展得快，就强大，就处于世界领先的地位，反之，就落后，就要挨打。国与国之间的竞争实质上是创新的竞争，因此，以江泽民为核心的党中央纵观世界发展历史和现状后提出："创新是一个民族的灵魂，是一个国家兴旺发达的不竭动力"。江总书记今年参观北大时又说："如果不能创新，不去创新，一个民族就难以发展起来，难以屹立于世界民族之林。"他在今年接见两院院士时又强调说："科技创新已越来越成为当今社会生产力的解放和发展的重要基础和标志。"他号召广大科技工作者"进一步弘扬我们民族的伟大创新精神，加快建立当代中国科技创新体系，全面增强我国的科技创新能力，这对于实现我国跨世纪发展宏伟目标，实现中华民族的伟大复兴是至关重要的。"

兵器工业系统技术创新工程是整个国家技术创新体系的重要组成部分，我们应与中科院、各高等院校及中央和地方的科研院所，共同为实现党中央提出的十五年技术创新目标而奋斗。

本文着重讨论生物技术对于推动火化工、环保、军事等技术创新的作用，也涉及立足火炸药行业的特长，大力发展含硝酸酯(硝基)药物的设想以及若干建议，仅供领导和专家们参考。

2　生物技术的发展趋势

生物技术是当今分子和细胞水平上，通过对遗传本质的深入认识，在人工改变生物某些遗传的研究基础上开辟出来的一个新的应用研究领域，它对解决社会经济发展中所面临的医药保健，环境污染和食品匮缺等方面问题将产生巨大的影响，因此已引起各国政府和企业的高度重视。近年来，世界发达国家和一些发展中国家特别加强生物技术的开发。而在涉及很宽的生物技术领域中，生物化工是一个重要分支，其发展方向有以下八条。

(1)改造传统发酵产品的生产技术，不断提高发酵法酒精、总溶剂、有机酸等产品的生产技术水平。

(2)发展单细胞蛋白、氨基酸等产品的工业生产，开展生物固氮、蛋白质工程等现代技术研究。

(3)用微生物法代替化学方法开展基础化工产品的工业化生产研究。

(4)大力开发众多的精细化工产品,如微生物多糖、生物色素、酶制剂、甜味剂、表面活性剂等。

(5)开发生物医药和农药产业,促进医疗保健事业和农业的发展。

(6)大规模开发生物化学工程及装备等产业化支撑技术,开发生物反应器,提高我国生物化工产品分离和提纯技术。

(7)利用生物化工技术治理各种污染,保护环境。

(8)开展再生资源—纤维素的工程研究,为基本有机化工开拓新的原料来源。

以下仅就其中的微生物净化环境、生物降解塑料和生物技术在军事上的应用等方面分别作简要介绍。

3　用微生物净化环境与炸药固体废弃物污染的治理

在品目繁多的洗涤用品中,加酶洗衣粉以其对奶渍、油污的特殊洗涤效果而深受家庭主妇的欢迎。它的奥妙在于里面添加的酶是一种可分解蛋白质的微生物,明显地提高了洗衣粉的去污力。按照同样的道理,是不是也可以找到一种清洗土壤、净化环境的微生物呢?最近,国外出现了一种用微生物净化环境的新技术取得可喜进展,堪称环境综合治理的又一支生力军。

3.1　环保微生物

1997 年,美国的一个房地产商在尼亚加拉市的运河边兴建了一片住宅,用户入住不久,地下室墙面变色、脱落,找业主交涉后得知既非施工的原因,也不是材料问题,用户投诉无门。后经地方环保部门出面调查才真相大白,原来多年前这里是附近几家工厂工业废料的填埋场,土壤中残留的有害化学成分腐蚀地下室墙体,导致墙面褪色、脱落。这场轰动一时的住宅质量纠纷案引起了人们对土壤环境的重视。在联邦政府的大力支持下,科罗拉多州的 ECOAN 公司找到了一种喜食甲烷的微生物,利用这一特性用甲烷大量培植,再经反复选择、诱变,得到了一种可分解工业废料中主要成分三氯乙烯的工程菌,在此基础上又陆续培育出了可分解强毒性汞化合物的耐汞菌、分解氰化物的生物工程菌等一大批环保微生物。这些微生物的协同作用使土壤中的有毒成分得到降解。

此后,美国的环保专家开发了一种土壤治理技术。他们把环保微生物与表面活性剂搅拌成一种特殊泡沫。这些泡沫的直径只有 $0.02~\mu m$,因此很容易渗入待清洗的土壤中,让泡沫在土壤中缓慢流动,将有毒化学物质尽数分解。而泡沫溶液经回收处理、补充新的微生物后再重新利用。

3.2　用微生物净化石油污染

1991 年海湾战争期间,伊拉克军队炸毁了数百口科威特油井,使那里 20% 的土地受到石油的严重污染。战争结束后,这里的土壤净化便成了世界上规模最大的环境净化工程。当时科威特大学的专家找到了一种以原油为食的新菌种。这种细菌的细胞外表有一层由类脂物构成的膜,而这种细菌的类脂物占细胞整体的 $20\% \sim 30\%$,这一特征使它更易于黏附原油。细胞表面多凸凹是它的又一特征,细胞外表面积增大有效地提高了对石油这一营养源的吸收能力。

处于高温干旱地区的科威特,水源奇缺,菌种的培植又需要大量的水。为此,净化工程的施工之初,首先将污染的土壤翻起,分割成一方方田畦,通过管道向田中灌注含菌液的水让这一新菌种吞食渗入土壤中的石油。用这种方法清除了三分之一受污染的土地,剩余部分尚未找到可行办法,专家们正在寻找一种更为有效的微生物。

3.3 用微生物净化地下水

对工业污水中的主要有害成分三氯乙烯具有分解能力的细菌,在污染浓度超过一定值时细胞就无法再分裂。美国已开发的一种"G4"菌株,可将这一浓度提高 10 倍,它在高污染地区也可以使用。1994 年,日本发现的"M 菌株"将这一浓度提高了 20 倍。1995 年日本政府开始一项地下水净化工程,投放"M 菌株"以后,受高浓度污染的地下水已恢复到自然水质标准。

专家们利用基因重组技术繁育的一些微生物新种已陆续面世。日本的科学家通过遗传工程学原理用多种酶在 DNA 上组合,人工合成出了可以大范围分解有毒物质的微生物。但是,这些微生物新种大量投放到自然环境中,有可能对生态平衡造成破坏,尤其用基因重组技术人工合成的微生物对现有生物链的威胁已经引起各国科学界的高度重视。

3.4 微生物扫雷

由于历年战乱,一些国家边境和武装冲突地区埋有几百万颗各种地雷。有些是塑料壳的,很难探测出来。因此给这些国家的居民、小孩带来悲惨的后果,每年均有大量人员因误踩地雷致伤、致死。而探雷的人员也时有伤亡。对于用金属探测的方法无法查找的地雷,国外已发展一种专门的微生物探雷法。即收集到一种专门的酶菌撒在雷场上,酶菌以地雷中的炸药为食物迅速繁殖起来,并放出特殊的荧光,这样人们就可以清楚地判定地雷的位置,采取措施把它取出并销毁之。

3.5 炸药固体废弃物污染的治理

3.5.1 火炸药固体污染物治理现状

国外工业发达国家的火炸药"三废"污染已基本解决,已从单项治理进入"预防为主、综合治理"阶段,研究重点已从传统污染治理,向防治危险废弃物和恶性安全事故造成的污染方向发展。美国等西方国家,1975 年以后开始采用弹药废弃物资源化、无害化等其他更经济有效的方法,先后研制出气幕式、流化床、转窑式等十几种焚烧炉,其中后两者最具有潜力,具有造价和维护费用低、操作简单、污染控制效率高等优点,转窑焚烧炉法在 20 世纪 80 年代初得到较普遍的应用。此外,对热解固体废弃物所产生的热能加以利用,用于加热器、干燥器、采暖等等,也是污染治理资源化的一个成功例子,而且安全可行,对环境无害。20 世纪 80 年代初开始进行微生物堆肥法研究,可以方便、有效及无污染地处理固体废弃物中的 TNT,RDX,HMX 中其相应的衍生物,目前正在建造一定生产规模的堆肥处理厂。

3.5.2 治理炸药污染的新方法及其工艺

炸药污染中以 TNT 生产中的环境污染最为严重,生产工序中排出的酸性废水(黄水)以及由制片、包装工序排出的含 TNT 的废水(红水)这两部分废水总称为 TNT 酸性废水,其沉淀物被炸药污染,形成固体废弃物,对环境造成污染。据报道,污泥中 TNT 含量高达

200 g/kg。其他污染的炸药及其衍生物有 RDX,HMX,Tetryl,2,4-二硝基甲苯、2,6-二硝基甲苯以及硝化纤维素等等。目前治理方法有化学氧化、碱解、焚烧、堆肥、水化热分解、湿空气氧化、微波脉冲技术、伽马射线辐射、熔盐焚烧、紫外氧化、中和法、气流分离法、气流氧化法、吸附法等等。下面将重点介绍利用微生物降解的堆肥法。

堆肥法是利用微生物降解有机材料的工艺,最终结果是产生无机和有机副产物、热能、二氧化碳及水,对环境无害,并可产生可利用的热能。堆肥法所需的基本材料是:碳、氮、氧、水分、各种矿物质和嗜热微生物,可采用原料品种繁多,如纸板、垃圾、稻草、杂草、土豆、树叶和饲料等均可作生物降解的碳源,垃圾、肥料、淤泥以及诸如硝酸钠化学品可作氮源。其影响参数包括湿度、温度、参与物质的生化性质、有机物浓度、混合物中培养基的含量、混合物热维持性能以及局部氧压强,等等。

目前有三种可行的工艺方法:行列式堆积法、静止堆肥法和容器内混积法。其复杂程度和成本依次增加,它们的结构、作用区域和热扩散系统也分别有所不同。表1所示为三种常规炸药的生物降解和产物以及该反应所需的优化条件。

表 1　TNT,RDX 和 HMX 转换与降解的副产物及优化条件

炸药废物	转换及降解产物	最佳条件
TNT	氨基-二硝基甲苯;二氨基-硝基甲苯;羟氨基-二硝基甲苯;四硝基-氧化偶氮甲苯	高有机物浓度;微生物条件;生物降解的辅被用物
RDX	环裂解及降解产物,包括:单亚硝基和二亚硝基 RDX 的衍生物;甲烷;甲醛	厌氧条件;低氧化还原;高有机碳浓度
HMX	未确定的降解化物,包括单亚硝基或二亚硝基的 HMX 衍生物;甲烷;甲醛	厌氧条件;低氧化还原;高有机碳浓度与 RDX 的条件类似但速度较慢

像苜蓿干草和马饲料这样的膨胀剂作为附加碳源加到混合堆中可增加有机碳含量和孔隙率,其平均密度可达 159 kg/cm³,最终体积可取为每堆 15.7 m³。中温堆的温度变化一般为 35～40℃,高温堆为 55～60℃。15 天后,TNT、HMX 及 Tetryl 污染的沉物被堆积降解后其初始浓度由 17 000 mg/kg 分别减少到 376 mg/kg(中温堆)和 74 mg/kg(高温堆),TNT,RDX 和 HMX 的去除率在中温堆中分别为 99.6%,94.8% 和 86.9%(质量),高温堆中分别为 99.9%,99.1% 和 96.5%(质量)。表 2 为各炸药的半衰期。从表中可以看到三种炸药中 HMX 半衰期最长,TNT,RDX 的较短。高温堆要比中温堆的炸药降解速度高,反应速度快。对于富含 TNT 和 RDX 的沉淀物,控制堆中温度 55～60℃ 范围内,堆肥法处理是最有效的。堆肥中产生热保证了自身过程的效率,使该处理工艺具有广泛的应用性。

表 2　各种炸药生物降解的半衰期　　　　单位:h

炸药	中温堆	高温堆
TNT	21.7	13.1
RDX	31.1	17.3
HMX	43.3	24.8
混合物	27.7	16.5

3.5.3 小结

与其他方法相比,堆肥法所涉及的工艺过程相对不复杂、不需要连续任何燃料,所需要的原材料来源广,价格低廉,对炸药分解率高,处理干净,不对环境和大气造成二次污染,而且产生的热具有利用价值,堆肥物具有农业使用价值。它的缺陷是堆肥中微生物对其所处工作环境较为敏感。堆肥法作为无公害、资源化的处理方法必将成为今后炸药固体废弃物治理的发展方向和首选方法。

4 与生物有关的降解塑料

塑料是继金属、无机材料之后的第三代材料,其性能优良,应用十分广泛。目前,全世界塑料的年产量已达一亿吨。塑料垃圾越来越多,每年大约产生四千万吨,其数量还在以惊人的速度增加。这些废弃的塑料所造成的环境污染(白色污染)和对生物的影响已成为世界性的社会问题,废塑料公害已引起人们的严重关注。

近年来降解塑料作为一条控制和解决塑料垃圾的有效途径引起社会上的重视,它被许多国家视为处理废塑料的一种方法,人们对降解的期待和关心使降解塑料技术水平大为提高,对其需求量日益增加。降解塑料是一些含有能提高光降解和生物降解速度,并能使降解速度大大加快的聚合物。它包括生物降解塑料、光降解塑料和光-生物降解塑料。研究或生产降解塑料双螺杆挤出技术是其关键技术之一。

4.1 生物降解塑料

所谓生物降解塑料是指那些在自然环境下因微生物的作用即能分解的塑料。通常为可利用天然高分子、可生物合成的合成高分子、可生物分解的合成高分子等。

4.1.1 利用微生物合成的塑料

微生物的由蛋白质、核酸、多糖类等组成。在微生物的细胞中作为一种能源贮存的、呈颗粒状的聚酯,即聚3-羟基丁酸酯(PHB)。早在60多年前已被法国科学家发现,但一直在实用上尚未开发,到1976年ICI公司用产碱杆菌(Alcaligenes Catrophuo)在常规的发酵罐内以小麦的葡萄糖为碳源经发酵培育成PHB,用溶剂从细胞内抽提出来,获得纯度为95%的PHB,进一步精制可得到纯度为99.5%的PHB,实现了工业化生产的开发,但PHB结晶度较高(80%)、较脆,不适用于加工成各种制品。1981年ICI公司以葡萄糖(glucose)为碳源加入丙酸培养出新的无规共聚物,即聚3-羟基丁酸酯(PHB)与聚3-羟戊酸酯(PHV)的共聚物(PHBV)。其商品牌号Biopol在共聚物中3HV(3-羟基戊酸酯)的摩尔含量可在0%～30%范围内调节。它可用现有的塑料加工方法来加工。目前售价较高(15美元/磅)。1991年德国一家化妆品公司已用Biopol塑料来制作香波瓶,首次投放市场。

4.1.2 天然高分子型

天然高分子有植物和动物两种来源。利用淀粉、纤维素、甲壳质等多糖源物质进行开发是一个主要方面。

淀粉是一种良好的生物降解性天然高分子,一般用来制造掺合型生物塑料。

纤维素、甲壳质(乙酰壳多糖)系生物降解塑料,利用自然界的壳多糖,在土壤中能迅速分解,其薄膜实验表明,脱乙酰壳多糖的添加量以 10%～20% 为宜,经济上也划算。日本四国工业技术实验所把纤维和壳聚糖一起加入增塑剂,干燥热处理后制成塑料,在农业园艺、包装纸材料等方面已实用化。

目前的重点是把天然高分子接枝到合成高分子上,制成降解塑料。如直链淀粉和纤维素与聚氨基甲酸酯相接;淀粉与聚乙烯接枝明胶与聚丙烯酸乙酯共聚,淀粉接枝聚苯乙烯等。这种接枝工艺比较先进。

4.1.3 合成高分子型

这是一类利用化学方法合成与天然高分子结构相似的生物降解塑料。例如热塑性脂肪族聚酯中的聚己酸内酯(PCL)(可被微生物分解)已由联合碳化物公司(UCC)开发,其商品牌号为 Tone,它是热塑性的,熔点为 60℃,热分解温度为 25℃,它与其他树脂有较好的相容性。UCC 公司将其作为聚乙烯的裂解性添加剂,即使添加量达 20%,也不会降低聚乙烯性能。PCL 与芳香族聚酯(如对苯二甲酸十丁酯、邻苯二甲酸二乙酯)、聚酰胺(如尼龙 6、尼龙 12 等)共聚,除可改变 PCL 熔点低、耐热性及机械强度差的缺点,还可提高其降解性。目前正在研制中,可代替脂肪族聚酯的有聚醋酸乙烯、聚丁酸、聚羟基丙酸、二氧化碳/环氧乙烷等生物降解性塑料。

此外聚乙烯醇、乙烯-乙烯醇共聚物、聚酯-聚醚共聚物、聚酯脲酰胺-氨基酸甲酯等都显示了较好的生物降解性能。

最近日本就京都工艺纤维大学研制成功的一种新的生物降解塑料是在聚甲基丙烯酸甲酯中引入一种对微生物亲和性高的 N-苄基吡啶翁基官能团,可强力地捕捉微生物细胞,显著地改善微生物的分解。

4.1.4 淀粉与通用塑料共混的复合材料

上述三种可生物降解的塑料是分子水平级的,而这一种是复合材料水平的,淀粉与通用塑料(PE,PP,PS 等主要与 PE 共混)的共混技术的兴起,是当时欧美一些大学、企业的科研机构为了适应政府消除塑料污染而采取的一种对策。对美国、加拿大来说,由于国内玉米过剩,还能为玉米制成淀粉的剩余农产品找到一条出路。

淀粉、不饱和脂肪酸(自动氧化剂)和聚乙烯混炼而制成复合材料的生物分解机理,是首先使其中淀粉粒子被微生物的酶分解,成为多孔的、强度下降的海绵体,再由于氧化剂与土壤中的金属离子生成过氧化物,使高分子链断裂,由于多孔使表面积增大,加速了这种反应。

这类降解塑料又可分为物理改性淀粉基塑料和化学改性淀粉基塑料。加拿大的 St Laurence 淀粉公司生产的物理改性淀粉基塑料,是最具代表性和最成功的塑料。该公司采用硅烷处理淀粉,使之与聚合物的相容性提高。采用母料方式工业化生产 Ecostor 生物降解母料,它是以改性淀粉为基础的添加剂体系母料,用于 HDPE,LDPE 及 PS 等。Ecostor 中含有不饱和脂肪酸,称为自动氧化剂,淀粉含量为 40%～60%,可在 230℃ 以下加工。另外美国的 Coloroil 有限公司和 Ampacet 公司分别采用了物理处理淀粉技术和未处理过的淀粉加速降解技术。

化学改性淀粉基塑料是淀粉经过化学改性后填加到树脂中制得的。对淀粉进行化学改性的目的是要提高淀粉与树脂的相容性。通常是把淀粉与具有 PE 结构近似的其他乙烯基单体接枝共聚后形成改性淀粉,然后再加入到淀粉与聚合物的混合体系中,形成均匀的分散体系,由此制得的产品力学性能大为改善。全部使用化学改性淀粉填充聚乙烯的不多,这主要是化学改性淀粉工艺复杂,处理后的淀粉价格偏高,其人多数是作为淀粉与 PE 的增容剂而加入的,因为化学改性淀粉保留了淀粉的基本结构,与淀粉有很好的相容性,同时又引入了烃基结构,因而与 PE 有很好的相容性,从而增加了淀粉与 PE 的相容性,大大改善了淀粉基- PE 膜的性能。目前生产 PE 生物降解膜最常用的改性淀粉是淀粉-乙烯/丙烯酸共聚物。美国农业部又推出另一个专利,它是采用乙烯-丙烯酸共聚物(EAA)和胶凝淀粉,最佳配方是 40% 玉米淀粉、30% 改性淀粉。

4.2 光-生物降解塑料

加拿大 St Lawrence 淀粉公司开发了牌号为 Ecostor Plus 的掺混淀粉塑料,其中不仅添加自动氧化 Ecostor,而且还加入光分解剂,大大缩短了降解时间。法国 Norsolor S A 公司通过添加光分解剂(铁盐)来提高掺混塑料中塑料的光降解速度。美国正在合成一类合成型的光-生物降解塑料。这类塑料既有芳香族偶氮结构,又含有酮基结构。在使用过程中,偶氮基能吸收紫外线起到紫外稳定剂的作用而保护酮基,当废弃在自然环境里时,偶氮基受到微生物的作用而分解,实现了光-生物降解过程。

4.3 降解塑料的发展现状与趋势

尽管对降解塑料的应用有各种争论,但鼓励发展和使用降解塑料的政策与法规愈来愈多,目前美国至少有 30 州已立法,要求促进使用降解塑料制品和它们的潜在用途。目前,降解塑料的发展现状与趋势如下:
(1)光降解塑料技术成熟已得广泛应用;
(2)生物降解塑料已崭露头角,研究者众多;
(3)淀粉填充型生物降解塑料技术日益成熟,有些已开始工业化生产;
(4)光-生物联合降解塑料引起人们的极大关注,成为发展趋势之一;
(5)关于鼓励使用生物降解的政策和法规日益增加;
(6)开发直接由天然生物原料合成降解塑料的投资日益增大。

5 生物技术与新武器

生物技术是当代公认的六大高技术群之一。人们拜动物甚至生物分子为"师",学到了许多一般技术无法比拟的"绝招"。人们又把这些"绝招"应用于军事目的,产生了许多原先难以想象的新式兵器。生物技术对现代战争正在产生越来越大的影响。

5.1 军队的耳目

生物技术中有一个分支叫作仿生技术或仿生学。它是指模仿生物系统的组织、器官功能结构的理论和技术。人类感叹大自然为众多的生物体造就了效率极高的机体、组织和器官,于是不断探索其中的奥秘,并试图通过人工的方法把它们再造出来。从古代木牛流马,到现代的水雷、潜艇,无不是这种尝试的成功产物。

目前,仿生技术在军事领域中的应用范围日益扩大。科学家们研究了生物体一些器官的特异感觉功能之后,运用仿生技术制造出了许多性能优良的探测仪器和探测系统,大大提高了探测距离、精度和分辨率。例如,模仿苍蝇等昆虫的复眼结构,科学家们制成了多元相控阵雷达。

人们通过对狗、猫头鹰等动物具有在微光条件下的保持极好的视觉功能的深入研究,发明了在微光条件下搜索地面或空中目标的夜视器材,增加了在复杂条件下获得信息的手段。

模仿蝙蝠利用超声波定位的原理,人们制造了雷达和声呐系统。从而在信息获取上取得了巨大的成功,已成为军事领域中不可缺少的设备。最近,科学家在对蝙蝠的深入研究中发现,它具有很强的抗干扰能力,模仿这种功能而设计出来的新颖抗干扰精密全敏雷达,大大提高了雷达的侦察能力。

科学家研究了海豚能以超声准确定位的特殊功能以后,对现有的军事声呐系统进行了改进。仿照海豹耳朵的结构,科学家们设计了声呐的导流罩,大大改善了声呐系统的滤波效果。水母的听觉功能十分灵敏,它能提前十多个小时预感风暴来临。通过研究发现,水母有接收快速气流与海水摩擦产生的次声的功能,科学家受其启发研制成功的"水母风暴预测仪",能提前15个小时预报风暴的强度与方向。这项技术对保障部队的军事行动,或者利用有利的气象条件进行军事行动,能起到很大的作用。

在战争中,总有人敢冒天下之大不韪,冒险使用生化武器和毒剂。因此,对生化武器和毒剂的探测和预防,至关重要。我们知道,在生物体内的酶、抗体、细胞等是活性物质,如果用生物技术将它们与电子信号装置相结合,就可以制成生物传感器。生物传感器像一双锐利的眼睛,能准确识别、分析各种生化战剂和毒剂的种类、浓度等参数。探测速度之快,分析结果之准确,是其他探测仪器和试剂无法与比拟的。若再与计算机相配合,还可以及时提出最佳防护和治疗方案。同样,可以利用生物技术生产生物战剂和毒剂的消毒剂。

5.2 指挥部的神经

现代高技术战争不但是人力、物力和财力的较量,更是信息的较量。因此,采取各种快速有效的技术手段获取信息,是当代军事家们极为重视的课题。用生物技术制造的种类繁多的生物传感器,比用电子技术制造的电子传感器具有更高的灵敏度。

压敏生物陶瓷对压强的变化十分敏感,可以附装在飞机的蒙皮、潜艇和坦克的外壳中间,感知它们自己的战斗状态。光敏生物陶瓷对光的反应特别灵敏,是侦察领域的高手。用生物技术制成的"狗鼻子"比用电子技术制成的气敏元件的灵敏度高了近一个数量级。生物传感器安装在各种探测平台上,就可以监视战场上发生的情况。生物传感器把战况迅速反馈到指挥机关和指挥员那里,给指挥员的决策提供实时信息,帮助指挥员运筹决策。

在未来战场上不但信息量非常大,而且战况瞬息万变,必须使用计算机进行信息处理,否则信息优势就不能得到,得到了也不能保持。

以分子蛋白为材料,用生物工程技术制造的生物计算机,比起用半导体材料和微电子技术制造的电子计算机具有更多的优越性。生物计算机不仅体积小、重量轻,而且运算速度及存储能力都要高得多。这种计算机具有和人脑差不多的分析、判断、联想、记忆等功能,其智能化程度大大高于电子计算机。此外,生物计算机能耗很小,能适应各种复杂环境。它还有一个显著的特点是电子计算机无法比拟的,那就是生物计算机有极强的抗电磁干扰能力。制造这种计算机的生物材料可以用基因技术和微生物发酵工程大量生产,其生产条件要比制造半导体材料温和得多,用这种生物分子材料做成的生物计算机,造价也就比半导体制造的电子计算机低得多。

用生物计算机的高智能化和快速处理信息的能力,就能帮助指挥员实时决策、实时指挥,真正能做到"运筹于帷幄之中,决胜于千里之外"。

5.3 战士的武器装备

利用生物工程技术可提供各种具有特殊性能的生物材料,从而大幅度提高武器装备的性能,使盾更坚固,矛更锋利。

用生物技术制造的高硬度、高韧性的生物陶瓷,是坦克和装甲的理想防护材料,可提高穿甲能力。利用某些生物材料可以把外来能理转变成化学势能的机理,研制成功在高温、高压、超强磁场、激光照射和核辐射等条件下的生物防护材料,用于对光学系统和眼睛的防护。

新型消融生物材料和一些生物聚合材料具有传递和分散能量的功能,可用于服装、设备和光学系统的制造,用来对付高能武器的威胁。根据变色龙的皮肤会随环境而改变颜色的机理,用基因工程生产的生物材料制作的作战服、装甲伪装材料和飞机蒙皮等,可起到隐蔽和伪装的目的,减少了受敌攻击的机会。

生物工程的一个分支是酶工程。依靠酶工程的发展而研制出来的酶生化洗消剂,是对付敌人生物武器和毒剂进攻的有效防护武器,酶洗消剂除了具有无毒、无腐蚀性、催化降解作用强的优点,还具有作用快、耐用、效率高、专一性强的特点。如果把这种能降解生物毒剂的酶洗消剂,通过化学方法或生物工程技术固化在防护材料上,就可以制面能自动解毒的生化防护服,经得住生物武器的袭击。例如,研制成功的有机磷水解酶,它能降解沙林、梭曼、塔崩等神经性毒剂,成为对付这类毒剂的有效"坚盾"。

用生物技术制备的某些酶,还可以迅速降解敌方军事设备上的高分子合成材料,如塑料、合成橡胶或天然材料等,在你不知不觉中使这些设备逐步失去战斗效能。有的酶则可降解弹药效能,削弱敌方的火力,酶甚至还可以用来脆化金属,达到直接破坏敌方的车辆、武器装备、建筑物的目的。用生物技术培养出能吞噬塑料和半导体材料的微生物,可以把敌方电子计算机的芯片材料"吃到肚子里",从而使计算机失去运算功能,达到瘫痪敌人军用计算机组成的指挥系统,做到"不战而屈人之兵"。

利用基因工程研制的基因武器,威力巨大。人体一旦接触这种带毒基因,正常的基因就发生突变而染毒,而且传染蔓延速度惊人。由于这种武器可以大面积使用,威力比核武器有过之而无不及。

基因武器使用方法却比较简单。它可以利用飞机、火箭、火炮布撒,也可以由士兵和特工在敌人的政治、经济、交通枢纽、战略要地和河道上游施放。基因武器的制造成本较低。与核武器相比,如果破坏效果相同,基因武器的成本大约只有核武器成本的百分之一。基因武器制造方法容易,只要将带毒的基因"嫁接"到能迅速繁殖的微生物基因中,如大肠杆菌的基因中。这种带有特殊病毒基因的大肠杆菌可以大量培养繁殖。施用基因武器无声无息,敌人一时很难发现。在战场上,一旦发现感染了基因病毒就难以防治,因为基因的密码只有制造这种武器的人才知道,在战时的非实验室条件下是很难快速解密的。

6 硝酸酯(硝基)化合物作为新型的药品前途无限

6.1 从 1998 年诺贝尔医学生理学奖谈起

瑞典卡罗林斯卡医学院最近把 1998 年诺贝尔医学和生理学奖授予三位美国化学家。他们的贡献是在研究硝化甘油及有关扩张血管药物在人体作用时首次证明 NO 在生物体心血管系统中起着传播信息的作用。某些细胞可产生 NO,NO 从细胞中穿出后作用于其他细胞并能控制其他细胞的行为。此外还发现 NO 在神经信号传递、血压控制、血液流量控制和抵抗感染等方面均起着重要的作用。这一发现直接导致颇为走俏的治"阳痿"病的新药 Viagra(伟哥)的诞生。目前此种蓝色药片也在美国和欧洲大受欢迎,每粒价钱从 7 美元狂升达 30～50 美元,国内黑市已达 250～300 元/粒。NO 作用机理研究还可能为一系列防心脏病、防中风、抗癌药的出现提供理论依据。

6.2 硝酸酯的药用前途光明

众所周知,硝酸酯类化合物也具有扩张血管、防止中风的功能。而它作为治疗性功能障碍和用作运动员的兴奋剂的作用最近已被人们所了解。1997 年我们访俄时莫斯科化物所某教授曾介绍他们正在开发一系列新的硝酸酯(硝基化合物),其特点是比硝化甘油对心脏病的疗效高数倍,而且制造工艺过程相当安全。他们正在与医学专家进行临床实验筛选出高效的化合物作为药物推向市场。

作为以合成硝酸酯和硝基化合物为专业的火炸药研究所和工厂,在合成这些药物方面应当说是轻车熟路优势明显。关键是要有经费,有人才去开发它。

7 建议

(1)生物技术是高新技术,如何将其充分利用并引入到火炸药行业,使其在火炸药军用技术、火炸药军民两用技术或军转民技术中发挥较大的作用,实现技术创新,是摆在火炸药行业研究人员面前的一个十分重要的课题。故此我们建议:应设立"生物技术在火炸药行业中的应用"探索项目,以寻求生物技术和火炸药技术的结合处和切入点。

(2)生物技术在火炸药生产厂家的废酸废水处理中有着光明的前景,而国外堆肥法对炸药固体污染物的治理是一条非常好的途径,我们亦可进行这方面的探索。

(3)柔性的双螺杆制造技术是火炸药行业的较成熟技术,应开发它在生物降解塑料方面的应用以扩大火炸药行业的生存空间。

(4)应充分探索生物技术在合成火炸药用新材料方面的应用,如:绝热生物防护材料(包覆层或绝热层),伪装材料,生物催化剂,生物键合剂等。

(5)硝酸酯或硝基化合物的合成是我们火炸药行业的特长,开发硝酸酯(硝基化合物)类新药应是我们义不容辞的责任,因此建议应投入适当的人力物力,创新出比硝化甘油治疗心脏病等疾病更好的硝酸酯化合物。

文章来源:中国兵器火炸药技术专家委员会年会,桂林,1999.

含钾盐消焰剂的硝化棉基钝感推进剂燃烧性能研究

赵凤起　陈沛　杨栋　李上文

摘　要:研究了含钾盐的硝化棉基钝感推进剂的燃烧性能。结果发现:钾冰晶石(K_3AlF_6)的加入严重地破坏了钝感推进剂的平台燃烧效应,而消焰剂 KD 对平台的破坏作用较小。含 KD 的推进剂燃速和平台范围可通过组合催化剂的变化来调节。BTTN 取代 TMETN 后,燃速有所增加,平台效应得以保持。添加硝基胍(NGu)使得推进剂在 8~9 MPa 燃速发生"突跃",高压下有平台区出现。

关键词:钾盐;消焰剂;钝感推进剂

1　引言

发动机排气的"二次燃烧"(Secondary Combustion,美国人称之为 after burning)是低特征信号推进剂研制中要解决的关键技术之一。"二次燃烧"是指发动机燃气经喷管排出后在环境大气中其可燃组分与空气中的氧混合重新燃烧,同时羽流发射出明亮的可见光辐射和红外辐射能的现象。二次燃烧有着诸多危害[1],它对导弹武器发射平台的生存能力,制导系统的精确制导能力和战略导弹的突防能力都有重要的影响,因此国内外对抑制二次燃烧的研究极为重视[2-4]。

抑制二次燃烧的技术途径主要有以下几个方面:降低燃气的温度;减少燃气中可燃物质的浓度;抑制或中断燃烧的链反应。通常,人们采用在推进剂中添加各种化学消焰剂的方法来实现对二次燃烧的抑制,尤其是钾盐,它对于消除枪炮发射药的炮口焰和火箭推进剂的二次燃烧是非常有效的。但是,钾盐的应用也面临着许多困难,特别是一些钾盐对推进剂的燃速和平台特性有破坏作用,这限制了这些钾盐的应用。因此寻找对推进剂平台特性影响小的钾盐就变得尤为重要了。本文对含钾盐的钝感硝化棉基推进剂的燃烧性能进行了研究,以期为实现钝感和低特征信号两位一体的推进剂的研制探索出一条切实可行的途径。

2　实验部分

(1)推进剂配方设计。

1)设计思路:选择燃烧性能优异(含弹道改良剂)的双基推进剂,使用低感的三羟甲基乙烷三硝酸酯(TMETN)取代敏感的硝化甘油[5-6],同时用撞击感度极低的三乙二醇二硝酸酯(TEGDN)部分取代惰性的邻苯二甲酸二乙酯,考查不同钾盐对推进剂燃烧性能的影响以及改变催化剂后燃烧性能的变化规律。为了提高推进剂的能量,考查用更为钝感的 1,2,4-丁三醇三硝酸酯(BTTN)取代 TMETN,或用六硝基芪(HNS)和硝基胍(NGu)部分取代硝化棉

（NC）的推进剂燃烧性能。推进剂的基础配方：12.0%N 硝化棉 59%，TMETN（或 NG）30%，TEGDN 2.5%，其他助剂 4.5%，燃烧稳定剂 1%，邻苯二甲酸铅（Φ-Pb）2.0%，己二酸铜（A-Cu）0.6%，炭黑（CB）0.4%，消焰剂 2%为外加。推进剂的制备采用传统的无溶剂螺压工艺。

2）钾盐的选择：从资料报道看来，KNO_3，K_2SO_4，K_3AlF_6 等使用的最多[7-8]，也有报道 $KHCO_3$，$K_2C_2O_4$，KCl，LiF、邻苯二甲酸钾等作为消焰剂的情况[9]。本研究选择了 KNO_3，K_3AlF_6 和有机钾盐 KD。

（2）燃速的测定。固体推进剂药条燃速的测定是靶线法在充氮调压式燃速仪中进行的。药条测试前用聚乙烯醇进行包覆。

3 结果与讨论

3.1 不同钾盐对燃烧性能的影响

用 TMETN 取代 NG 后实现了推进剂的钝感，但其燃烧性能也发生了一定的变化，见图1。从图中可以看出，含 NG 的 LS-0 配方确实具有良好的燃烧性能，在 8 MPa 以上出现了平台燃烧效应，8~14 MPa 的压强指数为 0.062，平均燃速为 13.05 mm/s。TMETN 取代 NG 后配方（配方代号为 IM-0），推进剂在低压下的燃速有所降低，平台区出现在 10 MPa 以上，但平台效应得以保持，10~14 MPa 的压强指数为 0.113，平均燃速略有升高。这表明对含 NG 的推进剂燃烧平台化的作用有效的组合催化剂对含 TMETN 的推进剂仍有效。

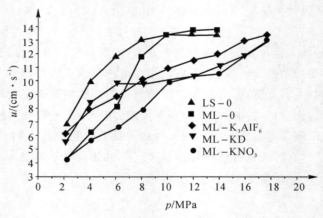

图 1 不同钾盐对燃烧性能的影响

外加 2.0%的钾盐后可发现，不同钾盐其作用效果各不相同。K_3AlF_6（配方编号为 ML-K_3AlF_6，之后类推）完全破坏了推进剂的平台燃烧效应，使得 $u-p$ 曲线几乎变成了直线；KNO_3 几乎在整个所测压强范围内使推进剂的燃速降低，在 10~14 MPa 范围内平台特性依然保存，但平台燃速降低，压强指数变大，n 为 0.194；对于有机硝焰剂 KD，它使得推进剂低压下的燃速有所升高，平台区移向较低压强，压强指数仍较小，6~12 MPa 的压强指数为 0.063。由上容易看出，有机消焰剂 KD 对压强指数影响最小，KNO_3 次之，K_3AlF_6 对平台特性破坏严重。

3.2　消焰剂 KD 添加量一定,催化剂改变后的推进剂燃烧性能

尽管消焰剂 KD 对压强指数的影响最小,但是它也使推进剂平台区发生了移动。为了探索调节燃速大小和平台区压强范围的方法,我们对组合催化剂中的 Φ－Pb 和 Φ－Pb 与 CB 的复合进行了研究,其目的在于找出组合催化剂中各组分的作用规律。获得的结果如表 1 和图 2 所示。表中平台燃速为平台区燃速的平均值。

表 1　推进剂的燃烧性能

配方编号	消焰剂	催化剂	平台区/MPa	平台压强指数 n	平台燃速/（mm・s^{-1}）
ML－0	无	无	NPZ[①]	—	—
ML－1	KD 2.0%	无	NPZ	—	—
ML－2	KD 2.0%	Φ－Pb 2.0%	8～14	0.119	10.10
ML－3	KD 2.0%	Φ－Pb 2.0%,CB0.4%	8～12	0.066	10.37
ML－KD	KD 2.0%	Φ－Pb 2.0%,A－Cu 0.6%,CB 0.4%	6～12	0.063	9.78

注:①NPZ 表示无平台区。

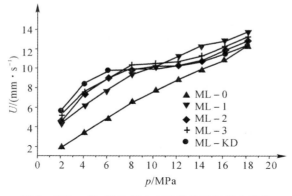

图 2　KD 一定,催化剂改变后的推进剂燃烧性能

由表 1 和图 2 可以看出:既不加催化剂,也不加消焰剂的空白配方,推进剂的燃速较低,压强指数也大,2～8 MPa 的燃速公式为 $u = 0.096\ p^{0.83}$;当推进剂中加入 KD 消焰剂后,推进剂的燃速明显升高,压强指数仍较大,2～18 MPa 的燃速公式为 $u = 1.097\ p^{0.53}$。加入催化剂 Φ－Pb 后,推进剂低压下的燃速继续升高,但高压下燃速却有所降低,这样作用结果导致推进剂在 8～11 MPa 的压强范围出现了平台燃烧效应,平台区压强指数为 0.119。Φ－Pb 和 CB 复合使用时,推进剂的燃速在整个测量的压强范围内均有所增加,但增加量不大,推进剂在 8～12 MPa 压强范围内的压强指数达 0.066,平台燃速亦有所升高。Φ－Pb 和 CB 复合再添入 A－Cu 后,推进剂在 2～6 MPa 的燃速升高较明显,高压下的燃速却进一步降低,使得推进剂平台区下移,压强指数较小,这表明了 A－Cu 给燃烧性能带来的变化。由以上燃烧特征分析不难看出:在消焰剂 KD 存在的情况下,CB 和 A－Cu 仍然对 Φ－Pb 有很好的助催化作用和降低压

强指数、调节平台区的作用。通过这些影响规律,我们可用于指导调节燃速。

3.3　KD 在含有其他添加剂的推进剂中的作用效果

TMETN 取代 NG 后,使得推进剂的能量降低。为了提高推进剂的能量,且又保持推进剂的低感特性,因此在推进剂中加入一些低感的含能添加剂来取代 TMETN 或 NC 是非常必要的。BTTN 是一种很好的含能增塑剂,它不仅比 TMETN 有更高的能量,而且撞击感度与其相当,特性落高为 59cm;硝基胍(NGu)是一种钝感的硝胺炸药;六硝基芪(HNS)也是一种热稳定性、爆轰感度、对火花和机械撞击的敏感程度等方面均优于 RDX 的耐热炸药。据此我们探索了用 BTTN 取代 TMETM,用 HNS 和 NGu 分别取代 20%NC 后,KD 对燃烧性能的影响,其结果见图 3。

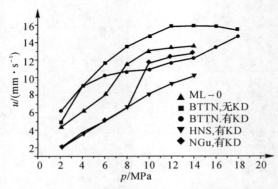

图 3　KD 在含有其他添加剂的推进剂中的作用效果

BTTN 取代 TMETN 后,在无消焰剂 KD 时,推进剂在所测压强范围内燃速明显升高,且在高压下出现了麦撒燃烧效应。当 KD 加入后,推进剂在 2~4 MPa 燃速略有增加,之后燃速降低,高压时的麦撒效应消失,代之平台区出现在 6~10 MPa,这和 KD 在 TMETN 体系的作用有些类似,也更加证明了 KD 对含这类钝感增塑剂推进剂的影响规律是一致的。

当用 20% HNS 取代 NC 后,推进剂的燃速降低了 2 mm/s 以上,$u-p$ 曲线基本上是一条直线,压强指数较大。用 20% NGu 取代 NC 后,推进剂燃速在 8 MPa 之前依然较低,但在 8~10 MPa 之间燃速出现了"突跃",之后平台燃烧效应产生。为了验证这一"突跃",我们又补测了 8 MPa 和 9 MPa 的燃速,测得 8 MPa 燃速 7.01 mm/s,9 MPa 燃速为 11.11 mm/s,看来在 8~9 MPa 之间确实存在着燃速"突跃"现象,NGu 使得燃速产生突跃的原因还有待于进一步研究。

4　结论

(1)在所研究的三种消焰剂中,有机消焰剂 KD 对推进剂压强指数影响最小,KNO₃,K₃AlF₆ 对平台特性破坏严重。

(2)在消焰剂 KD 存在的情况下,CB 和 A-Cu 仍然对 Φ-Pb 有很好的助催化作用和调节平台区范围指数大小的作用。利用这些影响规律,可指导调节燃速。

(3)BTTN 取代 TMETN 后,在无消焰剂时,推进剂燃速升高,高压下出现了麦撒燃烧效应,有消焰剂时,推进剂燃速降低,平台区出现在 6～10 MPa。

（4）NGu 使得推进剂燃速在 8～9 MPa 产生一"突跃",并在 10 MPa 以上出现了平台燃烧效应。

参考文献

[1] Evans G I, Smith P K. The reduction of exhaust signature in solid propellant rocket motor[C]. AGARD Conference Proceedings No. 391：Smokeless Propellants，1985.

[2] 杨栋，李上文. 二次火焰抑制剂对 RDX－CMDB 推进剂压力指数影响的实验研究[J]. 火炸药学报，1994(2)：16－19.

[3] 李上文，赵凤起，单文刚. 2000 年固体推进剂的主要发展目标[J]. 火炸药学报，1996，18 (1)：50－54.

[4] Jones G A，Mace A C H. Secondary U.S. army combustion suppression in rocket exhauts. suppression workshop summary[C]. U.S. Army ballistic research laboratory aberdeen prooing group，Maryland，1986.

[5] 赵凤起，陈沛，李上文，等. 三羟甲基乙烷三硝酸酯的热分解性能研究[J]. 火炸药学报，1999(3)：8－11.

[6] 赵凤起，杨栋，李上文，等. 以 NC 和 TMETN 为基的微烟推进剂机械感度研究[J]. 火炸药学报，1999(4)：5－8.

[7] Iwao Y，Kubota N，Aoki I，et al. Inhibition of afterburning of solid propellant rocket [J]. Science and Technology of Energetic Materials，1981，42(6)：366－372.

[8] Mchale E T. Flame inhibition by potassium compounds[J]. Combustion and Flame，1975，24：277－279.

[9] 徐明海. 新型消焰剂[J]. 火炸药学报，1986(4)：18－21.

文章来源：火炸药学报，2000(1)：10－13.

N-15 高能固体推进剂燃烧机理的初探

李上文　赵凤起　汪渊　王瑛　潘清　徐来斌

摘　要:用高压 DSC,TG 和快速傅里叶变换红外光谱测定了 N-15 推进剂及其含能黏合剂和主要含能组分的热行为和各组分热分解产物,提出了它们的热分解历程。对 N-15 推进剂试样用微热电偶技术测得了燃烧区温度分布并用扫描电镜—能谱仪观测了熄火表面形貌和元素分布规律。经过综合分析,提出了一个初步的 N-15 高能推进剂的多层火焰燃烧物理模型。

关键词:物理模型;燃烧机理;高能推进剂

符号和缩略词说明

Al:铝粉

AP:高氯酸铵

HMX:奥克托今(一种杂环硝胺炸药)

NC:硝化纤维素(硝化棉)

NG:硝化甘油

BTTN:1,2,4-丁三醇三硝酸酯

PEG:聚乙二醇

Ct:燃烧催化剂

FTIR:傅立叶变换红外光谱

RSFT/IR:采用快速热裂解原位池的傅里叶变换红外光谱

1　引言

固体推进剂的发展历史表明,它是围绕着以增加能量为主线,同时对其他性能不断改进和提高的过程。N-15 高能推进剂是集改性双基推进剂和复合推进剂能量高和力学性能好的优点于一身,于近十几年来发展起来的代表当前固体推进剂最高能量水平的新型固体推进剂。N-15 高能推进剂 ϕ1 400 mm 发动机点火试车成功标志着我国已成为继美、法两国之后第三个掌握了 NEPE 推进剂技术的国家。它的研制成功必将对我国战略、战术导弹的战技性能的提高起着重大的作用。

众所周知,N-15 高能推进剂是一种以混合硝酸酯增塑的聚醚为黏合剂,填充以 HMX,AP 和 Al 等固体氧化剂和金属燃料组成的全新的高能固体推进剂系统,其燃烧性能比较难以调节。表现为压强指数偏高,燃速范围不宽。为解决燃烧性能调节的技术关键,有必要从应用基础理论着手,深入探求该类型推进剂的燃烧机理,寻找调节其燃烧性能的理论依据和改进的方向。本文在综合分析实验和文献资料提供的数据基础上试图提出该推进剂稳态燃烧的物理模型。

2　N-15 推进剂主要组分的热分解

一般说来,N-15高能推进剂主要组成见表1:

表1　N-15推进剂主要组成

PEG 胶	NG/BTTN	HMX	AP	Al	安定剂及催化剂
～6％	～18％	～47％	～10％	～18％	～1％

其中用 NG/BTTN 混合硝酸酯增塑的 PEG 胶组成的一种含能黏合剂约占配方 24％；HMX 为硝胺炸药,AP 为高氯酸铵氧化剂,Al 为金属粉燃料,这三种固体填料约占配方的 75％。下面分别介绍各个主要组分的热分解情况,为建立燃烧物理模型提供基础数据。

2.1　AP 的热分解

绝大多数研究者认为,AP 分解是质子转移过程引起的。目前尚未充分搞清 AP 分解产物,但近似可认为

$$NH_4ClO_4 \rightarrow 0.6O_2 + 0.07N_2 + 0.264N_2O + 0.01NO + 0.323NO_2 + 0.38Cl_2 + 1.88H_2O + 0.24HCl$$

除了分解之外,在适当条件下 AP 也可能升华,但国外研究已证明在压强大于 0.1 MPa 时,AP 不会发生升华,也就是说固体推进剂在发动机中燃烧的条件下,AP 的升华是不可能出现的。高压 DSC 研究还证实,AP 在高压下分解更为激烈,其分解速率定律与 2～6 MPa 下的经验燃速定律相当吻合,因此可以认为:AP 燃烧和 AP 热分解相类似是压强的函数;AP 的分解显著地影响其燃烧过程。

我们采用快速热裂解原位池/RSFT-IR 联用仪,对 AP 的热分解进行较深入的研究,得出结论:AP 分解可分为三步。

第一步:<320℃时的低温分解和转晶。

$$AP(斜方体) \xrightarrow{<160℃} NH_3(吸附) + HClO_4(吸附)$$

上述反应分解率约 12％,由于 NH₃ 和 HClO₄ 吸附于 AP 表面而阻止了 AP 的进一步分解。

$$AP(斜方体) \xrightarrow{230℃} AP(立方体)$$

第二步:320～440℃ AP 的初始分解、升华,以及初始分解产物间的低温氧气还原反应。

$$AP(斜方体) \xrightarrow{330℃} NH_3(吸附) + HClO_4(吸附) \xrightarrow{375℃} NHClO_4(g)$$

$$NH_3(吸附) \xrightarrow{360℃} NH_3(g)(少量)$$

$$AP(斜方体) \xrightarrow{<360℃} N_2O + NO_2 + O_2 + H_2O(吸附)$$

$$Cl^- + ClO_4 \longrightarrow ClO_3$$

第三步:>440℃时,HClO₄ 解吸附,高温分解;在 440～530℃,分解表面层的高温反应,分解气体的解吸附。

$HClO_4(吸附) \longrightarrow HClO_4(g)$

$NHClO_4 + H_2O \longrightarrow NHClO_4(水合)$

$NO_2 + H_2O \longrightarrow HNO_3$

$NH_3(吸附) + HClO_4(吸附) \longrightarrow NO_2 + N_2O + HCl + NOCl + H_2O$

第四步：$>530℃$ 时，AP 高温气化。

$AP(s) \longrightarrow AP(g)$

2.2 HMX 的热分解

大多数研究着的 FTIR 研究表明，RDX 和 HMX 的红外光谱是非常相近的，其分解机理也基本相同，其分解机理大致可认为：①生成 NO_2 自由基；②氮杂环破裂；③产生 $CH_2 = N \cdot$ 和 $2CH_2 = N - NO_2$；④不稳定的 $2CH_2 = N - NO_2$ 转变为 HCHO 和 N_2O，$CH_2 = N \cdot$ 转变为 HCN；⑤NO_2 同 HCHO 反应，N_2O 与 HCHO 反应生成 CO，CO_2，N_2，H_2O 和 NO 等。

各国学者研究表明 RDX 和 HMX 在热分解过程中有一个液化阶段，对液化还是熔化虽仍有争论，但有的研究已测得对于 RDX 液化温度为 $180 \sim 250℃$，对于 HMX 为 $266 \sim 280℃$，有人认为液化起因于分解产物与 HMX(或 RDX)分子的混合。

我们采用快速热裂解原位池 RSFT/IR 联用仪研究 HMX 热分解得出 HMX 热分解历程如下：

$$HMX(s) \xrightarrow{160℃} HMX(I) \longrightarrow HMX(g)$$

$$\xrightarrow{初始} N - NO_2 \longrightarrow NO_2 + R - C - NH_2$$

$$HMX(I) \xrightarrow{<310℃} NO_2 + N_2O + HO - N - C - H + R - C - NH_2$$

$$\downarrow >310℃$$

$$H_2O + HCN + H_2O$$

$$\xrightarrow{>310℃} NO_2 + N_2O + HONO + HCN$$

$$HONO + H_2CO + NO_2 \longrightarrow NO + H_2O + CO_2$$

2.3 硝酸酯的热分解

NG 和 BTTN 是 N-15 推进剂中的两种硝酸酯，一般它们的热分解历程是

$$R - ONO_2 \longrightarrow NO_2 + HCHO + \cdots + Q$$

而 NO_2 和 HCHO 参加了推进剂组分之间的氧化还原反应。

2.4 HMX/Ct(10：1)混合物热分解

我们的 RSFT/IR 实验结果表明，催化剂的加入使 HMX 的热分解机理和特性略有变化，表现于以下几个方面：

(1)虽然最大分解速率时温度由 $365℃$ 推迟至 $390℃$，后移了 $30℃$ 左右，但起始分解温度却提前了 $100℃$ 左右，分解气体浓度起跳时间由 $320℃$ 提高到 $365℃$，分解速率加快，分解历程缩短了 1 s 左右，说明催化剂的加入提高了分解速率。

(2)虽然裂解气体产物组成不变，但各气体的浓度比值有较大变化，N_2O/NO_2，

CO_2/NO_2，CH_2O/NO_2 比值均提高，但以 N_2O/NO_2 比值提高更为显著。

（3）HMX 液化的突变点虽无明显改变，但由于起始点温度有所推后，分解速率加快，与纯 HMX 不同，在少量晶体熔化时就有明显分解。

（4）CO_2 的出现比单纯 HMX 提前。

（5）HMX 汽化温度推迟了 100℃。

2.5 PEG/BTTN/NG 含能黏合剂的热分解

采用 RSFT/IR 方法，实验表明含能黏合剂的热分解有如下特征：

（1）由于各组分间的相互作用和影响，硝酸酯的挥发和分解温度推后，聚醚等黏合剂及中定剂的分解温度提前，分别在 80～100℃ 之间不等。

（2）含能黏合剂的热分解可分为以下三个步骤：

第一阶段：<270℃时，部分硝酸酯（NG）的挥发及初始分解、中定剂的消耗。

$$NG(Ⅰ) \xrightarrow{120℃～270℃} NG(g)$$

$$NG(BTTN) \xrightarrow{200℃} RCHO + NO_2$$

$$NO_2 + 中定剂 \longrightarrow 中定剂 \cdot NO_2$$

第二阶段：270℃～280℃ 之间，分解产物与组成物或分解产物彼此相互作用（反应），导致分解不断加速，直至爆轰或爆燃。

$$NO_2 + NG(BTTN) \longrightarrow NO_2 + NO + H_2O + RCHO$$

$$NO_2 + RCHO \longrightarrow NO + CO_2 + H_2O$$

$$NO_2 + NO + H_2O \longrightarrow HNO_3 + HNO_2 \longrightarrow NO_3 + NO_2 + 2H^-$$

$$中定剂 \cdot NO_2 \longrightarrow NO_2 + HCN$$

$$HO(CH_2 - CH_2O)_n \longrightarrow HO(CH_2 - CH_2O)_n CH_3 + H_2O + CH_2 = CH_2$$

$$HO(CH_2 - CH_2O)_n H + NO_2 \longrightarrow CO_2 + CO + NO + H_2O$$

第三阶段：>280℃时，残余物的继续分解和分解残基的进一步分解。

3　N-15 推进剂热分解和组分之间的作用

对 N-15 含能黏合剂（NB = PEG/BTTN/NG），NB + HMX（NBH），NB + HMX + AP（NBHA）和 N-15 全配方进行 TG 和 PDSC 实验结果表明：

（1）N-15 推进剂中的混合硝酸酯增塑剂的分解被硝胺 HMX 加速，除分解产物加速增塑剂分解外，硝胺的液化作用也使它的分解加快。而增塑剂的分解产物也强烈地加速了硝胺的热分解。

（2）高氯酸铵的低温分解产物可以强烈地加速增塑剂和硝胺的分解，它的高、低温分解也受到增塑剂和硝胺分解产物的加速。

（3）N-15 推进剂中燃速催化剂使增塑剂和硝胺的放热量增加，放热速率提高，也使高氯酸铵的高温分解提前。

4 N-15 高能推进剂燃烧模型的提出

4.1 N-15 推进剂的配方特点

N-15 推进剂与典型的改性双基推进剂和复合推进剂既有相同之处、又有不同之处,相同处在于:

(1)含有双基推进剂的硝酸酯增塑剂如 NG 和 BTTN;

(2)它们都含有 AP 氧化剂、Al 粉燃料和 HMX 高能硝胺炸药;

(3)它的化学安定剂与双基推进剂是类似的;

(4)采用的铅盐催化剂也与双基推进剂相近。

它们的差异处在于:

(1)含有能赋予推进剂以良好力学性能的高分子预聚物聚己二醇(PEG)。PEG 和 HTPB 一样是惰性的高分子材料。但用混合硝酸酯增塑的 PEG 黏合剂实际上是一种含能的黏合剂,它不仅能赋予推进剂以良好的力学性能,还能提供一定的能量。

(2)配方中的 HMX 量为 AP 的 4 倍左右,因此配方中主氧化剂主要应由 HMX 承担,至少由 HMX 和 AP 共同承担。

4.2 已观测到的 N-15 高能推进剂燃烧的现象

(1)由火焰照片可知由于含有 AP,N-15 推进剂火焰结构大大改变。由于 AP 分解生成氧化性物质和黏合剂分解产生的 C/H 类分子形成扩散火焰,使双基推进剂常有的暗区基本消失。此时火焰结构与复合推进剂的结构相似。

(2)用扫描电镜观察熄火和未熄火的推进剂样品发现,未熄火样品表面(300~500 倍放大率)粗糙、凹凸不平,氧化剂和铝粉及催化剂等占 70% 左右的固体物料较均匀地分散在含能黏合剂母体中,这是典型的异质推进剂特征。而熄火的样品,表面有一层熔化层覆盖,且有平均粒径高达 200 μm 的铝粉凝聚粒子的存在。从扫描电镜纵切面图还可知,铝元素富集在熄火表面,进一步证实了铝粉在燃烧表面先凝聚成团,然后在燃气流的动力作用下被喷向气相火焰区,最后在气相区燃尽。而观察到的熄火表面熔化层似为熔融(或液化)HMX 与残余黏合剂所组成。

(3)熄火表面有许多明显的蜂窝状深孔,这可能是催化剂在局部地区加速黏合剂分解所致,因为无催化剂的样品则无蜂窝状深孔。

(4)快速 FTIR 实验指出含能黏合剂(PEG/NG/BTTN)分解生成的产物为 N_2O,NO,CH,等等,它们是一种氧化性和还原性气体的预混火焰。

(5)Beckstead M W 等人曾对 HMX 单元推进剂火焰和 AP 单元推进剂火焰作过详细的比较,结果表明:HMX 表面反应放出的热(837~1 046 J/g)高于 AP(502 J/g),HMX 的火焰温度(3 275 K)高于 AP(1 400 K),HMX 的表面温度(1.38 MPa 时,820℃;17.2 MPa 时,为 930℃)高于 AP(2.07 MPa 时,为 570℃;17.2 MPa 时,为 720℃)。HMX 的火焰高度(1.38 MPa 时,为 125 μm;17.2 MPa 时,为 7 μm)高于 AP(2.07 MPa 时,为 20 μm;17.2 MPa 时,为

$2.5~\mu m)$。最近,Cohen N. S.提出:HMX 的燃烧(气相),可以认为是一种两阶段反应,即 HMX 的气相分解反应和 HMX 分解产物的二次反应。热释放的最大值对应于 HMX 分解对应的最大浓度梯度;在离开表面 $50~\mu m$(通常为 $10\sim20~\mu m$)内,HMX 的分解反应是主要的,二次反应可以忽略,此时的表面温度可达到 $1~000\sim1~100$ K。在离开表面 $100~\mu m$ 以外的区域,二次反应才变得剧烈起来。HMX 的燃速为其气相分解反应所控制。根据上述实验结果,我们认为:在推进剂通常的工作压强范围($3\sim15$ MPa)内 HMX 火焰的强度与 AP 火焰的强度大体相当。

4.3　N-15 推进剂多层火焰燃烧物理模型

根据该推进剂的配方组成特点和上面介绍过的我们历年来的实验结果,又参照文献报道的有关各种推进剂燃烧分解机理,我们尝试把 N-15 高能推进剂的稳态燃烧物理模型作如下的初步描述:

(1)N-15 推进剂是由 PEG/NG/BTTN/HMX/AP/Al 六种基本组分构成的异质混合物,它的燃烧过程是一个复杂的物理化学过程,其燃烧波结构比 HTPB 复合推进剂和双基推进剂更为复杂些。

(2)该推进剂燃烧区和复合推进剂相似,由凝聚相反应区(含表面熔化层和铝粉凝聚粒子)、扩散区和火焰区三部分构成。该凝聚相的熔化层是由 HMX 液化物和含能黏合剂热分解残余物所形成的;燃烧表面处还残存一定数量的铝粉熔化后凝聚的大液滴。随着燃烧面附近各单元氧化剂火焰的形成和燃烧产物的动力作用,铝凝聚液滴被燃气带动逸出燃烧表面进入扩散焰中,最后在终焰中完全燃烧并释放出全部热量。但由于 Al 的燃烧离燃面较远,对燃面的影响较小,故在物理模型图中未作描述。

(3)Cohen N. S.等人根据 BDP 模型讨论了多组分时火焰结构时认为,当有两种不同氧化剂时,至少应考虑有两个氧化剂分解的火焰区单元推进剂火焰。这两个火焰可以处理为两个独立的预混火焰。同时还可考虑两种氧化剂预混焰在不同高度形成两个初始扩散焰。

同理,根据 N-15 推进剂的组成可知,除分别存在 AP 和 HMX 的两个分解火焰和两个初始扩散焰外,含能黏合剂本身也是一种不是富氧化剂的含能组分,它在推进剂中以连续相围绕着 AP 和 HMX,故应当把它们视为与 HMX 相似的一个氧化剂。于是认为 N-15 推进剂气相区存在着 AP,HMX 和含能黏合剂三种物质的三个独立的分解火焰和三个独立的初始扩散焰是合理的。

在燃烧表面上方,HMX,AP 和含能黏合剂各自进行热分解,形成六个独立的分解焰和初焰并放出部分的热量。

1)AP 分解焰和初焰。

主要释放出氧化性的气体:

$NH_4ClO_4 \longrightarrow NH_3^+ + HClO_4 \longrightarrow NO_2,N_2O,NHClO_4^+,HCl,Cl_2,H_2O,O_2$ 等
(固态)　　　(气态)　(气态)

2)HMX 分解焰和初焰。

$HMX \longrightarrow CH_2=N\cdot,2CH_2=N-NO_2 \rightarrow HCHO,HCN,NO_2,N_2O,NO,HNO_2$ 等

3)含能黏合剂分解焰和初焰。

它是由混合硝酸酯(NG,BTTN)增塑的聚醚(PEG)组成,但文献指出该含能黏合剂还可能溶解一定量的 AP(~2%)。因此这种既含有大量硝酸酯增塑剂和少量 AP 的含能黏合剂热分解的火焰是一种预混焰,它在燃烧模型中的作用,就比 HTPB 惰性黏合剂单纯分解放出还原性 C/H 碎片和气体要独特得多。

$$含能黏合剂 \xrightarrow{\text{聚合物断链,硝酸酯和 AP 分解}} NO_2,HCHO,C/H 碎片,NO 等$$

(4)最终扩散火焰。

在离燃烧表面一定距离处,HMX,AP 和含能黏合剂的三个初焰进一步扩散混合并与铝粉进行强烈的化学反应并放出大量热量形成发光光焰。N-15 推进剂的多层火焰燃烧物理模型如图 1 所示:

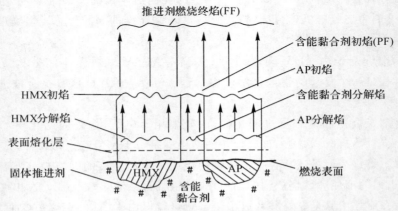

图 1　N-15 推进剂多层火焰燃烧物理模型

(5)讨论。

1)各氧化性和还原性气体的扩散混合是 N-15 推进剂燃烧的关键性过程。

2)HMX 含量占 N-15 推进剂配方 40% 以上,是该推进剂的主氧化剂,因此 HMX 的热分解速率应是该推进剂燃速的控制步骤。凡是有利于 HMX 分解的催化剂将也有利于提高该类推进剂的燃速。

3)HMX 含量增多熔化层厚度也增加。由于 HMX 液化(熔化)吸热,因此 HMX 含量增加对提高燃速和降低压强指数是不利的。

4)AP 在该推进剂中含量虽占 12% 左右,但它却是推进剂燃烧中不可忽视的氧化剂,其含量和粒度大小对调节燃速和压强指数至关重要,当 AP 含量不变时,用微米级 AP 可增大推进剂燃速;增加 AP 含量,特别是 AP 粒度增大能促使形成扩散焰,有利于压强指数降低。

5　总结

(1)根据 TG,PDSC 和 FTIR 的实验结果提出了 AP,HMX,PEG/NG/BTTN 黏合剂(NB)的热分解历程,实验也证明了 NB 中的硝酸酯增塑剂分解被 HMX 加速;AP 的分解产物强烈地加速硝酸增塑剂和 HMX 的分解,同时 AP 分解产物也被硝胺和硝酸酯增塑剂分解产物加速;燃速催化剂使 N-15 推进剂中硝酸酯和硝胺放热量增加放热速率提高,也使 AP 高温分解提前。这些实验为建立燃烧物理模型提供了基础的数据。

（2）从不同组分的 N-15 推进剂熄火样品的扫描电镜观测和能谱分析可以确认燃烧熄火表面有一熔化层，并有铝粒子凝聚于表面层；熄火表面明显的蜂窝状可能是催化剂加速黏合剂分解的结果……这些为建立燃烧物理模型提供了有益的参考信息。

（3）在上述两类实验数据、观察的基础上，参考国内外有关推进剂燃烧物理模型，初步提出了 N-15 高能推进剂多层火焰燃烧物理模型。当然它还需再进一步修改补充、完善后逐步建立相应的数学模型。

参考文献

[1] 王伯羲，冯增国，杨荣杰. 火药燃烧理论[M]. 北京：北京理工大学出版社，1997.

[2] Davenas A. Solid rocket propulsion technology [M]. Oxford：Pergamon Press Ltd，1993.

[3] Kuo K K，Summerfield M. Fundamentals of solid－propellant combustion[M]. New York：American Institute of Aeronautics and Astronautics，1984.

[4] 刘德辉. 高氯酸铵/硝胺复合推进剂中主氧化剂地位的确定[J]. 固体火箭技术，1991，(2)：86－91.

[5] 刘子如，阴翠梅，孔扬辉，等. 高氯酸铵的热分解[J]. 含能材料，2000，8(2)：75－79.

[6] 刘子如，阴翠梅，孔扬辉，等. 高氯酸铵与 HMX 和 RDX 的相互作用[J]. 推进技术，2000，21(6)：70－73.

文章来源：火炸药燃烧技术专题研讨会，2000.

Combustion Mechanism of the Low Signature Propellant Containing 1,7 – diazido – 2,4,6 – trinitrazaheptane (DATH)

Dang Zhimin   Zhao Fengqi   Li Shangwen

Abstract: The thermal decomposition behavior of the low signature (LS) propellant containing 1,7 – diazido– 2,4,6 – trinitrazaheptane (DATH) is investigated by DSC, TG and DTG technique. Several analysis methods are used to study the physico-chemical structure of surface before and after combustion and the burning flame structure of this kind of propellant. Because DATH decomposes to produce a great quantity of N_2, the physico-chemical structure of burning surface of the propellant is obviously different front that of RDX-CMDB (Composite Modified Double-Base) propellant. It's mainly N_2 that gives rise to forming a lot of pores on the burning surface for its release. These pores can increase the burning rate because of extending the burning surface and increasing thermal-transfer intensity. In comparison with decomposition and combustion process of RDX-CMDB propellant, the propellant containing DATH creates the different decomposition products from the condensed phase to the fizz zone.

Keywords: low signature (LS) propellant, thermal decomposition, burning surface, burning rate, combustion mechanism

1   Introduction

1,7 – diazido – 2,4,6 – trinitrazaheptane (DATH) is an energetic oxidizer of propellants. There are rareresearch reports on the decomposition behavior and combustion characteristics of the propellant containing DATH. At present, many papers can be seen only that report the combustion characteristics of propellants containing the other azides, such as GAP, BAMO, et al[1-3]. DATH was used to replace RDX in RDX – CMDB propellant in this paper. DATH is a kind of azidonitramine and has a great positive heat of formation. There are two moles —N_3 in a mole molecular of DATH. The thermal decomposition and combustion properties of the propellant are investigated by several analysis methods in our laboratory. The experimental results give us a lot of useful information for studying the combustion mechanism of this kind of LS propellant further.

2 Experimental

2.1 Experimental samples

The experimental samples are prepared by the solventless extrusion technique. The sample composition is shown in Table 1.

Table 1 Composition of Sample（mass %）

Sample	Binder	RDX	DATH	DNA	Pb salt	Cu salt	CB
1	61.5	23.5	15	—	—	—	—
2	60.3	23.0	14.7	—	2.0	—	—
3	60.3	23.0	14.7	—	—	2.0	—
4	60.3	23.0	14.7	—	—	—	2.0
5	60.0	22.9	14.6	—	2.0	0.5	—
6	60.0	22.9	14.6	—	2.0	—	0.5
7	60.9	23.2	14.9	—	—	0.5	0.5
8	59.7	22.8	14.5	—	2.0	0.5	0.5
9	59.6	34.0	—	3.4	2.0	0.5	0.5

Pb salt stands for lead phthalate. Cu salts stands for cupric adipate. CB is carbon black. DINA is N – nitmdihydrovthyIamine – dinitrate.

2.2 Experimental methods

TG and DSC experiments were carried out on a model TA 2000 instrument，TACO. USA. The operation conditions were as follows: the sample mass，about 2.00 mg; heating rate，10 K $\cdot$ min^{-1}; reference sample. α – Al$_2$O$_3$; atmosphere，a flowing rate of about 40 mL $\cdot$ min^{-1} of N$_2$. The photographs of combustion flame were obtained by the photographic camera through the view windows of the chamber. The chamber was filled with the flowing N$_2$. The size of propellant brand was 20 mm $\times$ 5 mm $\times$ 2 mm. The curves of temperature profile were obtained by the micro-thermal-couple technology. The data acquisition system was HP 5430A Digital Oscilloscope. The personal computer was employed to analyze these data. Information of —N$_2$ group change before and after combustion could be gotten by using a Nicolet 60 SXR Fourier Transform Infrared Spectrometer（FTIR）with the in-situ cell at heating rate of 20℃/min，which used to real-time follow the thermal decomposition process. JMS-5800 Scanning Electron Microscope（SEM：Japan Electronic Company）was used to research on the surface appearance before and after combustion.

3 Experimental results and discussion

3.1 Thermal decomposition

We choose sample 1, sample 8 and sample 9 to carry out thermal decomposition research by DSC at 2 MPa. The rates of heating are 5℃/min, 10℃/min, 20℃/min and 40℃/min respectively. The DSC curves of sample 1, sample 8 and sample 9 are Fig. 1, Fig. 2 and Fig. 3 respectively.

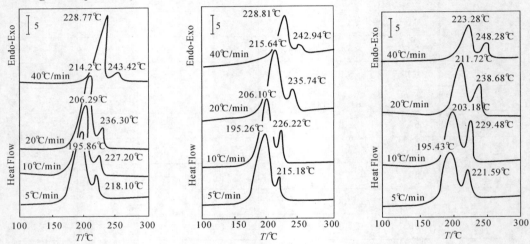

Fig. 1　DSC curves of Samples 1　　Fig. 2　DSC curves of Samples 8　　Fig. 3　DSC curves of Samples 9

Analyzing these DSC curves, we discover that there are two decomposition peaks appearing on the DSC curves. And the decomposition peak temperatures of these samples increase with the increase of the rate of heating. And the peak shapes slope toward right. The fact follows a general rule. At the same time, with increasing the heating rate, the heat of decomposition reduces gradually. The distance between two decomposition peaks of sample 9 almost don't change. But that of sample 1 or sample 8 drastically reduces at a higher heating rate. The fact shows that the first decomposition process has a promotion effect on the second process for samples containing DATH.

In addition, the area of the first peak is bigger and that of the second one is smaller. We define the first decomposition peak temperature as T_{m1}. T_{m1} stands for the decomposition peak temperature of binder. The second decomposition peak temperature is named as T_{m2} that stands for the decomposition peak temperature of RDX. We think that the whole decomposition reaction process is mainly controlled by the first decomposition reaction because it releases a great deal of heat energy. Therefore, the first decomposition peak temperature is used to calculate the activation energy of decomposition reaction and evaluate the decomposition reactive degree if the reaction is easy or difficult.

Kissinger method[4] is used to compute the kinetics data of the decomposition peak. The equations of kinetics are shown in Table 2. The results show that the activation energy of sample 8 is the smallest. But the activation energies of sample 1 is bigger and that of sample 9 is the biggest. In addition, the decomposition rate constant of sample 8 is bigger. So, we may conclude that sample 8 with catalysts decomposes easier than sample 1 without catalysts. And sample 8 and sample 1 with DATH decomposes easier than sample 9 without DATH. Therefore, both DATH and catalysts have a positive effect on the increase of the burning rate. At the same time, we consider that the catalysts change the activation energy of the first stage decomposition.

Table 2 Kinetics equations of sample decomposition

Decomposition peak	Sample 1	Sample 8	Sample 9
T_{m1}	$k = 20.39\ e^{-14\,553/T}$	$k = 19.45\ e^{-14\,120/T}$	$k = 24.21\ e^{-16\,418/T}$
	$\ln k = 3.01 - 14\,533/T$	$\ln k = 2.96 - 14\,120/T$	$\ln k = 3.19 - 16\,418/T$

3.2 Flame structure

In a combustion chamber filled with N_2, tests of flame photo and temperature profile determination for nine samples are done under 2, 4 and 6 MPa. By observing photos and analyzing curves, we may see the reaction of combustion surface becomes stronger and stronger with increasing pressure and the flame color changes from red-yellow to blue-white. There is a thinner dark zone in flame photos. The distance from flame to the combustion surface becomes smaller and smaller. The reason appearing these phenomena is chat the test pressure is increased.

The combustion flames obviously exist certain thin dark zone under 2MPa. There are some heat-bright dots of different size and quantity on the burning surface for sample 4, sample 6 and sample 8 (See Fig. 4). In comparison with the sample components, we think that the size and quantity of heat-bright dots are directly proportional to additional carbon black (CB) content in these samples. CB plays an important role for forming these heat-bright dots, Sample 4 has 2 percent CB. so it has a lot of heat-bright dots. Pb/CB, Cu/CB and Pb/Cu/CB are composite catalysts used in sample 6, sample 7 and sample 8 respectively. The soot formed during combustion absorbs Pb, Cu or their oxides and they can mix and melt into sphere shape. The formation of heat-bright dots is due to releasing heat of the scission of $-N_3$ bonds to produce $-C \equiv N + N_2$ and reduction of NO. But when the pressure is up to 4MPa, the bright dots disappear because of strong reaction in the combustion surface. In addition, we discover some thin bright particle flow in the flame photos under 2 MPa. One part is produced by spraying combustion of RDX particles. Such view also shows in reference [1]. Another is perhaps formed by organic pieces rising into flame with gas flow after DATH decomposition on the propellant burping surface.

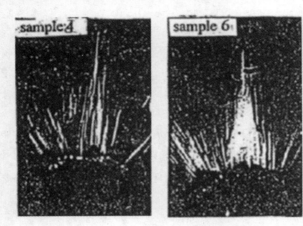

Fig. 4   Photos of flame structure

Some facts in flame structure photos would be further explained from the temperature profile data of combustion wave. The slopes from the condensed phase to the flame zone increase gradually with increasing pressure from 2 MPa to 6 MPa. This shows that the surface temperature rises and the dark zone almost disappears and the distance from flame to the burning surface decreases with increasing pressure. Therefore, we consider that the reaction would be drastic under a high pressure.

3.3   Surface physico-chemical structure

We use sample 1, sample 8 and sample 9 to conduct the experiment. Observed sample surface before combustion by SEM, the cross-section of sample 1 is obviously smooth and the binder keeps a good appearance. But that of sample 8 and sample 9 are coarse. We think that catalysts have an effect on the cross-link of binder. In addition, there are some RDX crystal particles appearing on the cross-section for all samples at a higher magnification. These particles may elucidate the spraying flow of RDX appearing in the flame photos under 2 MPa. Analysed by FTIR, both sample 1 and sample 8 have two strong absorbing peak at $2\ 100\ cm^{-1}$. But sample 9 has no the peak. We consider that the peak stands for $— N_3$ group when it appears in the samples.

Surfaces of three samples after extinction are like coral at a low magnification. But their surfaces are significantly different at a high magnification. The burning surface of sample 8 likes a bee nestle and has some dense small pores and these pores are very like small coves. Though some pores appearing also in sample 1, but the quantity of pores is less than that of sample 8. The surface of sample 9 looks like a solid block without almost any pore in a great area. Only are there some gaps among blocks. (See Fig. 5) We may suppose that the density of pores is strongly relate with the combustion reaction. The view can just explain the data of the burning rate.

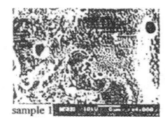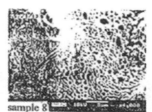

Fig. 5　SEM photos after extinction

By Infrared Photoaccousitic Spectroscopy，we may conclude that —N$_3$ group decomposes into — C≡N on the propellant surface and produces a lot of N$_2$ and NO$_2$. The result may elucidate that sample 1 and sample 8 have a lot of pores on the surface after extinguishing. And the result can further explain that — N$_3$ group on the burning surface decomposes completely and — N$_3$ of interior decomposes partly and that of the deepest zone don't almost decompose at all.

In addition，analyzing the surface composition of three samples by electron-probe method，we discover a lot of carbon. This proves that there is a tight bright carbon layer. At the same time，the surfaces of sample 8 and sample 9 accumulate a lot of Pb and Cu. This may explain the composition of heat-bright ball. Pb salt retains 65.12 percent residue after decomposition completely at 500℃ by TG. The content is accordant with the theory content after Pb salt into PbO finally. Cu salt still retains 38.8 percent after combustion，（See Fig. 6）. The content is also accordant with the content of Cu salt into CuO. Therefore，we consider that Pb and Cu of the surface we their oxides.

4　Conclusion

(1)DATH added into propellants my change the reaction state of combustion surface. The reason is that DATH has a great positive heat of formation and — N$_3$ group can decomposes to produce a great deal of N，and heat energy.

(2)The release of N$_2$ creates a lot of small pores. The pores are useful to extend the burning surface and increase heat-transfer and improve the burning rate.

(3)DATH decomposes gradually from surface to interior. It's decomposition process would be supposed as follows：

$$N_3 — R — N_2(DATH) \longrightarrow R''(CN)_2 + N_2 + NO_2 + Q(heat\ energy)$$
$$R''(CN)_2 \longrightarrow Organic\ pieces$$

(4) The physic-chemical structure of burning surface of the propellant is obviously different from that of RDX – CMDB. The difference focuses on the production of decomposition from the condensed phase to the fizz zone.

(5)Carbon black has an important role to form heat-bright dots. It is a bearer of Pb and Cu oxides.

Reference

[1] Li S, Wang J. Influence of some straight chain azido-nitramine on combustion properties of CMDB propellant[J]. Journal of populsion Technology, 1995(4): 61 - 65.

[2] Hori K, Kimura M. Combustion mechanism of glycidyl azide propellants [J]. Propellants, Explosives, Pyrotechnics, 1996, 21(3): 160 - 165.

[3] Oyumi Y, Mitarai Y, Auan T. Mechanism of catalytic on AMMO/HMX composite propellants combustion rates[J]. Propellants, Explosives, Pyrotechnics, 1993, 18(4): 195 - 200.

[4] Kissinger H E. Reaction kinetics in differential thermal analysis [J]. Analytical Chemistry, 1957, 29(11): 1702 - 1706.

文章来源:Journal of Energetic Materials, 2000, 18(1): 29 - 37.

高技术武器与先进火炸药技术

李上文　　赵凤起　　王琼林　　王晓峰

摘　要: 军事高技术是高技术的重要组成部分,是产生新作战武器和新军事战略的物质基础,有特殊的地位和作用。先进火炸药技术与高技术武器息息相关,是高技术武器发展的物质基础之一。未来高技术武器的发展为先进火炸药的技术进步提供了强有力的需求牵引,而先进火炸药技术可为高技术武器实现"远(远程化)、隐(隐身)、准(精确制导)、狠(高威力)、钝(钝感)、小(小型化)"这 6 个特点提供有力的技术支撑,奠定坚实的技术基础。

关键词: 高技术;高技术武器;火炸药

1　引言

目前,世界各主要国家把发展高技术作为兴国强军的战略举措。尤其是 20 世纪 90 年代初爆发的海湾战争,使各国充分认识到高技术及高技术武器在现代战争中的重要作用,从而使高技术包括军事高技术成为全球关注、重点研究的领域。

2　高技术与高技术武器

高技术(Hihg - Technology)的说法源于美国建筑界,产生于 1968 年。当时美国建筑业蓬勃发展,采用了大量新材料、新工艺和新技术,使得建筑物富丽堂皇、美不胜收。两个美国女建筑师有感而发,于 1968 年合写了《高格调技术》一书,首次提出高技术的概念。进入 20 世纪 70 年代,高技术一词在美国媒体频频出现,并传向西欧和日本;同时高技术的含意也由建筑业扩展到其他领域。人们开始把那些能带来巨大经济效益,能向经济、军事、社会等各个领域广泛渗透的新兴技术产业和产品称为"高技术产业""高技术产品"。

到了 20 世纪 80 年代,高技术一词更是广泛流传,开始被一些词典收录。1981 年,美国推出《高技术》月刊。1987 年,美国著名历史学家保罗·肯尼迪在《大国兴衰》一书中将高技术的范围概括为计算机技术、激光技术、制导技术、光电技术以及机器人等。曾任里根总统高级顾问的阿布希尔在 1988 年出版的《防止第三次世界大战:现实大战略》一书中,将隐身技术、人工智能技术和通信技术也包括进高技术。日本 1986 年出版的《新世纪百科辞典》中表述,高技术即尖端技术,是计算机、医学电子学、生物技术、光电子技术、人工智能、新材料、新合金以及宇宙开发等最新学科中新技术的总称。美国 1989 年出版的《防务词典》中有"高技术武器系统"词条,其释义是"尖端技术武器系统"。

目前,国外对高技术概念的主流看法是,高技术的定义有狭义、广义之分;高技术是动态的、定义没有完全固定的概念;高技术涵盖的技术项目十分广泛,不同国家、不同领域强调的侧重点各异。世界上有一定经济和科技实力的国家,都根据本国情况确定了高技术发展的重点。

军事高技术是高技术的重要组成部分,是产生新作战武器和新军事战略的物质基础,有特殊的地位和作用。军用高技术主要包括军用微电子技术、军用计算机技术、军用光电子技术、军用航天技术、军用生物技术、军用新材料技术、隐身技术、定向能技术等。以这些军事高技术为基础,产生了高技术武器,如新型导弹、隐身飞机(舰艇)、制导武器等。先进火炸药技术与上面提到的一些军用高技术紧密相关,自然也成为高技术武器发展的物质基础之一。

先进火炸药与高技术武器息息相关,火炸药是火药(即枪炮发射药和火箭推进剂)和炸药的总称。未来高技术武器装备发展的特点,可归纳为"远(远程化)、隐(隐身)、准(精确制导)、狠(高威力)、钝(钝感)、小(小型化)"6个字。未来高技术武器的发展为先进火炸药的技术进步提供了强有力的需求牵引,而先进火炸药技术可为高技术武器实现这 6 个特点提供有力的技术支撑,奠定坚实的技术基础。

3 "远":需要高能、高密度火药

武器的射程历来受到重视,近年来尤为重视用高新技术增加武器射程,使之具备超远程打击能力。例如,美国"战斧"巡航导弹的射程从原来的 300 km 增加到现在的 2 500 km;法国"哈得斯"地地战术导弹的射程从 1992 年装备时的 250 km 增加到现在的 450 km;美国多管火箭炮系统(MLRS)的射程从 16 km 增加到 40 km(见图1);俄国"旋风"多管火箭炮采用高能丁羟(HTPB)推进剂后射程增至 70 km。又如,国际上在大口径 155 mm 火炮中早已采用"底排"技术减小底阻,使其射程增加 20%~30%。现在国外正在研究用底排火箭助推技术,有望使大口径火炮的射程再提高 10 个百分点。

图 1　美国多管火箭炮系统(MLRS)因使用高能、高密度发射药而提高了射程

火药对武器增加射程的贡献主要是通过提高火药能量、火药密度和装药量来实现的。主要技术措施有:

(1)采用新的含能黏合剂、高能量密度化合物和新型氧化剂,以提高发射药和推进剂的能量。国外正在大力开展这些材料的合成和应用,未来高能推进剂的理论比冲有望达到 290 s 左右。

(2)探索新的能源,如火炮的液体发射药和电热化学炮的能源。

(3)冲压发动机是优先选择的导弹动力装置,甚至被某些大口径增程炮弹所采用。利用空气补燃技术,冲压发动机的比冲可达 600~1 000 s,令一般固体火箭发动机望尘莫及。而固体发动机采用的贫氧推进剂是固体推进剂的变种,在工艺、性能上与固体推进剂有许多相似性。因此,贫氧推进剂及其燃烧特性的研究已成为推进剂研究的重要分支及近年来的热门。

4 "隐":需要低特征信号高能推进剂

隐身指减少目标的特征信号,降低其可探测性。低特征信号推进剂是有效隐身的关键技术之一。近年来,随着导弹本体和发射平台隐身能力的提高,导弹发动机排气羽流特征信号(烟、焰及辐射能)就成为导弹被敌方探测的重要特征信号源(见图2)。正是基于这种强烈军事需求,早期"无烟推进剂"的内涵进一步扩展,80年代中后期开始使用"低特征信号推进剂"的术语。所谓"低特征信号"是指火箭发动机排气羽流的烟(一次烟和二次烟)及羽流二次燃烧的火焰(可见光、紫外及红外)的辐射特征信号低,不易被敌方探测、识别和截击。21世纪战术导弹固体发动机的首要发展目标是低特征信号(LS),关键技术是采用低特征信号推进剂。它实际上是在微(少)烟推进剂基础上扩展和提高,达到"既无烟、又无焰"的新型推进剂,是当今固体推进剂研制的方向之一。

图2 导弹发动机排气羽流特征信号成为导弹被敌方探测的重要信号源

新含能材料是低特征信号推进剂的研制基础。为实现低特征信号,固体推进剂中尽可能不加或少加铝粉、高氯酸铵之类能产生烟的物质,但这将以牺牲推进剂能量为代价。为了使低特征信号推进剂的能量降低尽可能少,需加入含能添加剂或新型氧化剂,因为它们燃烧时不产生氯化氢烟,且含氧量高、含氮量大。有利于提高能量和减少特征信号。国外已就新添加剂的合成、相容性、工艺性、安全性进行大量研究,如将二硝酰胺铵(ADN)作为复合推进剂的氧化剂已在俄罗斯SS-24战略导弹上应用了十余年。

某些纳米材料有潜在的催化活性,可能成为低特征信号固体推进剂良好的燃烧催化剂,对提高推进剂的燃烧性能有所贡献。

5 "准":同样需要低特征信号高能推进剂

"准"意味着武器系统具有自主能力,能自动地选择目标、识别敌我,完成对目标的探测、分析、攻击和评估;能攻击目标薄弱部位,使命中精度和作战效能比普通弹药高数倍以上。这种精确制导武器系统由精确制导弹药(包括采用精确制导技术的导弹、炮弹、鱼雷、地雷和航弹等)和先进的发射平台组成,将成为未来战争的主要打击手段。精确制导弹药所配用的推进剂也必须是低特征信号的,目的是防止羽烟信号干扰制导电磁波的传输而导致制导失效。因此,低特征信号推进剂是精确制导武器必不可少的动力源。

6 "狠":需要高效毁伤炸药

弹药的威力在于高效毁伤。随着弹药毁伤方式和作用对象的日益广泛,对炸药性能的要求也各不相同。对于大型爆破型弹药,要求炸药具有较高的冲击波超压和冲量;对于破片杀伤式弹药,破片速度、动能及其分布是决定毁伤效果的重要参数,要求炸药对破片具有较高的加速能力;对于聚能战斗部,要求炸药能产生高速射流和自锻弹丸;对于重型鱼雷、水雷和深水炸弹等水下爆破弹药,要求炸药具有较高的冲击波能和机械气泡能;对于硬目标侵彻战斗部,要求炸药有较高的抗冲击过载特性和较高的内部爆炸威力。炸药设计不当会较大地影响毁伤效果。目前炸药设计都是根据战斗部毁伤机制和目标易损性,求得炸药和战斗部的最佳匹配,从而大大地提高炸药装药的能量利用率和战斗部终点毁伤效果。

二战时广泛使用的 TNT 炸药,现在已被能量更高、威力更大的硝胺炸药、高分子黏结炸药、含铝炸药所取代,新型炸药技术得到广泛应用。例如:为适应水下武器的发展,借鉴复合推进剂的经验,各种高能复合炸药正在大口径鱼雷、水雷、深水炸弹中作为爆破型装药,并在能量释放控制和能量有效利用方面取得了重要进展;高分子黏结炸药(PBX)得到迅速发展,国外正研究将浇铸型高分子黏结炸药用于硬目标侵彻战斗部;六硝基六氮杂异伍兹烷(CL-20)作为新型高能量密度化合物之一,性能与传统炸药相比有显著提高,是国外已成功合成并加紧应用研究的典型单质高能炸药;某些反应性材料(如铝热剂型材料)在一定条件下能发生化学反应并放出热量,从而产生高温,显著增加爆炸效应;有些反应性材料(如特氟隆/铝)用在弹丸中产生的孔洞,比同样大小的惰性弹丸或破片产生的孔洞大 3～4 倍,对目标的破坏作用明显增强。美国海军近期计划重点研究一种反应性破片战斗部,可使其对目标的破坏力增加 3 倍,对空中目标的杀伤率增加 50%,并计划用在聚能射流中以显著增加对装甲的穿深及破坏后效(见图 3)。

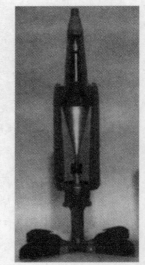

图 3 聚能战斗部要求炸药能产生高速射流,以显著增加对装甲的穿深及破坏后效

由此可见,不断研发的高能量、大威力炸药为高效毁伤提供了最有效的物质保障。

7 "钝":需要安全的钝感火炸药

火炸药是一种含能材料,在外界的刺激(亦称激发、激励)下可能会产生激烈的化学反应,发生燃烧或爆炸。火炸药在受到外界能量(热、冲撞、摩擦、静电等)刺激时,发生燃烧、爆炸的难易程度被称为火炸药的"易损性"。它是火炸药的重要性能,不仅与火炸药的生产、加工、处理过程的安全性息息相关,而且与作为武器系统动力和毁伤能源的弹药本身的贮存、运输、作战使用安全和生存能力密不可分。

在第三次中东战争中,以色列坦克遭受攻击,弹药爆炸引起坦克破坏和人员伤亡。由此提出了研制钝感弹药(IM)的问题。此后,英、美各种作战平台(包括航母、军舰、飞机、坦克)频繁发生火灾事故,烤燃引爆弹药,造成严重的伤亡。惨痛的教训使西方各国开始重视钝感弹药的应用。美海军于1984年提出了IM方针。美军方于1989年发布第一个IM军标,1994年对该军标做了大量修改并沿用至今。法国也制订了与美国相似的IM军标。美海军率先实施先进钝感弹药发展计划(IMAD),要求从1995年起,海军15种火箭、导弹、鱼雷炮弹的弹药均应符合IM标准要求。

鉴于上述事故的教训,加上火箭、导弹、航弹、炮弹等弹药向高能量、大尺寸、大威力方向发展,更迫切需要解决钝感弹药的问题,IM成为21世纪弹药发展的重要目标。而占弹药重量80%以上的是危险的火炸药,所以火炸药的"易损性"已成为钝感弹药的关键技术。自1984年以来,西方各国已多次开会研讨IM技术,已在IM的定义、测试方法、国标军标、研究方法、情报交流,以及新型钝感炸药、发射药和推进剂的配方及性能研究诸方面取得良好的进展。有些钝感弹药已装备部队。

8 "小":需要高性能火炸药

武器系统的"小型化"指武器从"重、厚、长、大、粗"向"轻、薄、短、小、精"的方向发展。小型化的目的,一是减少目标特征,提高武器系统的生存能力;二是减少体积和重量,提高部队的快速机动能力。目前发达国家一个步兵师的装备全重达1.3万吨左右,进行一次机动需大型运输机500架次,远远不能满足快速机动作战的需求。

先进火炸药技术在使武器弹药小型化方面也可以发挥自己的作用。提高火炸药能量可减小弹药体积,如美国MX"和平保卫者"机动战略导弹采用当今能量最高的硝酸酯增塑的聚醚(NEPE)推进剂,比原来采用HTPB推进剂的战略导弹的直径大大减小。给机动运输带来方便,同时也降低了成本。又如大口径炮弹使用刚性组合发射装药(见图4)代替传统的药包式发射装药,既便于自动装填以提高发射速度、简化操作、增大火力密集度,又可以减少弹药的体积;而使用零梯度发射药可减少高低温时膛压的变化,有利于减小炮管厚度、减轻火炮重量。上述均是先进火炸药对武器小型化的贡献。

图4　G6自行榴弹炮使用的组合发射装药

文章来源:现代军事,2002(8):31-33.

国外固体推进剂研究与开发的趋势

李上文　赵凤起　袁潮　罗阳　高茵

摘　要:从 4 个主要发展方向分别评述了 2010 年前固体推进剂研究开发的趋势,认为中近期较现实的高能推进剂组合可能是叠氮黏合剂/ADN/Al 或 AlH₃;战术导弹实现低特征信号主要是以损失固体推进剂部分能量为代价,而低特征信号推进剂添加 CL-20 和 ADN 是提高其能量的首选途径,高氮化合物、氧化呋咱化合物等也有良好的应用前景;采用钝感的黏合剂(如 HTPE)、钝感的硝酸酯和合理调控固体添加剂的化学结构及物理性能是实现固体推进剂钝感的有效途径;介绍了用可水解黏合剂(PEGA)或热塑性弹性体(TPE)黏合剂制成的新型固体推进剂具有令人瞩目的少污染和可再生使用性能的实例。

关键词:固体推进剂;钝感高能炸药;黏合剂;氧化剂;金属燃料

1　引言

未来的战术导弹不仅要求固体推进剂具有高的能量,即高比冲、高密度,且要求固体推进剂在保持适当能量水平的基础上,具有低特征信号、钝感(低易损性)和少污染等特性。面对 21 世纪固体推进剂发展,美国"一体化高效火箭推进技术计划(IHPRPT)"于 1994 年开始启动。该计划参考战术导弹推进剂现状,提出了 2000 — 2010 年内欲达到的目标,见表 1[1]。文中结合 IHPRPT 计划已实施七年所了解和掌握的文献资料,以及其他国家(如俄罗斯)近年来在固体推进剂研究开发方面的一些观点和进展情况作一评述。

表 1　战术导弹固体推进系统十年发展目标

技术水平	实际比冲 $I_{sp}/(N \cdot s \cdot kg^{-1})$			质量比
	低特征信号推进剂	少烟推进剂	有烟推进剂	
1999 年技术水平	2 238.4	2 342.2	2 420.6	0.60～0.80
2000 年能量增加 3%	2 352	2 410.8	2 489.2	提高 10%
2005 年能量增加 7%	2 440.2	2 508.8	2 587.2	提高 20%
2010 年能量增加 15%	2 626.4	2 695	2 783.2	提高 30%

2　能量的提高

提高能量是固体推进剂研究发展过程中一直追求的主要目标。自第二次世界大战以来,固体推进剂技术的突飞猛进已使其主要能量指标(标准条件下的理论比冲)从 1950 年的 1 961 N·s/kg 提高到 1999 年的 2 579 N·s/kg,密度从 1.56 g/cm³ 增加到 1.80 g/cm³。但是近 20 年来,固体推进剂的能量提高不太明显,主要原因是比铝粉更好的金属燃料和比 AP

更好的氧化剂替代物的研发工作遇到了困难。若要达到上述 10 年内固体推进剂比冲增加 3％～15％的目标，尚需要做艰苦的努力。

2.1　新氧化剂的研究及应用

氧化剂在固体推进剂中占最大的分量，其性能直接关系着推进剂能量的大小。氧化剂对推进剂能量贡献主要取决于它与黏合剂及金属燃料氧化反应产生的热量和气体量的大小。通常用氧化剂氧含量、生成热值和燃气生成量来衡量，见表 2。

表 2　氧化剂特性比较

氧化剂	氧含量/（％）	密度/（g·cm^{-3}）	产生气体量/（mol·(100g)$^{-1}$）	生成热/（J·g^{-1}）
ADN	51.6	1.80	4.03	−1 246.8
FDNEN	54.1	1.93	3.35	−1 485.3
HNF	52.5	1.87	3.60	−393.3
AN	59.5	1.73	—	−4 560.6
HN	50.5	1.65	4.49	−2 221.7
AP	54.4	1.95	3.58	−2 518.8
HP$_2$	55.1	2.21	3.40	−1 238.4
HAP	59.7	2.12	3.55	−2 079.4
八硝基立方烷	55.2	约2.0	—	730～1 300

AN 虽然氧含量最高（59.5％），但由于它的高负生成热使其对能量的贡献要远小于 AP。AP 的氧含量在表 2 中属较高的，因此它是迄今为止使用最广泛、性能最好的氧化剂，广泛应用于复合推进剂和复合改性双基推进剂中。但不足的是燃气中含有 HCl，使燃气平均分子量增加，加上 AP 相对高的负生成热，因此由它组成的推进剂能量适中。从 20 世纪 60 年代开始，为了寻找比 AP 氧含量更高、低燃气平均分子量和高生成热的新型氧化剂，国内外曾进行过努力并付出昂贵代价，合成出硝酸肼 HN、高氯酸肼 HP、二高氯酸肼 HP$_2$、高氯酸羟胺 HAP 和硝仿肼 HNF 等大量新氧化剂，虽然大多比 AP 生成热高，燃气分子量小，但由于机械感度大、吸湿、有毒、相容性差和推进剂燃烧特性不良等缺点，其应用均以失败而告终[2-3]。近年来，化学合成技术使一些新的含能材料特别是一些新氧化剂如二硝酰胺铵 ADN，八硝基立方烷相继问世；而 HNF 的相容性问题因合成纯度的提高可望得到改善；此外，六硝基六氮杂异伍兹烷 CL-20、高氮化物、氧化呋咱 DNAF 及 DNTF 等高能量密度材料，虽然氧含量不高，严格地说并不属氧化剂之列，但它们在 20 世纪 80 年代以来已相继合成成功。

图 1 比较了 ADN，AP，HNF 和 FDNEN 这 4 种氧化剂对含 Al 20％的 BN-7/BTTN 黏合剂系统理论比冲的影响大小[3]。从图 1 可看出，按比冲大小 4 种氧化剂排列的顺序为 HNF＞ADN＞AP＞FDNEN。

最佳比冲出现在 AP 量为 15％和 HNF，FDNEN 或 ADN 含量为 30％时，即它们配方总固体含量 S 为 35％（AP）和 50％（其他三个化合物）。虽然 HNF 比 ADN 能量更高，但前者对黏合剂固化反应和硝酸酯增塑剂不相容问题尚有待解决。因此，对于 Al/BN-7/BTTN 黏合剂系统，由于 ADN 有相对高的气体生成量和相对低的负生成热，且氧含量较高，因此成为最合适的氧化剂。据文献[1]报道,俄罗斯于 1970 年初曾首先合成出 ADN 后,20 余年来已解决了它在合成、工艺和使用中的一系列技术难题。俄用 ADN 作氧化剂的固体推进剂已用于潜地和井下发射的导弹中,最近报道称俄罗斯最新型的白杨 M 战略导弹也使用 ADN 为推进剂的氧化剂。而西方各国 1993 年起才了解俄罗斯有关 ADN 研制及应用的信息,目前俄罗斯在合成及应用方面远远领先于西方各国。

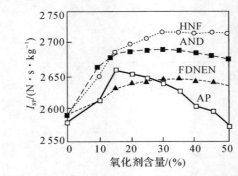

图 1   含不同氧化剂的 BN－7/BTTN/Al 推进系统比冲比较

从表 3 中所列的 ADN 和 AP 性能优劣对比可知,ADN 比 AP 对比冲贡献大 29.4～49 N・s/kg,ADN 无腐蚀性气体且对降低特征信号有益,其感度、安全性、相容性,价格均可以接受,因此将是未来 AP 的最现实的替代物。

表 3   ADN 和 AP 性能对比

性能	ADN	AP
氧含量/(%)	51.6	54.5
生成热/(J・g^{-1})	－1 247	－2 520
熔点/℃	92～94	300～350
密度/(g・cm^{-3})	1.80	1.95
生成气体量/(mol・100g^{-1})	4.03	3.58
安定性/相容性	满足安定性和相容性的要求	优良的安定性和相容性
晶体形状	针状/叶片状,可制成球粒	可制成球形
价格	稍高	低
感度	大于 AP	低于 ADN
对比冲贡献/(N・s・kg^{-1})	比 AP 高 29.4～49	比 ADN 低 29.4～49
对环境的影响	不释放出腐蚀性气体	释放出 HCl 气体
对铝氧化的能力	低于 AP	比 ADN 好

2.2   新黏合剂趋向含能化

固体推进剂用的黏合剂多为一种含有活性官能团的高分子液态预聚物。它既是构成固体推进剂弹性的基体,又是具有一定能量的 CH 燃料。黏合剂约占推进剂的 10％ 份额,但其自身性质将对推进剂性能好坏有重要作用。早期常用的黏合剂是惰性的 CTPB 和 HTPB。如今新的黏合剂有聚乙二醇 PEG、聚氰基二氟胺基已烯氧化物 PCDE、GAP、聚缩水甘油硝酸酯 PGN、聚 3,3 -二硝基甲氧基-氧丁环(BNMO)和由 BAMO/NMMO＝70/30 组成的代号为 BN－7 的叠氮黏合剂(BAMO 为聚 3,3 -二叠氮甲氧基-氧丁环,NMMO 为聚 3 -甲基-3 硝酸酯基甲基-氧丁烷)。这些黏合剂用硝酸酯增塑组成的含能黏合剂不仅比 HTPB 有较高的能量,且力学性能也较好。图 2 比较了 5 种黏合剂与 ADN、Al 组成推进剂的比冲[3]。由图 2 可知,PEG 配方当氧化剂含量达 45％ 时比冲才达到 PCDE 的水平,而低于 45％ 时,其比冲均最低。而 BN－7 黏合剂组成的配方由于其高的生成热和高的气体生成量,其比冲是这些黏合剂中最高者。

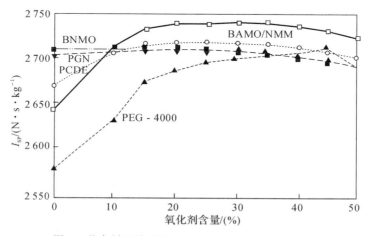

图 2　黏合剂品种对含 ADN 和 Al 系统比冲的影响

2.3　金属燃料的潜力有待挖掘

B,Be,Al 是轻金属中对推进剂比冲贡献最大的金属燃料。由于 B 与一般氧化剂很难完全燃烧,而 Be 和其化合物有剧毒,因此,尽管 Al 的原子量比 Be 和 B 高,它仍是广泛应用的金属燃料。纳米级铝粉是当今热点的金属燃料,据报道它能使推进剂燃速增加 2 倍,并提高燃烧效率,实际上使比冲得到了提升[1]。

用金属氢化物代替金属粉是一个特别吸引人的选择,因为它不仅燃烧释放出大量热能,且燃气平均分子量较低,从而火焰温度也低。含 AlH_3 推进剂比冲比含 Be 的推进剂高 9.8～39.2 N·s/kg。但 AlH_3 在推进剂中含量超过 20％～25％ 时,制药工艺困难很大;加以 AlH_3 对含能增塑剂和氧化剂的不相容,使安全问题特别突出,所以文献[3]认为已排除对其应用,除非有比它相容性好的黏合剂和安定剂被发现。而俄专家则指出 AlH_3 安定性问题已解决[2]。所以 AlH_3 仍被视为有巨大发展潜力的金属燃料。

2.4　比 NEPE 推进剂能量更高的推进剂预估

NEPE 推进剂(PEG/NG/BTTN/HMX/AP/Al)是当今世界上已获应用的比冲最高且集复合与双基推进剂优点于一体的推进剂,标准理论比冲达 2 646 N·s/kg,密度达 1.86 g/cm³。它的系列产品已开始在战略、战术导弹上获得应用。借鉴 NEPE 推进剂的研究经验,吸取以往高能推进剂研制的教训,以及现今和未来新型含能材料的发展现实性和可能性,各国均在 NEPE 推进剂基础上探索进一步提高能量的新途径,表 4 列出一些可供选择的思路[3]。表 4 中 HNFX 为 3,3,7,7-四(二氟胺基)-1,5-二硝基-1,5-二氮杂环辛烷;NF 为氟胺基;NG 为硝化甘油;TAZ 为三氨基硝酸胍;BTTN 为丁三醇三硝酸酯。

表 4　高能推进剂理论比冲的预估

黏合剂品种	含能增塑剂	氧化剂	含能添加剂	金属燃料	理论比冲/(N·s·kg^{-1})
HTPB	—	AP		Al	2 579
PEG	NG	—	HMX	Al	2 687
PEG	NG	AP	HMX	Al	2 648
BN-7	BTTN	—	HMX	Al	2 716
PEG	BTTN	ADN		Al	2 716
PEG	BTTN	ADN		AlH$_3$	2 854
BN-7	BTTN	ADN		AlH$_3$	2 883
BN-7	BTTN	ADN		Be	2 844
NC	NG	AP	HMX/TAZ	Be	2 922
BN-7	BTTN	ADN		BeH$_2$	>3 040
BN-7	BTTN		HNFX	BeH$_2$	>3 040
NF 黏合剂				BeH$_2$	>3 040
OF 黏合剂				BeH$_2$	>3 040

由表 4 可以看出,当用叠氮黏合剂 BN-7 代替惰性黏合剂 PEG 后比冲开始增加,因为 BN-7 比 PEG 生成热高得多,用负生成热较 AP 低的 ADN 取代 AP 也使比冲有所增加。用 Be 或 AlH$_3$ 代替 Al,比冲可达 2 844 N·s/kg 以上。把常规添加剂如 HMX、硝酸酯和 TAZ 与 Be 混合的配方比冲可达 2 922 N·s/kg。用硝酸酯增塑 BN-7 或 PEG 的黏合剂中加入 Be 或 ADN,可组成未来比冲达 2 844 N·s/kg 的配方。而用至今报道最高能量的燃料 BeH$_2$ 代替 Al 将使比冲达 3 038 N·s/kg 以上,这是 BeH$_2$ 燃料对能量的巨大贡献。文献认为 BeH$_2$ 使用的问题在于配方中不允许存在 AP,因而 BeH$_2$ 不会与 AP 中的 Cl 生成可溶且剧毒的 BeCl$_2$,而生成唯一的一种惰性的 BeO。如果基础研究能确认 Be 的燃烧产物如 BeO 是无毒的,则为 BeH$_2$ 的使用开辟了道路,而将使推进剂配方能量大幅度地提高。已有文献报道称这种 BeH$_2$ 配方将有可能在空间中应用。

美国研究出的 HNFX 为八元氮杂环结构,含氟量高,计算密度 1.999 g/cm^3,被认为是有潜力的超级炸药和固体推进剂氧化剂,在美国火炸药界倍受关注。

含 HNFX,BeH$_2$ 和 NF 基黏合剂配方比冲亦可达 3 038 N·s/kg,这是由于 BeF$_2$,HF 和 H$_2$ 生成时释放出大量能量和燃气平均分子量小的缘故。NF 化合物密度较高,弥补了 BeH$_2$ 低密度的不足。文献[1]认为 NF 化合物研究和应用还处于理论探索阶段。美国空军菲利普实验室正在开发一种含有 HANF(硝仿羟胺)和 HADN(二硝基胺羟胺)新氧化剂的固体推进剂[1],它们具有高强度和高燃速。IHPRP 计划在 2005 年使 HANF 推进剂比冲达

2 665.6 N·s/kg,HADN 推进剂比冲达 2 675.4 N·s/kg。一种新的化合物 TAZDN(三叠氮基翁羟胺)正在合成之中。而八硝基立方烷 1999 年已合成出来了,它在美国被称为超级炸药,预估密度 1.9~2.2 g/cm³,生成热达 730~1 300 J/g,总能量超过 CL‐20,并认为对撞击是钝感的。据文献[1]报道,TAZDN/GAP/Al 有烟推进剂理论比冲可达 2 861.6 N·s/kg,HADN/八硝基立方烷/AlH₃ 有烟推进剂的比冲可达 2 900.8 N·s/kg。

从上述内容可知:

(1)为使 NEPE 推进剂能量更上一层楼,替代 AP 氧化剂的候选新型氧化剂有 ADN,HNF 和八硝基立方烷,其中 ADN 早已在俄战略导弹中得到实用,故可考虑优先选用;

(2)从生成热、力学性能和工艺性能诸方面考虑,硝酸酯增塑的叠氮类黏合剂是代替 HTPB 和 PEG/硝酸酯黏合剂的首选品种,BAMO/NMMO 类黏合剂与 GAP 应用前景看好;

(3)AlH₃ 将有望取代 Al 成为新的高能金属燃料,BeH₂ 的应用因毒性问题尚未得出结论;

(4)综合上述固体推进剂黏合剂‐氧化剂‐金属燃料 3 种主要组分的特点,我们认为近期最现实、最有希望的高能推进剂组合为叠氮黏合剂/硝酸酯/ADN/Al 或 AlH₃,其标准理论比冲 2 714.6~2 842 N·s/kg,比 1999 年水平(2 577.4 N·s/kg)提高 5.3%~9.3%;

(5)TAZDN、高氮化合物、NF 化合物和八硝基立方烷等化合物,在 2010 年后有望获得应用使理论比冲进一步提高到 2 920.4 N·s/kg 的新水平。

3 特征信号的降低

Al/AP/HMX/黏合剂推进剂系统具有较高的比冲和密度,非常适合于战略导弹发动机中。但这些有烟的配方却无法用于中近程的战术导弹发动机中。问题首先在于推进剂中含有 AP 和 Al 组分,它们的燃烧产物为 Al₂O₃ 和 HCl,使发动机排气羽流出现浓密的一次烟(Al₂O₃)和二次烟(HCl+H₂O);其次,燃气中还原性气体 CO 和 H₂ 与空气中氧在喷管出口处下游混合发生二次燃烧,产生明亮的火焰和辐射能。以上两者不仅极大地干扰了导弹的制导信号的传输,影响了导弹的精确打击能力,而且也容易地暴露了导弹和发射平台的位置,从而使导弹隐身能力和生存能力降低或丧失[4]。所以战术导弹使用的低特征信号固体推进剂,不允许加入 AP 和 Al 之类能产生一次烟和二次烟的物质。而对于少烟推进剂则只允许加入少量的 Al 和 AP。这样战术导弹所用的推进剂必须以适当损失推进剂比冲为代价,来保证低特征信号(微烟、微焰或少烟)特性的实现。从表 1 中可看出,美国 IHPRPT 计划中把战术导弹推进系统的比冲要求按特征信号大小分成不同的 3 个能量等级。即对于微烟(低特征信号)的推进剂允许比冲最低,而对于少烟推进剂的比冲其次,对于有烟推进剂允许比冲最高。从表 1 中统计,低特征信号推进剂比冲一般比少烟推进剂小 58.8~68.6 N·s/kg,比有烟推进剂小 137.2~156.8 N·s/kg。这种对特征信号推进剂的能量要求区别对待的做法是合理的,因为要求一种既具有高能量密度又具有低特征信号的"全能"型的推进剂不切实际。

3.1 ADN,CL‐20 在低特征信号推进剂中的应用

为了弥补低特征信号(或少烟)推进剂能量稍低的不足,添加高能量密度材料如 CL‐20,ADN,HNF 和与 CL‐20 性能相似的氧化呋咱添加剂(如 DNAF,即 4,4'‐二硝基‐3,3'‐偶氮

氧化呋咱和 DNTF)是有吸引力的技术途径。这些化合物主要特点是生成热好,燃气中富含
N_2,平均分子量较小,无 HCl 气体生成,且密度也较高。文献[1]认为以 ADN 为氧化剂的低
特征信号推进剂比冲可达 2 538.2 N·s/kg,且具有高燃速特性,但存在相对低的熔点、吸湿性
大、低密度、对某些波长光敏感、需要安定剂及产量低、成本高等问题。文献[3]认为 HTPB/
AP 少烟推进剂能量中等,可用增加 ADN、HMX 或 CL-20 的方法来提高能量。而微烟推进
剂用 CL-20 和 ADN 来提高能量效果更好。从表 5 可知,采用 CL-20 的 1.1 级无金属高能
推进剂,比冲可达 2 650 N·s/kg,排气温度达 1 950 K。而含 CL-20 的 1.3 级 AN/含能黏合
剂微烟推进剂的比冲可达 2 381.4 N·s/kg,排气温度为 1 339 K,在 42 MPa 压强下比冲可达
2 655.8 N·s/kg。这种推进剂已在海尔法导弹中成功地完成了论证实验,证明它具有稳定燃烧、
高能和低特征信号等特点[1]。CL-20 目前在美国以每批 1 000 lb(1 lb=0.453 6 kg))的规模进
行生产,成本相对昂贵但若能推广在发射药和炸药中应用,则产量和成本会下降。CL-20 推进
剂在高压下燃烧特性包括燃烧稳定性、力学性能及老化问题仍在继续研究之中。

表 5　低特征信号固体推进剂比冲比较

推进剂品种	比冲/(N·s·kg^{-1})	排气温度/K
1.3 级少烟推进剂	2 431	1 455
1.3 级微烟推进剂	2 388	1 339
1.1 级微烟推进剂	2 418	1 249
1.1 级含 CL-20 高能无金属推进剂	2 652	1 950

3.2　高氮化合物的潜在优势

高氮化合物具有比 CL-20 和 HMX 高的密度和生成热,并有高的氧化能力。表 6 列出
了含高氮化合物及金属的推进剂和低特征信号推进剂标准条件下的理论比冲计算值[1]。由于
高氮化合物密度、生成热和气体生成量都高,使它们适于作为低特征信号推进剂提高能量的添
加物,据称其合成工作已接近最后完成[1]。

表 6　含高氮化合物的固体推进剂标准理论比冲

化合物	含金属的推进剂		低特征信号推进剂	
	比冲/(N·s·kg^{-1})	密度/(g·cm^{-3})	比冲/(N·s·kg^{-1})	密度/(g·cm^{-3})
四硝基双吡唑	2 671.48	2.013	2 640.12	1.928
二硝基双三唑	2 774.38	2.086	2 740.08	1.980
硝基双氮-氧化-三唑-四唑	2 833.18	2.090	2 809.66	1.989

此外,据报道八硝基立方烷与 HADN 和聚丁二烯(PBD)组成的低特征信号推进剂,理论
比冲可达 2 724.4 N·s/kg 的水平。从以上对低特征信号推进剂的论述可得出:
(1)战术导弹用推进剂为追求低特征信号必然要以损失固体推进剂部分能量为代价;
(2)添加 CL-20 和 ADN 是提高低特征信号(或少烟)推进剂能量的现实途径;
(3)高氮化合物,氧化呋咱化合物、HADN 及八硝基立方烷等新含能材料对提高低特征信
号推进剂能量极具潜力。

4 钝感(低易损)性

战术火箭导弹推进剂系统在运输、贮存和作战环境中遭受热和机械撞击时可能产生灾难性的响应。为使对人员威胁和灾难性危害后果最小,美国建立了钝感弹药(IM)的军用标准(MIL - STD - 2105B),要求作战的火箭、导弹及其他弹药当遭遇到军标规定的危险环境时,不出现比燃烧更严重的反应(如爆炸)。在过去的 15 年,美国和北约在研究 IM 方面已取得了巨大进展。固体推进剂中含有大量易分解释放出能量的含能材料,加上推进剂追求高能量,其分解释放能量的可能性也增高。装填有 HTPB/AP/Al 或硝胺/CMDB 推进剂的战术火箭发动机,当暴露在加热、撞击或冲击波的环境中时,往往会产生激烈的反应,如爆炸或爆轰,因此通不过 IM 的国军标1~4项实验。为提高弹药的生存能力,钝感弹药技术研究中的关键技术是探求具有 IM 特性的固体推进剂组分和配方。

4.1 HTPE 黏合剂的影响

HTPE 黏合剂是美国新研制的力学性能和弹道性能与 HTPB 非常相似的端羟基聚醚黏合剂。该黏合剂的引入能为推进剂提供对极端激励(加热、冲击波、机械撞击)不敏感的性能。HTPE 与 HTPB 两种推进剂性能和比较列于表 7 中。

表 7　HTPB 和 HTPE 推进剂性能比较[3]

特性	HTPB	HTPE
燃速(6.895 MPa)/(cm·s^{-1})	0.99	1.01
压强指数 n	0.44	0.50
π_k/(%·℃$^{-1}$)	0.20	0.18
25℃,σ_m/MPa	0.827	1.199
25℃,ε_m/(%)	56	44
冲击波感度	0 隔板	0 隔板

将 27.2 kg 少烟 HTPE 推进剂装填入 ϕ254 mm 石墨纤维复合材料壳体发动机中,经受慢速烤燃、快速烤燃、碎片撞击和子弹射击 4 种钝感弹药要求的实验。HTPE 推进剂全部通过这 4 种实验,而 HTPB 推进剂常只通过一个实验,见表 8。这证明 HTPE 推进剂具有钝感弹药的特征,实现了该发动机的钝感化目标,这种 HTPE 推进剂已开始推广应用于 HTPE/AP/Al 的配方中,可望也会有良好的钝感性。此外,选用较钝感的硝酸酯如 TMETN 和 TEGDN 作为含能黏合剂的增塑剂也有助于降低推进剂的感度[5]。

表 8　ϕ254 mm 演示发动机中 IM 实验结果[3]

IM 实验	HTPB 推进剂	HTPE 推进剂
慢速烤燃	爆炸(损坏)	燃烧(通过)
快速烤燃	燃烧(通过)	燃烧(通过)
子弹撞击	爆燃(损坏)	燃烧(通过)
碎片撞击	爆炸(损坏)	熄火(通过)
超压/MPa	0.537	0

4.2 硝胺炸药晶体的缺陷对推进剂感度的影响

多年研究已证明 AP 不能作为微烟推进剂组分,于是配方中多加入 HMX 或 CL－20 这种密度和生成热比 HMX 好的新型硝胺。研究表明,AN/CL－20 在推进剂中共同使用时对能量和钝感是有益的。进一步研究表明[3](见表9),用未粉碎的 CL－20(ε 晶型含有高度结晶缺陷)制成的推进剂对冲击波非常敏感,经流动磨粉碎后的含 CL－20 推进剂冲击波感度明显改善。而经震动磨(SWECO)粉碎过的 CL－20 在推进剂中冲击波感度满足了 1.3 级危险品的要求(70 个隔板)。实验表明,硝胺炸药(HMX,CL－20)结晶的品质对获得最低的冲击波感度配方是重要的技术关键。通过粉碎方法改善了晶体的缺陷,成功地研制出 AN/AP 共用的推进剂,使能量提高,且冲击波感度降低了。

表 9　CL－20 推进剂撞击感度实验结果

CL－20 推进剂粒度/μm	NOL 隔板实验,50%点的隔板数
200(结晶品质差,高度缺陷)	＞170 片隔板(3×10^3 MPa)
7.6(过流动磨)	90 片隔板(6×10^3 MPa)
3(过震动磨)	58 片隔板(7×10^3 MPa)

4.3 其他固体添加剂的影响

功能性添加剂如燃烧催化剂、燃烧稳定剂等也可增加推进剂的冲击波感度,因此配方设计要合理,选择既能促进燃烧又不增加冲击波感度的催化剂等。如一种实验推进剂 GAP/BTTN/AN/RDX 用不溶的碳酸铅作燃速催化剂时,冲击波感度从 58 增加到 80 个隔板。而用可溶的柠檬酸铅作燃速催化剂时,不但增加了燃速,且仍保持低的冲击波感度。这表明,对于铅盐催化剂和耐熔的燃烧稳定剂(如 ZrC)使用时如不小心可能引起冲击波感度的敏感化。上述研究表明:

(1)选择合适的钝感黏合剂如 HTPE 是实现推进剂钝感性能的有效途径,而采用较为钝感的硝酸酯如 TMETN 和 TEGDN 等代替相当敏感的 NG 也可使以硝酸酯为增塑剂的推进剂安全性能提高;

(2)配方设计时应对硝胺炸药类的固体高能添加物和固态燃烧催化剂或燃烧稳定剂等的化学结构、反应活性、相容性特别是其物理状态(晶形、缺陷等)与感度的影响进行仔细研究,以确保配方的钝感特性。

5　推进剂的可再生利用技术

当前处理废旧过期固体推进剂是用高压水流、溶剂、低温液体或腐蚀性溶解方法。从发动机壳体中切除固体推进剂,推进剂碎片被小心地用水或溶剂浸软、磨碎,然后从细碎的黏合剂中过滤除去可溶物质,如 AP 和 AN。但 HMX 之类有机不溶物和不溶性金属燃料仍包裹在黏合剂中,处理仍费力、费时、费钱。因此研究可再生利用废旧推进剂而不污染环境的新方法。

5.1 可水解黏合剂制成的推进剂研究

聚乙二醇己二酸酯 PEGA 的可水解黏合剂已成功用于 PBX 炸药中,此技术可移植于推进剂技术中。PEGA 与 HTPB(R-45M)黏合剂性能对比见表 10。

表 10 PEGA 与 HTPB(R-45M)性能对比

黏合剂	黏度/(Pa·s)	密度/(g·cm^{-3})	ΔH_f/(J·g^{-1})	氧含量/(%)	$\overline{M_w}$	官能度
PEGA	8.5	1.2	−4 620	37	3 500	2.33
HTPB	6.0	0.9	−21	2	2 800	2.2~2.4

PEGA 与 HTPB 性能不同,如含氧量高、密度高,因此单位重量体积分数降低,而粘合剂分数相对高,对工艺性有利。同时 Al 粉含量也因粘合剂含氧高,而高达 22%。这种推进剂密度比冲与含 Al 的 HTPB 推进剂相当。典型组分:PEGA/LDIM/乙酰柠檬酸三乙酯/AP(2 μm,20 μm,200 μm)/Fe$_2$O$_3$/Al(30 μm)。该推进剂配方优化后力学性能适当,燃速可用 Fe$_2$O$_3$ 和 AP 粒度调节,典型燃速为 14~22 mm/s(6.895 MPa),$n<0.47$(6.895~20.7 MPa)。在 30% 相对湿度和环境温度下贮存 6 周情况良好。此推进剂仍在研究中,还需进行温度环境下更严格的老化性能试验的考核。

该推进剂在温热稀碱水溶液中浸泡数小时即水解生成无毒的赖氨酸,HMX 和 Al 可过滤除去,这些过滤出来的固体物质可出售作为工业炸药的含能组分替代物,溶解的 AP 可重结晶,而酸或碱水溶液可循环使用,遗留下含无毒化合物的水解液可很容易用适当方法处理,这样推进剂成本会下降,环境污染可减少。

5.2 热塑性弹性体(TPE)作黏合剂的推进剂

将 BAMO/AMMO 之类的热塑性弹性体(TPE)作为固体推进剂黏合剂研究工作已经完成。TPE 推进剂具有热塑性和弹性,可熔于一种低黏度液体或有机溶剂中。下面是两种可行的再生办法:

(1)将 TPE 推进剂熔于低黏度液体(如轻油)中,熔化温度必须比推进剂配方热分解温度低(<100~125℃,使硝酸酯或 ADN 避免分解),然后快速过滤出固体物料(AP,HMX,Al 等)而不许堵塞过滤器网眼;

(2)也可将装填在发动机中的 TPE 推进剂溶解于有机溶剂中。除 TPE 黏合剂完全溶解外,其他组分过滤回收使用。溶于溶剂中的 TPE 黏合剂经过蒸发除去溶剂后被回收。此技术要求把 TPE 中残留的溶剂除尽,以免影响再生黏合剂的力学性能。此外,要控制再生工艺过程的溶剂挥发,以防污染环境和降低成本。

上述表明,采用可水解的黏合剂或热塑性弹性体 TPE 黏合剂均可使废旧的该类推进剂再生利用,这对减少生产成本和避免环境污染是积极的,关键在于应先合成出性能符合推进剂使用要求的新型黏合剂。

参考文献

[1] Board N S. Technology for the United States Navy and Marine Corps，2000－2035，Becoming a 21st－Century Force[R]. National Academy Press，1997.

[2] 郑剑，侯林法，杨仲雄. 高能固体推进剂技术回顾与展望[J]. 固体火箭技术，2001，24(1)：28－34.

[3] Yang V，Brill，T B，Ren W. Solid propellant chemistry，combustion，and motor interior ballistics ［M］. Virginia：American Institute of Astronautics and Aeronautics，2000.

[4] 李上文，赵凤起，王琼林，等. 高技术武器与先进火炸药技术[J]. 火炸药学报，1998(4)：51－54.

[5] 赵凤起，杨栋，李上文，等. 以 NC 和 TMETN 为基的微烟推进剂机械感度研究[J]. 火炸药学报，1999(4)：5－8.

文章来源：固体火箭技术，2002，25(2)：36－42.

叠氮硝酸酯对硝胺改性双基推进剂燃烧性能的影响

王进　李疏芬　张晓宏　罗阳　李上文

摘　要:研究了一种叠氮硝酸酯 PDADN 对硝胺改性双基推进剂燃烧性能的影响。结果表明添加叠氮酸酯是一种提高硝胺改性双基推进剂燃速与能量的切实可行途径。

关键词:叠氮硝酸酯;硝胺改性双基推进剂;燃烧性能

1　引言

目前,以 HMX 或 RDX 为高能填料所组成的硝胺改性双基推进剂,已成为高能低特征信号推进剂的重要发展方向[1],但是此类推进剂的基础燃速较低,压强指数偏高,且难于调节[2-3],为了改善硝胺改性双基推进剂(RDX - CMDB)的燃烧性能,添加提高燃速的有机叠氮化合物,成为切实可行的途径之一。本研究将一种新型的含能增塑剂叠氮硝酸酯 PDADN 加入 RDX - CMDB 推进剂中,探索其在该推进剂中对燃烧等性能的影响。

2　实验研究

(1)基础配方:选取 RDX - NG - NC - DINA 四组分为基础配方,分别用 PDADN 替代 RDX 和 NG 设计了两组配方,考察 PDADN - RDX - CMDB 配方的燃烧等性能。配方组成如表 1 所示。

表 1　实验样品的配方组成表　　　　　　　　单位:%

样品	NC	NG	RDX	PDADN	改性剂	DINA
LH - 0	31	34.5	30	—	1.5	3
LH - 1	31	34.5	25	5	1.5	3
LH - 2	31	34.5	20	10	1.5	3
LH - 3	31	34.5	15	15	1.5	3
LH - 3A	35	39	—	21.5	1.5	3
A1	33	22.5	30	13	1.5	—
A2	33	15.5	30	20	1.5	—
A3	33	8.5	30	27	1.5	—

注:NC —硝化棉(含氮量 12%);NG —硝化甘油;RDX —黑索今;PDADN —2,2 -双叠氮甲基-1,3 -丙二醇二硝酸酯;DINA —吉纳。

（2）样品制备：采用常规吸收-压延无溶剂法工艺制造压延药片，再切成药条，刮去棱角包覆侧表面待用。

（3）测试：燃速测试采用靶线法调压式燃速仪在 1～15 MPa 压强范围内测试。热分解采用美国 TA 公司 DSC910S 差示扫描量热仪和热重分析仪进行测试。燃烧波温度分布则利用埋设微热电偶技术测定。采用 ISM 25800 型扫描电子显微镜观察推进剂样品的熄火表面。爆热实验按国家军标方法测定。

3　实验结果

（1）叠氮硝酸酯 PDADN 对 RDX-CMDB 推进剂能量及特征信号影响。近年来,某些叠氮有机化合物因其感度明显下降,在推进剂中具有较高实用价值[4]。PDADN 因其感度不高,与改性双基推进剂的主要组分如 NC,NG,DINA,RDX 相容性较好,且对 NC 有增塑作用,从而引起人们的关注。

PDADN 的生成热值远高于 RDX,拟定理论配方,运用最小自由能法计算,在一组 RDX-CMDB 基础配方中,用 PDADN2％逐步替代 RDX 时,理论比冲逐步升高。当 30％ PDADN 完全取代同量的 RDX 时,燃气总摩尔数增加 2 mol/kg,燃温增加了 74K。PDADN 代替 RDX 后,燃气组分变化的趋势是：N_2,H_2,CO 的摩尔数呈上升趋势,而 H_2O,CO_2 的摩尔数下降。

在另一组 RDX-CMDB 基础配方中,用 PDADN5％逐步替代 NG,理论比冲逐步升高。当 25％PDADN 完全取代同量的 NG 时,燃气总摩尔数增加 4 mol/kg,燃温却下降了 110K。PDADN 代替 NG 时,燃气组分变化的趋势与上述取代 RDX 的情况一致。

15％PDADN 代替 15％RDX 后配方热值有明显提高,前者为 7 321.5 kJ/kg,而后者为 9 192.48 kJ/kg,热值提高了 26％；14％PDADN 代替 14％NG 后配方热值也明显提高,前者为 6 895.5 kJ/kg,而后者为 8 323.8 kJ/kg,热值提高了 21％。可以认为,在含 RDX 的 CMDB 配方中,PDADN 无论取代 RDX 或 NG 后,配方能量明显提高。

综合而言,成气性较好的 PDADN 无论取代 RDX 或 NG,不但使配方能量提高,亦可使燃气中 H_2O 摩尔数下降,对进一步降低 RDX-CMDB 推进剂的特征信号是非常有益的。

（2）叠氮硝酸酯 PDADN 的化学安定性。PDADN 的 TGA 结果为,DTG 峰 184.70℃,质量损失 98.3％,最大质量损失速率 39.39％/min,残渣量 1.7％。从这个结果看出,PDADN 的初始分解温度较高,化学安定性较好。在达到初始分解温度之前,分解很少,一旦达到分解温度,立即发生急剧的放热分解反应,最大质量损失分解速率达 39.39％/min,TGA 曲线呈陡直且尖锐峰形,分解完毕后残渣量极低,说明分解彻底。分析 PDADN 的热质量损失过程,可能存在诱导期。在进入诱导期中,会产生大量的活性叠氮自由基,进而产生活性氮原子,引发链式反应,导致分解过程剧烈。因此,PDADN 的急剧分解过程,预期可影响 RDX-CMDB 推进剂热分解反应。

（3）叠氮硝酸酯 PDADN 对 RDX-CMDB 推进剂热分解性能的影响。PDADN-RDX-CMDB 推进剂热质量损失分两个阶段,第一质量损失阶段主要为含能黏结剂 NC,NG 分解；而第二质量损失阶段主要包括了 PDADN,RDX 的分解。当 PDADN 替代 RDX 的量增加时,第一个阶段质量损失量增大,两个质量损失阶段 DTG 峰温之差缩小了约 10℃;当 PDADN 替代 NG 的量增加时,两个质量损失阶段 DTG 峰温之差缩小达 26℃。这种前后两个阶段质量损失峰相互靠近,说明热分解过程加快,导致分解放热集中,单位时间分解放热量相对增多。资料表明[5],分解热增加与燃速增加一致。因此,PDADN 无论替代 RDX 或 NG,都会明显影响 RDX – CMDB 推进剂热分解过程,而热分解性能与燃烧性能密切相关。预期添加 PDADN 可明显影响硝胺改性双基推进剂的燃烧性能。

(4)PDADN 对 RDX – CMDB 推进剂燃速特性的影响。分别用 5%,10%,15% PDADN 代替 RDX – CMDB 推进剂基础配方中的 RDX,寻求在不影响配方能量基础上提高配方燃速的技术途径。从燃速测试结果可见:

1)随 PDADN 替代 RDX 的量逐步升高(LH20~LH23),PDADN 对基础配方燃速特性的影响愈大,而且随压强的增加,燃速增加愈明显。如当 PDADN 以 15% 替代同量的 RDX 时,在 4 MPa 下,燃速比基础配方增加 4 mm/s,而在 13 MPa 下,燃速增大了 12 mm/s。此时对比基础配方压强指数为 0.91(2~8 MPa),而含 15% PDADN 的配方压强指数为 0.96(2~8 MPa)。

2)用 PDADN 完全替代 RDX(LH23A),同时少量增加 NC、NG 的含量,则燃速增加更为可观,如在 4 MPa 下,燃速增加了 7 mm/s,当压强升至 13 MPa 时,燃速增加了 15 mm/s。比较基础配方压强指数为 0.91(2~8 MPa),而不含 RDX 的配方压强指数为 0.73。对比发现,当配方中没有 RDX,仅含 PDADN,NC,NG 时,可一定程度降低压强指数。

3)用 13%,20% 和 27% PDADN 替代硝化甘油时,PDADN 可提高基础配方的燃速,但幅度不大,压强指数也没有改善。

因此,PDADN 加入使配方能量提高的同时,燃速也增大,但是压强指数仍较高,预期通过催化剂配比优化或选择新的组合催化剂,可得到改善。

(5)叠氮硝酸酯 PDADN 对 RDX – CMDB 燃烧波温度分布的影响。用 15% 的 PDADN 替代同量的 RDX,推进剂表面温度 T_s 明显升高,这是燃速提高的直接原因;而且随着压强的提高,它们之间的差别更大,说明 PDADN – RDX – CMDB 推进剂的表面温度对压强的变化更敏感,因此,燃速提高的程度更明显。对于火焰区温度,这种替代所引起的变化规律不明显,这也反映出火焰区温度的高低对推进剂稳态燃速所产生的影响不大。控制燃速的区域应主要在表面层附近的凝相反应区。

(6)PDADN – RDX – CMDB 燃烧中止表面的显微观察分析。选取 A2 样品,通过扫描电镜观察其熄火表面,在放大 500 倍的照片上,整体分布着炭层,其中一些凹陷,形成黑孔穴;在放大 2 000 倍的照片上更能清晰地分辨出在大量松枝状炭丝覆盖区,其中分布着椭圆或圆形黑洞,大的直径可达 20 μm。据此分析,PDADN – RDX – CMDB 推进剂燃烧时,其中 PDADN 以极快的速度首先烧完,结果使燃烧表面留下了许多空洞,既大大增加了燃烧表面积,又如同多孔推进剂那样使某些燃烧面直接暴露在燃烧区内,加速了热量向燃烧表面的传导,因此 PDADN 的加入大幅度提高推进剂的燃速,然而,它的加入似乎对压强指数影响不大。

4   分析与讨论

PDADN 可使 RDX – CMDB 推进剂燃速提高,但压强指数并未改善。根据燃速公式,设

$u(p)$ 为推进剂的线燃速,则

$$u(p) = k^* (p/p^*) \theta_0^2(p) F_0 / \rho_P$$

式中:k^*—系数,对不同类型的推进剂,此系数有所改变;

      p—压强;

      p^*—特征压强,$p^* = 9.81$ MPa;

      $\theta_0(p)$—燃烧表面附近强氧化性气体的摩尔分数;

      F_0—固体组分的颗粒度对燃速影响的修正因子;

      ρ_P—推进剂密度,g/cm^3。

根据此燃速模型,燃速值的高低取决于推进剂有机分子产生强氧化性气体 NO_2 所占的摩尔分数,若产生的 NO_2 气体越多,则燃速越高。由于 PDADN 产生 NO_2 气体的量多于 RDX,因此随 PDADN 的替代 RDX 量增大,燃速逐步提高。

推进剂燃速压强指数的大小取决于有机组分中可裂解自由基[CHO]的相对含量。分子结构中[CHO]基团的含量越高,则压强指数越低。在燃烧反应中,[CHO]起调节氧化性气体摩尔分数的作用。对于不同种类的含能化合物,由于它们的化学结构不同,对推进剂燃速压强指数影响也不同,在通常使用的含能化合物中,硝化棉具有最多的[CHO]基团,所以,当硝化棉的含量加大时,压强指数会降低[5]。在本实验研究的 LH - 3A 样品,由于硝化棉的含量增加,并除去了 RDX,因此该配方的压强指数低于其他配方的压强指数。另外,从 PDADN 质谱分析中可知,它的分解产物中缺少[CHO]自由基,因此当它加入 RDX - CMDB 推进剂中,不会改善 RDX - CMDB 高压强指数的特性。

5　结论

(1)由于 PDADN 分子中含有双叠氮基团,其燃速较 RDX 高。用 PDADN 部分替代 RDX,提高了 RDX - CMDB 推进剂的燃速。

(2)理论计算和实验表明,无论 PDADN 替代 RDX 或 NG 都可使 RDX - CMDB 基础配方能量升高,且燃气组分对保持 RDX - CMDB 推进剂低特征信号有益。

(3)PDADN 的加入不能改善 RDX - CMDB 的压强指数,主要是因为分子断裂不产生[CHO]自由基,所以不能有效调节压强指数。

(4)PDADN - RDX - CMDB 燃烧中止后的熄火表面,会存在大量的孔穴,这些孔穴的存在是 PDADN 提高 RDX - CMDB 推进剂燃速的直接原因。

参考文献

[1]　李上文. 适用于战术导弹的无烟推进剂研制技术简析[J]. 火炸药学报,1988(2):45.

[2]　杨栋,宋洪昌,李上文,等. 硝胺改性双基推进剂燃速压力指数的数值模拟[J]. 火炸药学报,1999(2):56 - 59.

[3]　Raman K V, Singh H. Ballistic modification of RDX - CMDB propellants [J]. Propellants, Explosives, Pyrotechnics, 1988, 13(5):149 - 151.

［4］　施明达. 一种新型含能材料-叠氮有机化合物[J]. 火炸药学报，1992(4)：24 - 30.

［5］　Oyumi Y，Mitarai Y，Auan T. Mechanism of catalytic on AMMO/HMX composite propellants combustion rates. Propellants，Explosives，Pyrotechnics，1993，18(4)：195 - 200.

文章来源：火炸药学报，2001(2)：22 - 31.

Effects of Carbon Substances on Combustion Properties of Catalyzed RDX – CMDB Propellants

Zhao Fengqi   Li Shangwen   Shan Wengang   Lu Dianlin   Li Shufen

Abstract: The burning rate enhancements of C60, fullerene soot (FS) and carbon black (CB) for the combustion of catalyzed RDX – CMDB propellants were studied. The results show that the burning rate of catalyzed RDX – CMDB propellant was enhanced when adding 0.3% C60, FS or CB respectively. Among three carbon substances, the burning rate enhancement of FS was the best. With the increasing of the content of FS and CB the values of the burning rate enhancement efficiency (Z) increased. Finally, the enhancement results of carbon substances with various appearances were discussed.

Keywords: C_{60}; fullerene soot; carbon black; combustion catalyst; combustion performance

Nomenclature

a: constant defined in Eq. (2)

d: diameter, μm

n: pressure exponent of burning rate

p: pressure, MPa

u: burning rate, mm/s

T: temperature, K

X: distance, m

Z: burning rate enhancement efficiency defined in Eq. (1)

Δu: difference of burning rate, mm/s

Subscripts

c: condition with carbon substance

0: initial condition

1 Introduction

Using cyclotrimethylenetrinitramine (RDX) or cyclotretramethylenetetranitramine (HMX) to replace ammonium perchlorate (AP) and aluminum powder in composite modified double-base (CMDB) propellants is an important technological method that not only endows the propellant with higher energy, but also provides the minimum smoke characteristics for the exhaust. The addition of RDX or HMX, however, typically lowers the propellant burning rate and increases its pressure sensitivity, that is, produces a high pressure exponent (up to 0.7 or 0.8). Therefore, lowering pressure exponents and enhancing the burning rate of this type of propellant has become a focal point of propellant research.

It is well known that the addition of combustion catalysts is the most effective method to adjust the burning characteristics of propellants. The problem lies in which catalyst can be chosen and how to determine the content and relative proportion of various catalysts. Based on results for double-base (DB) propellants and a minimum smoke RDX – CMDB propellant with a similar flame (combustion wave) structure[1], it can be concluded that certain kinds of lead salts, copper salts, and carbon black (CB) that are effective for catalyzing the combustion of DB propellants may be effective for RDX – CMDB propellant. Therefore, we have carried out comprehensive research on various combinations of lead salts, copper salts, and CB[2-3]. It was found that CB plays a very important role in decreasing pressure exponents and increasing burning rates of RDX – CMDB propellants. As is well known, CB is the product of incomplete burning or splitting of many organic compounds, and it is mainly composed of carbon. We were very interested in the effect of CB in carbon substances of diverse types and appearances, especially fullerene, which is being studied extensively, and so we investigated the effects of C_{60}, fullerene soot, and CB on the combustion characteristics of catalyzed RDX – CMDB propellants.

2　Effect of carbon and potential of C_{60} in solid propellants

Carbon plays a unique role in the combustion of DB/RDX – CMDB propellants, and it has attracted considerable research attention. Because solid-propellants mixtures have a negative O_x balance and they combust in reduction atmosphere, there is a large amount of carbon formed on the burning surface as well as in the combustion products. In 1965, Preckel[4] published the results of his early research. It was shown that the addition of a small amount of CB could enhance burning rates and does not harm the plateau effect. When CB had a low concentration ($<0.5\%$), the burning rates of the plateau zone could increase quickly; the finer the CB's particle size was, the higher the burning rates of the propellant were. On the basis that there was a large amount of carbon depositing on the burning surface of nitrate ester-based propellants, Hewkin et al[5] first put forward a lead-carbon catalysis theory in 1971 and claimed that carbon accelerated the reaction of NO, whereas the existence of lead salt catalyst activated carbon. Thereafter, Lengelle et al[6] indicated clearly that the carbon produced above the burning surface was the key material that enabled the propellant to create the plateau and superrate combustion phenomena. The addition of CB extended the range of the superrate by creating a more cohesive carbon layer in which the lead salt particles are trapped and then decomposed into PbO. Sharma et al[7] observed the burning surface and interior surface of suddenly extinguished propellants by x-ray photoelectron spectroscopy (XPS) and found that the samples of the catalyzed propellants quenched at different pressures were altered to a depth of $30-40~\mu m$, and that a fluffy soot with a large concentration of lead in it was the principal constituent. The lead accumulation in the soot showed a maximum at a depth of about 10 μm below the surface and marked the region of highest catalytic activity. Lead was present both as a metal and as an oxide, and more metallic lead was present in the samples from the superburning regime than from the mesa regime. The Pb/C ratio in the soot, produced at different pressures, showed a sudden decrease coinciding with the onset of the mesa region. Thus, the onset of the mesa regime can be ascribed to the loss of lead in the soot. When Denisyuk et al[8] studied the common function of PbO and CB, they discovered that the concentration and slight change of CB would lead to significant changes in PbO's catalytic effect. For a specific surface $800 - cm^2/g$ PbO and $50 - m^2/g$ CB, the optimum proportion of PbO/CB was $(2-3):1$, and when CB did not exist, the catalytic effect of PbO became weak. They then observed PbO, carbon particle, and the particles on the extinguished sample surface by high-resolution electron microscope[9] and found that PbO formed the coagulum on the burning surface of propellants without CB. The accumulation effect made PbO lose its activity, while the sooty shell or carbon frame formed by carbon substances held back the accumulation of PbO and kept the PbO particles close to the burning surface. Li's work[10] on applications of CB also indicated that adding a small amount of CB, e.g., 0.3%, to the formulations would significantly affect the combustion characteristics of propellants. Moreover, the burning rate enhancement of CB derived from different sources and made by different methods differed greatly. The current literature basically admits that the emergence and disappearance of the superrate burning effect are closely related to the production and disappearance of carbon residues depositing on the burning surface. To sum up, carbon's functions are mainly as follows: ① The physical action produced by carbon on the catalytic combustion is to prevent lead catalysts from forming coagulum. ② From the chemical perspective, there are different opinions on the influence of carbon on catalytic combustion. It is generally admitted that carbon is a good catalyst for the reduction of NO and that carbon is also easily oxidized by NO. These reactions produce a large amount of heat. ③ Carbon black changes the optical properties of propellants. ④ The carbon frame (sooty shell or carbon net) formed by burning has higher thermal conductivity that greatly increases the heat flux back to the condensed phase. Furthermore, the carbon frame also hinders the escape of gases like NO and makes NO react fully in the surface zone to release heat. C_{60}, discovered by Kroto et al[11] is a special new material with a cage structure and is the third kind of pure carbon shape. It is made up of 60 carbon atoms to form a football molecule whose diameter is 7.1 Å. This unique structure enables C_{60} to possess many excellent physicochemical characteristics. The application of C_{60} in some fields has attracted a great amount of attention from the research community. Recently, some articles[12] have discussed the interrelationship among C_{60}, soot, and combustion and indicated that fullerene, or the buckyball, exists in the combustion process. We also did some preliminary work, including detecting C_{60} in the composition of propellants and determining the influence of soot with C_{60} on the combustion of DB system propellants.

It was found that a kind of carbon black (CB_3) always used as the ingredient of composite catalysts in DB or RDX – CMDB propellants contained a little toluene extract (2% – 5%). The color and appearance of this kind of toluene extract were similar to those reported for fullerene soot (FS)[13]. A preliminary catalytic combustion experiment using FS (containing about 10% C_{60}) made by the electrical arcing of graphite was also preformed. The results showed that the burning rates of DB propellant and the burning rate enhancement efficiency increased by 4 mm/s and about 30%, respectively, and that the pressure exponent of the plateau zone and the plateau pressure range remained the same after the FS replaced CB.

There is probably a special relation between fullerene and the catalytic combustion of solid propellants, and fullerene may be a type of key material by which we can further realize the catalytic combustion. Some researchers[14] think that C_{60} could theoretically be used as the combustible substance of propellants and that, when the carbon cage is destroyed, the extra tension energy and bonding energy could possibly be released, but there have been no reports of experimental studies. Wang and Li[15] succeeded in putting dinitrobenzene and trinitrobenzene on the spherical surface of C_{60} and tried to press the energetic materials into the holes of C_{60} under high pressure to increase the density and release much more energy in the course of combustion or explosion.

Our objectives are to study the feasibility of fullerene as burning catalyst in solid propellants and to promote the development of research on the combustion mechanism and the improvement of the combustion characteristics of solid propellants.

3 Experimental results on the burning rate enhancement of C_{60}, FS, and CB

3.1 Experimental methods

The formulation of propellant in the experiment is as follows: 35.6% nitrocellulose (NC) (containing 12% N), 25.8% nitroglycerine (NG), 31.5% RDX, 3% diethylphthalate (DEP), 2% Centralite II (C_2), 0.5% Vaseline, 1.6% Al_2O_3, and catalysts. The samples were prepared by solventless DB propellant extrusion technology including slurry mixing, rolling, and extrusion.

The catalysts were lead phthalate (Φ – Pb), cupric 2,4-dihydroxy-benzoate (β – Cu), CB, C_{60}, and FS. The CB added into propellant is a kind of semireinforcement (SRF) CB and its particle size d_{50} is around 0.07 μm. The C_{60} was provided by Wuhan University, People's Republic of China, and its purity was more than 99.9%. FS is the primary product made by the electrical arcing of graphite for preparing C_{60}, contains about 10% C_{60}, and was also provided by Wuhan University.

To study the functions of different carbon substances, a Φ – Pb/C binary catalysis system and a $\Phi - Pb/\beta - Cu/C$ tribasic catalysis system were designed. Here, tribasic catalysis system means a composite system that consists of three kinds of different catalysts used together.

The burning rates were measured in a strand burner. The appearance of the carbon substances was determined by combining the microanalysis system of a JMS – 5800 scanning electronic microscope (Japan Electronic Company) and a LINK ISIS energy spectrum (Oxford, England, United Kingdom).

3.2　Burning rate enhancement of C_{60}, FS, and CB

There was no significant effect on the combustion characteristics of the propellants when the single CB was added into the propellants. Only when CB and lead catalysts were used together was the effect of CB obvious. CB was able to strengthen the catalytic effect of lead compounds. For C_{60} and FS, the results were similar. To describe clearly the function of the carbon substance in the propellant catalyzed by lead salt, the burning rate enhancement efficiency Z was used to represent the contribution of carbon substance to the burning rate. Z is defined as

$$Z = u_c/u_0 \tag{1}$$

where u_0 is the burning rate of the control (comparative) propellant and u_c is the burning rate of the propellant with carbon substance. The experimental results are shown in Table 1 and Figs. 1, Fig. 2. In Table 1, u is the average burning rate, the burning rate enhancement efficiency at 6 – 14 MPa is the average value of Z at every pressure point, and the pressure exponent n of the plateau zone is obtained by the linear regression of the following equation:

$$u = ap^n \tag{2}$$

Table 1　Effect of C_{60}, FS, and CB on combustion characteristics of catalyzed RDX – CMDB propellant

Composition of catalysts		Plateau zone /MPa	n	$\bar{u}/(mm \cdot s^{-1})$ 6 – 14 MPa	Z/MPa		
					6	10	6 – 14
2.5% Φ – Pb	0	4 – 10	0.071	9.46	1.00	1.00	1.00
	0.3% FS	6 – 16	0.198	12.56	1.36	1.58	1.36
	0.3% C_{60}	8 – 14	0.240	10.78	1.12	1.33	1.16
	0.3% CB	6 – 12	−0.086	10.71	1.29	1.25	1.15
2.5% Φ – Pb 0.4% β – Cu	0	4 – 10	−0.015	9.39	1.00	1.00	1.00
	0.3% FS	6 – 16	0.161	13.05	1.34	1.65	1.42
	0.3% C_{60}	8 – 14	0.167	11.08	1.14	1.38	1.20
	0.3% CB	6 – 12	−0.188	10.51	1.26	1.19	1.14

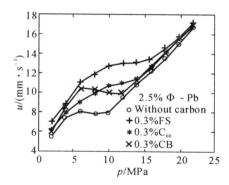

Fig. 1　Effect of FS, C$_{60}$, and CB on propellant burning rates

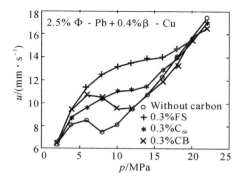

Fig. 2　Relation between burning rate and pressure in tribasic catalysis system

The experimental results (Table 1 and Figs. 1 and 2) show that both a binary catalysis system and a tribasic catalysis system can increase the burning rate of propellants when 0.3% carbon substance is added. Compared with C$_{60}$ and CB, FS is the best additive for the burning rate enhancement because the average burning rate of the propellant with FS at 6 – 14 MPa increases over 3 mm/s, and the Z value is the highest. In the binary system, the – values for CB and C$_{60}$ are similar. However, the average Z value for C$_{60}$ at 6 – 14 MPa in the tribasic system is higher than that of CB. CB enhances the burning rate at low pressure, and so its Z value is higher than that of C$_{60}$ at 4 – 8 MPa, but the burning rates of the propellant with C$_{60}$ are higher at over 8 MPa. This indicates that C$_{60}$ at high pressure is advantageous to enhancing the burning rates of the propellant.

After the addition of different carbon substances, the width of the plateau zone is maintained or even becomes wider, and the plateau zone transfers toward higher pressure. Among the three carbon materials, FS makes the plateau range of the catalyzed propellant widen and the pressure exponent n become large, whereas CB lowers the pressure exponent and makes the pressure exponent of plateau zone become negative. This shows fully that CB is particularly effective in lowering pressure exponent and that C$_{60}$ produces the highest pressure exponent in the plateau zone.

3.3　Effect of FS or CB content on the combustion properties

FS is most effective in burning rate enhancement, and CB has a significant influence on decreasing pressure exponentn. Therefore, further investigation of the influence of CB or FS content on the combustion properties was performed. The results are shown in Fig. 3 and Table 2. In Fig. 3, $\Delta u = u_c - u_0$, $\Delta u' = u_{FS} - u_{CB}$.

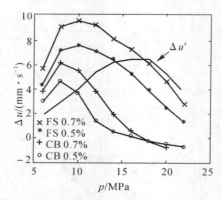

Fig. 3　Burning rate enhancement for various levels of FS and CB content

Table 2　Influence of FS content on combustion properties

FS/(%)	(Z/p)/MPa								Plateau zone/MPa	$r = ap^n/(\mathrm{mm \cdot s^{-1}})$
	4	6	8	10	12	14	16	18		
0	1	1	1	1	1	1	1	1	4~10	$8.793p^{-0.051}$
0.3	1.18	1.39	1.68	1.65	1.43	1.29	1.14	1.05	8~16	$9.006p^{0.161}$
0.5	1.29	1.52	1.96	1.93	1.74	1.59	1.43	1.29	8~20	$8.918p^{0.241}$
0.7	1.36	1.67	2.20	2.18	1.98	1.74	1.58	1.45	8~22	$10.405p^{0.224}$
1.0	1.43	1.72	2.31	2.30	2.05	1.85	1.64	1.51	8~22	$11.910p^{0.188}$

Fig. 3 shows that for the pressures measured, the values of Z increase with the addition of FS and reach a maximum at 8 MPa. When the added amount of FS is 1.0%, the burning rate of the propellant is 2.3 times higher than that of the control propellant. This proves that FS has a significant effect on the enhancement of the propellant burning rate. At the same time, the plateau zone becomes wider as the FS content increases, and the plateau burning phenomenon ($n < 0.3$) occurs at 8 – 22 MPa.

From Table 2 and Fig. 3, it can be seen that increasing the added quantity of CB can enhance the burning rate. However, the burning rate enhancement of CB is far less than that of the same quantity of FS. For example, when the pressure is 10 MPa, the burning rate of the propellant with 0.7% FS is 9.46 mm/s higher than that of the control propellant, whereas the burning rate of the propellant with 0.7% CB is 5.46 mm/s higher than that of the control propellant. In the range of 6 – 16 MPa, Δu increases with the increase in pressure. When the carbon substance content is 0.7%, the value for $\Delta u'$ at 16 MPa is 6.5 mm/s. This demonstrates that pressure leads to FS having a better burning rate enhancement effect than CB.

4 Discussion of burning rate enhancement by various carbon substances

C_{60}, FS, and CB are carbon substances with different morphological properties, and their influences on the burning rate vary greatly. Among the physical and chemical properties of CB, the average particle size and specific surface plays a very important part in improving the burning rate and suppressing the pressure exponent[10]. Thus, the surface appearance of the carbon substance was studied with a scanning electronic microscope (SEM). The results are shown in Fig. 4.

(a) C_{60} 500×   (b) C_{60} 150×

(c) FS 30 000×   (d) FS 30 000×

Fig. 4　Surface appearance of carbon substances

(a)C_{60} 500×;　(b)C_{60} 150×;　(c)FS 30 000×;　(d)FS 30 000×

From Fig. 4, it can be stated that most particles of C_{60}'s condensation state are rhomboid and that the particle size is very big ($d_{50} > 50\ \mu m$), whereas CB is a spherical particle whose size is extremely small (about 0.07 μm). For FS, it is difficult to distinguish the single particle of C_{60} from soot through SEM pictures. This illustrates that the particle size of C_{60} in FS is small and C_{60} is evenly dispersed in soot. The mixture (FS) composed of C_{60} and soot, in which the particle size of C_{60} is very different than that of pure C_{60} and becomes smaller, has a particle size similar to that of CB.

It has been mentioned that the addition of a carbon substance to propellant may result in the formation of a sooty shell on the burning surface, with the sooty shell acting as the concentrating bed for the active composition of catalysts and preventing the accumulation of lead and its oxides. Thus, lead or its oxides catalyze some oxidation and reduction reactions and increase dT/dx on the burning surface. Furthermore, the thermal conductivity of the foam zone containing the sooty shell is about 20 times higher than that of the general gas phase[9], which increases the heat feedback toward the condensed phase. The pressure exponent is affected by the disappearance of the sooty shell. When the sooty shell disappears slowly with an increase in pressure, $n > 0$; when the sooty shell disappears fast with an increase in pressure, $n < 0$.

Because the particle size of CB is extremely small, when the pressure increases it is easy for CB to be oxidized by NO or taken away by the escaping gases. The disappearance of the carbon residues relates closely to the emergence of the mesa effect, and so this may be a reason that CB leads to the appearance of the mesa burning effect. Because the particle size of C_{60} is bigger, and its dispersion on the burning surface is less uniform than that of CB at low pressure, the Z value of C_{60} is lower than that of CB. When pressure increases, however, C_{60} cannot be easily removed by the escaping gases and can still support the catalysis of lead compounds. As a result, the burning rate with C_{60} is higher at high pressure. The burning rate enhancement effect of FS is the best, which apparently relates closely to the presence of C_{60}. The fullerene molecule is a huge n electron conjugate system, has a high charge capacity, and obtains or loses electrons easily. The numerous double bonds on the surface of fullerene provide many active centers, especially under high temperatures, where the molecule has striking chemical activity. It has been found that C_{60} has ions of from -5 to $+2$ valence number. Therefore, in propellant combustion, it is possible to produce a coordinate bond and form a C_{60}-Pbx complex between C_{60} and the outer vacant orbit of lead. Then, this complex changes the dispersion of the lead catalyst. Again, because the absorption characteristics of fullerene are better than those of CB, the C_{60}-Pbx complex may form a highly active catalytic center. This catalysis system can absorb certain gases on the burning surface and catalyze these gases to conduct an oxidation or reduction reaction, releasing a large amount of heat to enhance the propellant burning rate. Because the C_{60}-Pbx complex is not easily blown away by the escaping gases, the burning rate of propellants containing FS is higher in the plateau zone.

5 Conclusions

(1)Carbon plays a very important part in catalyzing the combustion of minimum smoke propellants. Adding 0.3% C_{60}, FS, or CB can enhance the burning rate of catalyzed RDX – CMDB propellant. Among the three carbon substances, FS most effectively enhances the burning rate.

(2) The three carbon substances cause the catalyzed propellant to maintain or even enlarge the width of the plateau zone, and the plateau region drifts toward the direction of high pressure. FS widens the plateau region of the catalyzed propellant, but the pressure exponent increases; CB decreases the pressure exponent (probably to a negative value); C_{60} results in a higher pressure exponent in the plateau zone of the catalyzed propellant.

(3) The values of Z increase with an increase in the FS or CB content. However, the burning rate enhancement of CB is far less than that of the same amount of FS.

(4) The diversity among the burning rate enhancement effectiveness of the three carbon substances closely relates to the following: the particle size of C_{60} is very big, the particle size of CB is extremely small, and FS has particles similar to CB with C_{60} evenly scattered in FS.

(5) The C_{60} – Pbx complex formed between C_{60} and the outer vacant orbit of lead may be a key to the catalysis of certain gases for oxidation or reduction reactions with large heat release.

References

[1]   Kuo K K, Summerfield M. Fundamentals of solid-propellant combustion[M]. New York: American Institute of Aeronautics and Astronautics, 1984.

[2]   Meng X, Zhang R, Li S. Adjustment on combustion properties of RDX – CMDB propellants[J]. Journal of Propulsion Technology, 1989, 10(3): 64 – 69.

[3]   Zhao R, Li S. An investigation on composite catalysts used in RDX – CMDB propellants[J]. Journal of Propulsion Technology, 1992, 13(2): 57 – 64.

[4]   Preckel R P. Plateau ballistics in nitrocellulose propellants[J]. AIAA Journal, 1965, 3 (2): 346 – 347.

[5]   Hewkin D J, Hicks J A, Fowling J, et al The combustion of nitric ester — based propellants: ballistic modification by lead compounds[J]. Combustion Science and Technology, 1971, 2(2): 307 – 327.

[6]   Lengelle G, Bizot A, Duterque J, et al. Steady-state burning of homogeneous propellants. fundamentals of solid propellant combustion, edited by K. K. Kuo and M. ummerfield, Vol. 90, Progress in Astronautics and Aeronautics, AIAA, Washington, DC, 1984, 361 – 407.

[7]   Sharma J, Wilmot G B, Campolattaro A A, et al. XPS study of condensed phase combustion in double base rocket propellant with and without lead salt-burning rate modifier[J]. Combustion and Flame, 1991, 85(3 – 4): 416 – 426.

[8]   Denisyuk A P, Margolin A D, Khubaev G V. The role of soot in the combustion of ballistite propellants with lead-containing catalysts[J]. Fizika Goreniya Vzryva, 1977,

13(4): 457 - 584.

[9] Denisyuk A P, Denidoval L A, Galkin V L. The primary zone in the combustion of solid propellants containing catalysts[J]. Combustion, Explosion and Shock Waves, 1995, 31(2): 161 - 167.

[10] Li S. Influence of CB on Performance of RDX - CMDB Propellants[J]. Journal of the Japan Explosives Society, 1986, 47(3): 6 - 10.

[11] Kroto H W, Heath J R, O'Brien S C, et al. C60: Buckminsterfullerene[J]. Nature, 1985, 318(6042): 162 - 163.

[12] Ebert L B. The interrelationship of C60, soot and combustion[J]. Carbon, 1993, 31 (6): 999 - 1001.

[13] Kraetschmer W, Lamb L D. Fostiropoulos K, et al. Solid C60: a new form of carbon [J]. Nature, 1990, 347(6291): 354 - 358.

[14] Wen S. Ceo and Mx Ceo - a very promising new material[J]. Science and Technology Review, 1992(7): 36 - 40.

[15] Wang N, Li J. Application prospect of C60 in energrtic materials[J]. Chinese Journal of Energetic Materials, 1994, 2(4): 40 - 42.

文章来源：Progress in Astronautics and Aeronautics, 1999, 185(10): 465 - 475.

Burning-Rate Prediction of Double-Base Plateau Propellants

Yang Dong   Song Hongchang   Zhao Fengqi   Li Shangwen

Abstract: The mathematical model is developed based on experimental results, and the burning-rate equation of noncatalyzed propellants is extended to include the effect of catalysts. The results show that using this equation, the burning rate and pressure exponent of double-base and nitramine-modified double base plateau propellants can be computed as a function of propellant composition. The reason for plateau combustion is that the natural split process of [CHO] in the area near the burning surface is suppressed by catalytic centers. The higher the [CHO] content in the chemical structure of the components of a propellant, the more advantageous it is for the catalysis. Adding nitramine (HMX, RDX) to double-base plateau propellant on the one hand lessens catalysis because of the reduction of [CHO] in the chemical structure of propellant, and on the other hand is more advantageous to plateau combustion because of the strengthening catalytic effect of lead salt.

Keywords: burning-rate prediction; double-base propellant; plateau propellant; combustion catalyst

Nomenclature

C_A : catalytic coefficient of lead salt

C_B : enhancement coefficient of carbon black on lead salt

C_C : enhancement coefficient of copper salt on lead salt

C_R : enhancement coefficient of hexogen on lead salt

C_1 : catalytic coefficient of lead salt, copper salt, and carbon black compound catalyst

C_2 : catalytic coefficient of copper salt

[CH] : representatives of less reactive hydrocarbon groups

[CHO] : representatives of splittable free radical/groups

[CH$_2$O] : representatives of reductive groups

[CO] : representatives of less reactive groups containing CO

d_H : size of the particle of nitramine

g : influence level of catalysts on reaction (5)

g_1 : influence level of lead salt, carbon black, and copper salt compound catalyst on reaction (5)

g_2 : influence level of copper salt on reaction (5)

[NO$_2$] : representatives of oxidative groups

p : pressure, MPa

p_a : pressure at the time when the content of newly produced lead is the maximum

p'_a : pressure at the time when the content of newly produced catalytic centers from copper salt is the maximum, 17.73 MPa

p^* : first characteristic pressure, MPa

p^{**} : second characteristic pressure, MPa

q : ratio of the quantity of [CHO] to the quantity of [NO$_2$]

u : burning rate, cm/s

v : pressure exponent

v_1 : pressure exponent contributed by the naturral split of [CHO]

v_2 : pressure exponent contributed by compound catalyst

v_3 : pressure exponent contributed by nitramine

w_a : parameter related to the catalytic effect pressure region, in MPa

w'_a : parameter related to the catalytic effect pressure region of copper salt, 7.84 MPa

X : content of catalysts

X_N : quantity of [N$_2$O] groups in 1 – kg propellant

X_Q : characteristic content

Z_1 : relative total quantity of gaseous products in the initial stage of propellant burning

Z_2 : relative total quantity of gaseous oxide in the initial stage of propellant burning

$\alpha =$ ratio of the quantity of [CH] to the quantity of [NO$_2$]

$\alpha' =$ quantity of [CH]

α_H : percentage of nitramine in the propellant

α_N : ratio of the quantity of [N$_2$O] to the quantity of [NO$_2$]

$\beta =$ ratio of the quantity of [CO] to the quantity of [NO$_2$]

β' : quantity of [CO]

γ : ratio of the quantity of [CH$_2$O] to the quantity of [NO$_2$]

$\gamma' =$ quantity of [CH$_2$O]

$\delta =$ quantity of [NO$_2$]

$\eta =$ function describing the natural split of [CHO]

$\theta_0 =$ mole fraction of [NO$_2$] near the burning surface

ξ : function describing the transference between C – N homolysis and N – N homolysis of nitramine

ρ_H : density of nitramine

ρ_P : density of propellant

1 Introduction

The plateau combustion phenomena of solid rocket propellants, which are very beneficial ballistics of solid rockets, have drawn much attention since they were discovered in 1946[1]. Up to 1980 researchers interpreted the plateau combustion phenomena from various perspectives and developed a large number of catalytic combustion theories, such as gaseous phase, condensed phase, and gaseous-condensed phase theories. Among them, the free radical theory[2], the lead-carbon catalysis theory[3], the subsurface photochemical reaction model[4], the complex compound theory[5], and the stoichiometric ratio theory[6] are well known and could qualitatively explain a part or all of the plateau burning process. References [6 – 8] developed the super-rate combustion model and the catalytic combustion model, respectively. Based on their hypotheses, the calculated results of their models agree well with the experimental results.

In past years the development of solid-propellant combustion models mainly depended on the transmission of energy and mass during burning processes. The mathematical models were derived from physical models based on experimental observations. The chemical processes of burning were little considered. The development of burning-rate expressions did not depend upon chemical composition and combustion reactions, so that there were few combustion models that could predict the phenomena of super rate, plateau, and mesa quantitatively from the composition (including catalysts) of plateau propellants. Reference [9] provided a method to predict the burning rate of noncatalyzed double-base propellants from the propellant ingredients. Incorporation of mass transport into this model allowed the development of a combustion model based on the analysis of the chemical structure and characteristic combustion reaction of noncatalyzed propellants. The burning rate is a function of pressure and propellant composition. The calculation of burning rate avoids the measurement of physical parameters, such as heat conduction, chemical-reaction activation energy, and heat effects.

In this investigation the site of the catalytic reaction, the form of the catalytic centers and the split reaction of a class of splittable free radical represented by [CHO] during the catalytic combustion process near the burning surface are assumed. The mathematical model is developed based on experimental results, and the burning-rate equation of noncatalyzed propellants is extended to include the effect of catalysts. Using this equation, the burning rate and pressure exponent of double-base and nitramine-modified double base plateau propellants can be computed as a function of propellant composition.

2 Theoretical background

The prediction method for noncatalyzed double-base propellant burning rate and its development was introduced in Ref. [10]. The basic model is as follows.

(1) In the initial stage of noncatalyzed double-base propellant combustion, the main gaseous combustion products are divided into five classes, which are represented respectively by $[NO_2]$, $[CH_2O]$, $[CHO]$, $[CH]$, and $[CO]$. According to their chemical properties and the role they play in the dominant combustion reaction, the gases are also classified respectively as oxidizers, reducers/fuel, splittable/unstable groups, less reactive hydrocarbons groups, and less reactive CO groups in the burning surface of noncatalyzed double-base propellants.

It is almost impossible to measure accurately the quantities of the five gases present under given combustion condition, but the composition of the propellant and the chemical structure of each component are definite. Therefore, the relationship between the gaseous composition and the chemical structure of the propellant or its components can be developed. The five gases can also represent the chemical groups of the propellant and its components. The quantities of the five classes of gases/groups of a propellant can be calculated by adding the quantity of the five classes of gases/groups of each component together.

The splittable free radical [CHO] represents the class of gases that can split. The form of [CHO] is different at different pressures. When the pressure is very low, [CHO] is present in the vicinity of the burning surface in the form of a polymer, such as $(CHO)_n$. When the pressure is very high, [CHO] splits into two groups, [CO] and [H](categorized to [CH]). The natural split process of [CHO] can be described as the following reaction:

$$[CHO] \longrightarrow [CO] + [H] \tag{1}$$

The relationship between the natural split process of the free radical [CHO] and pressure can be described by the following equation:

$$\eta(p) = 2 - \exp[0.693\ 1(1 - p/p*)] \tag{2}$$

When $p = p^*$, [CHO] is present in the form of CHO and $\eta(p) = 1$. p^* is an empirical value, which is 9.81 MPa for double-base propellants. When $p \gg p^*$, $\eta(p) = 2$. When $p \ll p^*$, $\eta(p) = 0$.

At the characteristic pressure the quantities of the five classes of gases are symbolized as δ', γ', q', β', and α'. They are also called the chemical structure parameters. Then, the molecular formula of 1 kg propellant can be written as $[NO_2]_{\delta'}[CH_2O]_{\gamma'}[CHO]_{q'}[CH]_{\beta'}[CO]_{\alpha'}$.

(2) We symbolized the mole fraction of gaseous oxidizer $[NO_2]$ near the burning surface as $\theta_0(p)$. If $\alpha = \alpha'/\delta'$, $\beta = \beta'/\delta'$, $q = q'/\delta'$ and $\gamma = \gamma'/\delta'$ then, at any pressure,

$$\theta_0(p) = 1/[\alpha + \beta + q \cdot \eta(p) + \gamma + 1] \tag{3}$$

(3) The burning rate of noncatalyzed double-base propellants is a function of pressure and propellant compositions. At 20 ℃ the expression for the burning rate is

$$u(p) = 1.709 p\theta_0^2(p)/\rho_P \text{ cm/s} \tag{4}$$

References [9] and [10] calculated the burning rates of various noncatalyzed double-base propellants. Part of the results are shown in Figs. 1 and 2. The calculated burning rates show good agreement with the experimental values in the pressure range from 0.1 to 30 MPa. The burning rates of double-base gun propellants can also be predicted by Eq. (4). References [11 – 13] give the comparison between the calculated burning rates and the experimental data for various gun propellants. Equation (4) is suitable for calculating the burning rate of double-base propellants even in the range of pressure up to 400 MPa.

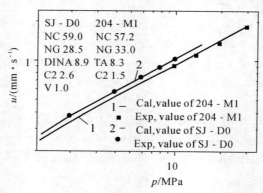

Fig. 1　Burning rate vs pressure for double-base propellants (Chinese propellants)

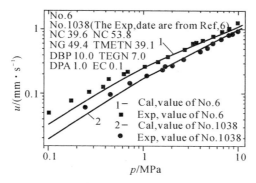

Fig. 2　Burning rate vs pressure for double-base propellants（Kubota's propellants）

3　Mechanism of plateau combustion

3.1　Effects of catalysts on burning surface physico-chemistry

To reveal the reaction mechanism of burning-rate catalysts, experiments were conducted to study the interaction among lead salts, copper salts, and carbon black during the decomposition and combustion of double-base propellants. The relationship between the interaction among the catalysts and catalytic combustion was obtained, and results were reported in Ref. [14]. The main conclusions are that there are interactions among lead salts, copper salts, and carbon black during propellant combustion. Carbon black and copper salts make lead salts easy to decompose at lower temperatures. At the same time the lead content in the burning surface of propellants increases with an increase in carbon black content, while catalytic activity is promoted by the increase of lead content in the burning surface. That is to say, lead plays the key role in plateau combustion. It is thought that one of the main products of lead salts in the burning surface is PbO, and then PbO produces lead metal through the reactions as follows:

$$PbO(s) + C(s) = Pb(s) + CO(g) \tag{5}$$

$$PbO(s) + CO(g) = Pb(s) + CO_2(g) \tag{6}$$

From this lead works in the form of metal, and the microball of lead metal in the burning surface forms the catalytic center.

3.2　Hypothesis on the reaction of [CHO] near burning surface

The burning surface of double-base plateau propellants is obviously different from that of a noncatalyzed double-base propellant. A large number of loose carbon structures containing lead appear on the plateau propellant burning surface in the pressure region of catalytic effect, hence make the dividing line between the gas phase and solid phase vague and in the statement of diffusion. When the thermal decomposition products pass through the burning surface, they will definitely be affected by catalytic centers.

Research on the burning surface structure of double-base plateau propellants[3] show that super-rate burning is always related to the appearance of a great deal of carbon in burning surface, whereas carbon disappears gradually upon mesa burning.

No definite theory explains the reason for the production of a great deal of carbon. Kubota et al[6] suggest that in the process of plateau propellant combustion the products from the decomposition of lead compound, i.e., lead in metal or lead oxide, change the reaction pathway of nitrate ester degradation in the subsurface zone or burning surface and thus the degradation of a proportion of nitrate ester produces carbon. Ferreira et al[7] suggest that the chemical reaction between lead compounds and aldehyde produced from the decomposition of nitrate ester produces carbon. They did not, however, illustrate the mechanism for the production of lead in the burning surface in detail.

The results of fundamental studies[15] on the formation of carbon from gaseous hydrocarbon show that despite the middle products between the primary hydrocarbon and the final products carbon black is produced in polymerization process. The first step is the polymerization of small molecules, and the second is thermal decomposition to produce solid materials through chemical reactions, such as condensation and molecular rearrangement.

For double-base plateau propellants the present paper supposes that the carbons come from certain carbon-containing groups in the nitrate ester whose decomposition is suppressed by catalytic centers and which cannot decompose to gaseous products. They cannot participate in gas-phase combustion reaction but polymerize around the catalytic centers and produce carbon through incomplete combustion.

According to the burning rate prediction model of noncatalyzed double-base propellants, among the five kinds of gases near the burning surface, [CHO] has properties of both polymerization and decomposition. When the propellant has no catalyst, the natural split reaction of [CHO] is as shown in reaction (1). When the propellant has catalysts, the free radical [CHO] conglomerates around the catalytic centers, and its split pathway is changed to

[CHO](+[CH]) → Polymer of hydrocarbons→ Further reactions to produce carbon (7)

Because [CHO] also is produced in the condensed-phase nitrate ester at the burning surface, chemical reaction (7) indicates that [CHO] can possibly combine the less reactive hydrocarbon groups near it to form a polymer.

Because the decomposition of carbon-containing groups is suppressed by catalytic centers, reaction (7) changes the gaseous composition near the propellant burning surface and reduces the total quantity of gaseous decomposition products. Hence, if using the function $g(p, X)$ to describe the influence level of catalysts on reaction (7) under different pressures, Eq. (3) is converted to

$$\theta_0(p, X)=l/\{a+\beta+q \cdot [\eta(p)-g(p, X)]+\gamma+1\} \quad (8)$$

In normal cases function $g(p, X)$ should possess the following properties:

$$g(p,X)=\begin{cases}0 & \text{without catalyst}\\ 1 & [CHO] \text{ all involved in reaction (5)}\\ >1 & [CHO] \text{ partially involved in reaction (5)}\end{cases} \tag{9}$$

As can be seen from Eq. (8), the mole fraction of oxide gases near the burning surface increases with the effect of catalysts. After the substitution of Eq. (8) into Eq. (3), it can be predicted that the burning rate is higher than that of noncatalyzed propellants. This is the fundamental reason for catalytic combustion.

3.3 Effect of nitramines

The experimental results of the effect of hexogen (RDX) on the thermal decomposition of lead salt are given in Ref. [14]. The differential scanning calorimeter (DSC) results show the positive effect of RDX on the thermal decomposition of lead salt. The decomposition peak of lead salt shifts to a lower temperature and the heat of decomposition of lead salts in the double-base propellant systems increases with the increase of RDX content in the double-base systems. This phenomenon is similar to the effect of carbon black on the thermal decomposition of lead salt. Reference 16 suggests that RDX combined with the burning characteristics of RDX-composite-modified double-base (CMDB) propellants enhances plateau combustion to a certain extent.

The results of studies of RDX and HMX thermal decomposition[17-19] show that whether the decomposition pathways are C — N homolysis to produce N_2O or N — N homolysis to produce NO_2 depends on temperature. At lower temperature the decomposition reaction begins with C — N bond homolysis, and at higher temperature the N — N bond homolysis is dominant, so there is more NO_2 in the gaseous products at higher temperature than at lower temperature. The temperature of the burning surface of a solid propellant is consistent with pressure in certain regions. The temperature of the propellant burning surface increases with the increase in pressure. Therefore, whether the decomposition pathway of nitramine is C — N bond homolysis or N — N bond homolysis is related to pressure. The following expression can be used to describe the transference between C — N homolysis and N — N bond homolysis:

$$\xi(p)=1-e^{-p/p^{**}} \tag{10}$$

where p^{**} is also an empirical parameter and p^{**} is about 40 MPa.

If X_N is the quantity of the $[N_2O]$ group that can belong to the $[CO]$ group in 1 kg of propellant and $\alpha_N=X_N/\delta'$, then Eq. (8) is changed to

$$v_0(p,X)=\frac{1+\xi(p)\cdot\alpha_N}{\alpha+\beta+q[\eta(p)-g(p,X)]+\gamma+1} \tag{11}$$

4 Burning rate equation of DB and RDX – CMDB propellants

4.1 Influence level of catalysts on the reaction of [CHO]

From the principle of the effect of catalysts on the burning characteristic of propellants, lead salts play the main catalytic role, copper salts and carbon black play the assistant catalytic role, and copper salts also have independent catalytic effect similar to lead salts. So the $g(p, X)$ function can be expressed as follows:

$$g(p, X) = g_1(p, X) + g_2(p, X) \tag{12}$$

where $g_1(p, X)$ is the influence level of lead salts on reaction (7) and $g_2(p, X)$ is the influence level of copper salts on reaction (7).

According to the experimental results, the lead content of the propellant burning surface is consistent with catalytic activity. On the burning surface of solid propellants, lead catalytic centers are produced, accumulate, and then disappear. Analysis of the data in Refs. [20 - 22] suggest that the change in lead content of the burning surface with pressure can be described as follows:

$$g_1(p, X) = C_1(X)\exp\{-[(p - p_a)/w_a]^2\} \tag{13}$$

The experimental results[19] show that the lead content of the burning surface is higher at lower pressure. $C_1(X)$ is the coefficient of catalytic activity and is related to the variety and the content and species of catalysts in propellants and is one-dimensional. X is the percentage of catalysts and is one-dimensional.

When lead salt is the only catalyst in solid propellants, the coefficient $C_1(X)$ is only related to lead salt, and

$$C_1(X) = C_A \tag{14}$$

Because carbon black promotes the thermal decomposition of lead salt and makes the lead content of burning surface increase when the solid propellantcontains lead salt and carbon black,

$$C_1(X) = C_A(1 + C_B) \tag{15}$$

where C_B, is the enhancement coefficient, which reflects the effect of carbon black on the catalytic activity of lead salts, and is one-dimensional.

If C_c is the enhancement coefficient, which reflects the effect of copper salt on the catalytic activity of lead salt, when the propellant contains lead salt, copper salt, and carbon black,

$$C_1(X) = C_A(1 + C_B)(l + C_C) \tag{16}$$

If C_R is the enhancement coefficient, which reflects the effect of RDX on the catalytic activity, according to the mechanism described in Sec. 3.3, then

$$C_1(X) = C_A[1 + C_B(1 + C_R)](1 + C_C) \tag{17}$$

Reference [23] shows that copper compounds play the role of plateau catalysis in the middle and high-pressure regions (14.7 - 20.5 MPa). The assumption is made that the catalytic centers formed by copper salt also promote reaction (7), so that the function $g_2(p, X)$ can be written as

$$g_2(p, X) = C_2(X)\exp\{-[(p - p'_a)/w'_a]^2\} \tag{18}$$

$C_2(X)$ is related to the variety and content of copper salt, which is one-dimensional,

$p'_a = 13.73$ MPa, and $w'_a = 7.84$ MPa.

When the variety of plateau catalysts is defined, the catalytic activity is related to the catalyst content. Based on the experimental results, the expressions of C_A, C_B, C_c in $C_1(X)$ and $C_2(X)$ are the same in form:

$$Y = \begin{cases} \phi \exp \left[-(x - x_0)/xx_0 \right] & X > 0 \\ 0 & X = 0 \end{cases} \quad (19)$$

where ϕ is the weight, is related to the properties of the catalyst, and is one-dimensional; X is the lead content, carbon to lead ratio (C/Pb), and copper to lead ratio (Cu/Pb); X_0 is the characteristic catalyst content (one-dimension quantity); and the values of ϕ and X_0 can be determined by a series of typical double-base plateau propellants.

The value of catalytic pressure region parameter w_a is related to the residence time of catalytic centers on the burning surface. Accurate measurements have not yet been carried out, but it can be determined by the analysis of burning laws.

4.2 Burning-rate equation

Considering the effect of the particle size of nitramine on the area of burning surface, Ref. [9] gave the effect of nitramine on the burning rate as the parameter h_H,

$$h_H = l + 1.73 (\rho_p/\rho_H)^{1/3} (\alpha_H)^{1/3} d_H \quad (20)$$

Using Eqs. (8 – 20), Eq. (4) is rewritten as

$$u(p, X) = 1.709 p \theta_0^2 (p, X) h_H/\rho_H \text{ cm/s} \quad (21)$$

Equation (21) is the burning-rate formula for double-base plateau propellants and RDX – CMDB plateau propellants. That is, when the particle size of nitramine is increased, the area of the burning surface increases, and the burning rate increases.

4.3 Burning-rate pressure exponent

Taking the natural logarithm of the two sides of Eq. (21) and calculating the first derivative of $\ln u(p, X)$ with respect to $\ln p$ gives the burning-rate pressure exponent of plateau propellants

$$v(p, X) = 1 + v_1(p, X) + v_2(p, X) + v_3(p, X) \quad (22)$$

where

$$v_1(p, X) = -2 \frac{pq}{Z_1} \cdot \frac{\partial \eta(p)}{\partial p} \quad (23)$$

$$v_2(p, X) = -2 \frac{pq}{Z_1} \cdot \frac{\partial g(p, X)}{\partial p} \quad (24)$$

$$v_3(p, X) = 2 \frac{p\alpha_N}{Z_2} \cdot \frac{\alpha \xi(p)}{\partial p} \quad (25)$$

$$Z_1 = a + \beta + [\eta(p) - g(p, X)] \cdot q + \gamma + 1 \quad (26)$$

$$Z_2 = 1 + \xi(p) \cdot \alpha_N \quad (27)$$

5 Results and discussion

5.1 Calculated results

The propellant compositions investigated here are shown in Tables 1 – 3. Among them, Nos. 5 – 7 are from the U.S. Patent. The authors prepared the others. Table 4 shows the catalytic parameters that are used in the calculation. Figures 3 – 5 are the plots of burning rate vs pressure. The figures show that the burning rates of different propellants of which main compositions and the catalyst contents are different can be computed by means of the formula described here. The results not only model every stage of the plateau combustion, such as super rate, plateau, and mesa of DB and RDX – CMDB propellants, but also have good agreement with the experimental results. Figures 6 – 8 show the relationships between the pressure and pressure exponents of propellant Nos. 1 – 11. The pressure exponent does in fact change with the pressure, and the pressure exponents have an extremely low value.

Table 1   Detail of propellant compositions (wt. %)[①]

Number	NC/NG/DEP/C_2	Lead flake	Cupric adipate	Carbon black
1	60.0/29.97/7.3/2.8	–	–	–
2	59.5/29.3/7.18/2.7	1.0	0.32	–
3	59.4/29.3/7.08/2.7	1.0	0.32	0.2
4	59.3/29.3/7.08/2.7	1.0	0.32	0.3

①Propellants manufactured at Xi'an Modern Chemistry Research Institute.

Table 2   Detail of propellant compositions (wt. %)[①]

Number	NC/NG/TA/C_2	Lead stearate	Carbon black[②]
5	58.5/27.0/8.5/4.0	2.0	–
6	58.5/27.0/8.5/4.0	2.0	0.35
7	58.5/27.0/8.5/4.0	2.0	0.75

①Propellants and burning rate from Ref. [23].
②Additional carbon black.

Table 3   Detail of propellant composition (wt. %)[①]

Number	NC/NG/DEP/C_2	RDX	Lead salt[②]	Copper salt[③]	Carbon black
8	37.5/27.4/3.0/2.0	30.1	–	–	–
9	35.5/25.7/3.0/2.0	30.1	3.0	0.4	0.3
10	35.7/25.7/3.0/2.0	30.1	2.5	0.4	0.6
11	35.5/25.7/3.0/2.0	30.1	2.5	0.4	0.8

①Propellants manufactured at Xi'an Modern Chemistry Research Institute.
②Lead phthalate.
③Cupric 2,4 – dihydroxybenzoate.

Table 4　Catalytic parameters used in calculation

Number	p_a/MPa	w_a/MPa	$C_1(X)$	$C_2(X)$
2	3.92	11.77	0.55	0.003
3	8.83	16.67	1.25	0.003
4	9.81	1.47	1.25	0.003
5	1.47	10.30	0.50	0.005
6	8 00	12 7S	0.85	0.005
7	8 00	5.88	0.50	0.005
9	3.92	8.83	1.60	0.003
10	3.92	9.81	1.80	0.003
11	3.92	11.77	1.90	0.003
2	3.92	16.67	0.55	0.005

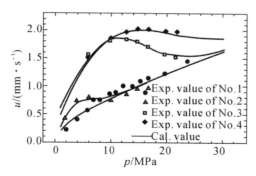

Fig. 3　Burning rate vs pressure for propellants 1 - 4

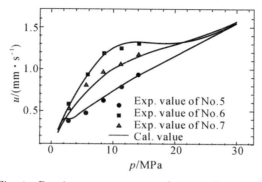

Fig. 4　Burning rate vs pressure for propellants 5 - 7

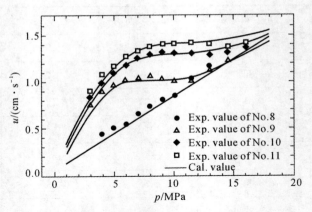

Fig. 5　Burning rate vs pressure for propellants 8 – 11

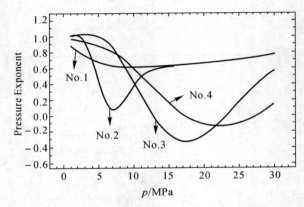

Fig. 6　Pressure exponent vs pressure of propellants 1 – 4

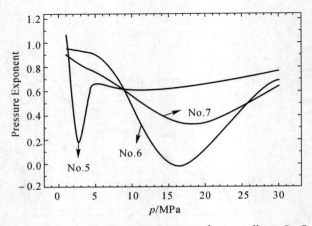

Fig. 7　Pressure exponent vs pressure for propellants 5 – 7

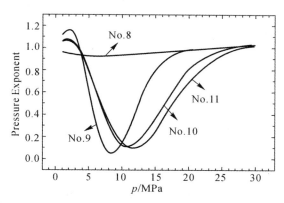

Fig. 8　Pressure exponent vs pressure for propellants 8 − 11

5.2　Plateau combustion phenomena

From Eq. (21) the burning rate $u(p, X)$ is in direct proportion to $p\theta_0^2(p, X)$. In the pressure region where catalysts are effective, the value of $\theta_0(p, X)$ is larger than $\theta_0(p)$ of the noncatalyzed propellant. Therefore, the burning rate of the catalyzed propellant is higher than that of the noncatalyzed propellant, and there are three relationships between $p\theta_0^2(p, X)$ and $(p+\Delta p)\theta_0^2(p+\Delta p, X)$. Correspondingly, there are three combustion phenomena in relation between burning rate and pressure:

(1) $p\theta_0^2(p, X) < (p+\Delta p)\theta_0^2(p+\Delta p, X)$, super rate combustion;

(2) $p\theta_0^2(p, X) = (p+\Delta p)\theta_0^2(p+\Delta p, X)$, plateau combustion;

(3) $p\theta_0^2(p, X) > (p+\Delta p)\theta_0^2(p+\Delta p, X)$, mesa combustion.

When the pressure exceeds the catalytic pressure region and $\theta_0(p, X)$ is approximately equal to $\theta_0(p)$, the burning rate follows the law of the noncatalyzed propellant. This is the reason why the super rate, plateau, and mesa appear in the integral plateau combustion. Sometimes, in the later stage of mesa combustion, the burning rate of the catalyzed propellant is slower than that of the noncatalyzed propellant. It is perhaps because of this that the reduction of the catalytic centers accelerates the split of free radical [CHO]. This will be investigated in the future using the model.

5.3　Effect of chemical structure factors on plateau combustion

In the plateau combustion reaction [CHO] free radical is the catalysant. The conclusion is made from Eq. (22) that the pressure exponent is closely related to the value of mole fraction q/Z_1 of [CHO] free radical in the burning surface. The higher the q/Z_1 value is, the lower the pressure exponent is. Therefore, only when there are sufficient [CHO] in the propellant chemical structure can it guarantee that the catalytic reaction will be fully completed. The ingredients determine the chemical structure parameters of the propellant. Each ingredient of the propellant has its own chemical structure parameters, such as δ', γ', q', β', and α'. Reference [9] gives the chemical structure parameters of propellants in common use. Among them, the value of q' of nitrocellulose is the largest. If the content of nitrocellulose is reduced, the catalysant [CHO] in the chemical structure of the propellant is reduced too, and when the nitrocellulose content is too small to sustain the catalytic reaction, the plateau combustion will be destroyed. This explains, from the theory, why the quantity of nitrocellulose is one of the vital factors in guaranteeing burning-rate modification and plateau combustion in smokeless propellants[24].

Compared with ester nitrate, the molecular structure of nitramine (HMX or RDX) involves the N — NO$_2$ and lacks the — CHO group. The main combustion products are NO$_2$, N$_2$O, CH$_2$O, and N$_2$, among which no catalysant [CHO] is found. [N$_2$O] increases, and [NO$_2$] reduces. Adding nitramine to catalyzed propellant causes the value of $\theta_0(p, X)$ of the propellant to decrease (with a tendency to lower the burning rate) and brings down the value of $g(p, X)$ (with a tendency to raise the pressure exponent and lessen the catalytic effect). Therefore, nitramine, on the one hand, by strengthening the effect of catalyst, can promote catalytic combustion, and, on the other hand, because of its intrinsic chemical structure, can play a negative role in plateau combustion.

From Eqs. (21) and (22) one can see that the burning rate in the plateau regionhas a close relation with the catalytic activity coefficients $C_1(X)$ and $C_2(X)$ and that $C_1(X)$ is dominant. The bigger the value of $C_1(X)$, the higher the burning rate in the plateau region. $C_1(X)$, $C_2(X)$, and w_a affect the plateau region of propellants and its pressure exponent. If w_a remains unchanged while the value of $C_1(X)$ is large, the pressure exponent of the plateau region is comparatively low. If w_a rises, the range of the low-pressure exponent shifts to the higher pressure. Therefore, for a given catalyst its catalytic activity can be predicted by calculating its $C_1(X)$, and the position of plateau region can be predicted by calculating w_a.

6　Conclusions

This chapter suggests that the reason for plateau combustion is that the natural split process of [CHO] in the area near the burning surface is suppressed by catalytic centers. The suppressing process of occurrence, development, and disappearance is the same as that of catalytic centers in the burning surface. Therefore, it is expressed as super rate, plateau, and mesa in the curve of burning rate vs pressure.

The chemical structure of the propellant exerts an important influence on catalytic combustion. The higher the [CHO] content in the chemical structure of the components of a propellant, the more advantageous it is for the catalysis. Among the general energetic materials nitrocellulose is a good provider of catalysant [CHO]. Hence, guaranteeing enough nitrocellulose in the propellant promises plateau combustion in solid propellants.

Adding nitramine (HMX, RDX) to double-base plateau propellant on the one hand lessens catalysis because of the reduction of [CHO] in the chemical structure of propellant, and on the other hand is more advantageous to plateau combustion because of the strengthening catalytic effect of lead salt. Therefore, with proper nitramine content the plateau effect is attainable.

The variety of catalyst, its content, and the combining style affect the value of the catalytic activity coefficient $C_1(X)$, $C_2(X)$, and the catalytic parameter w_a. Generally, the burning rate of the propellant increases with the increase of $C_1(X)$ and $C_2(X)$, whereas the pressure exponent decreases with the increase of $C_1(X)$ and $C_2(X)$ in the plateau or mesa region. The plateau pressure region is related to the value of w_a. Therefore, it is of vital importance to guarantee the proper match of propellant in designing the burning characteristics of plateau propellants.

A burning-rate formula and pressure exponent formula, which are formally the same and are suitable for catalytic double-base and nitramine-modified double-base propellants, are derived in this chapter. The calculated results indicate that when catalyst content, the proportion, and the combining style change, the calculated results conform in general with real values and can quantitatively and completely remanifest the super rate, plateau, and mesa of plateau propellants and hence confirm the basic validity of the model.

References

[1] Avery W H, Hunt R E, Down M N. Burning rate studies in double base powders[R]. Office of Scientific Research and Development, OSRD 5827 ABL/P/1, 1946.

[2] Singha H, Rao K R K. Platonization in double-base rocket propellants[J]. AIAA Journal, 1977, 15(11): 1545 – 1549.

[3] Hewkin D J, Hicks J A, Fowling J, et al. Combustion of nitric ester-based propellants: ballistic modification by lead compounds[J]. Combustion Science and Technology, 1971, 2(5 – 6): 307 – 327.

[4] Camp A T, Haussmann H K, McEwan W S, et al. A decade of progress in the understanding of certain ballistic properties in double-base propellants[R]. U.S. Naval Ordnance Test Station, White Oak, NAVORD Rept. 5825, Silver Spring, MD, 1958.

[5] Suh N P, Adams G R, Lenchitz C. Observations on the role of lead modifiers in super rate burning of NC propellants[J]. Combustion and Flame, 1974, 22(3 – 4): 289 – 293.

[6] Kubota N, Ohlemiller T J, Caveny L H, et al. The mechanism of super-rate burning of catalyzed double base propellants[R]. AD – 763786, 1973.

[7] Ferreira J G, Bizot A, Lengelle G. Model for double-base propellants combustion, without and with additives[R]. AIAA 83 – 1197, 1983.

[8] Duterque J, Lengelle G. Combustion mechanism of nitramine based propellants with additives[R]. AIAA 88 – 3253, 1988.

[9] Song H C. Combustion model and burning rate prediction method for propellants[D]. Nanjing: Nanjing University of Science and Technology, 1986.

[10] Song H C, Yang D. Model for predicting the burning rate of double base propellants from ingredients[C]. The 28th International Annual Conference of ICT, Fraunhofer Inst. of Chemistry Technology, Karlsruhe, Germany, 1997.

[11] Song H C. Burning rate prediction for double base gun propellants[J]. The Fascicle of Explosives and Propellants of ACTA Armament, 1987, 9(2): 7 – 13.

[12] Yang D, Zhao B C, Song H. C, et al. Modeling for nitramine (RDX, HMX) propellant burning characteristics[J]. The Journal of Nanjing University of Science and Technology, 1997, 21(5): 415 – 418.

[13] Yang D, Zhao B C, Song H C, et al. Modeling for nitroguanidine gun propellant characteristics[C]. The 23rd International Pyrotechnics Seminar Tsukuba, 1997.

[14] Yang D, Li S W, Song H C. The interrelation between the thermal decomposition of lead salt and the platonization mechanism of double-based propellants [J]. Propellants, Explosives, Pyrotechnics, 1998, 23(2): 77 – 81.

[15] Donnet J B, Voet A. Carbon-physics, chemistry and elastomer reinforcement[M]. New York: Marcel Dekker, 1976.

[16] Yang D, Chen S C, Li S W, et al. The enhancement of RDX on plateau catalytic effect [J]. The Fascicle of Explosives and Propellants of ACTA Armament, 1995, 17(1): 15 – 19.

[17] Brill T B, Patil D E. Thermal decomposition of energetic materials 63. surface reaction zone chemistry of simulated burning 1, 3, 5, 5-tetranitrohera-hydropyrimidine (DNNC or TNDA) compared to RDX[J]. Combustion and Flame, 1993, 95(1 – 2): 183 – 190.

[18] Palopoli S R, Brill T B. Thermal decomposition of energetic materials 52. On the foam zone and surface chemistry of rapidly decomposing HMX[J]. Combustion and Flame, 1991, 87(1 – 2): 45 – 60.

[19] Lengelle G, Duterque J. Combustion des propergols a based octogene[C]. AGARD-CP-391, Florence, 1986.

[20] Sharama J, Wilmot G B, Campolattaro A A, et al. XPS study of condensed phase combustion in double-base rocket propellant with and without lead salt-burning rate modifier[J]. Combustion and Flame, 1991, 85(3 – 4): 416 – 426.

[21] Liu S Y. The study on the structure of double base propellant burning surface[C]. Proceedings of Combustion, Society of Propellants and Explosives, Chongqing, 1979.

[22] Yang D, Dong C S, Li S W, et al. The structure of nitramine modified double-base propellant burning surface[J]. Solid Rocket Technology, 1997, 20(2): 31 – 36.

[23] Li S W, Zhao F Q. The study on the propellants with non-lead catalysts[J]. The Fascicle of Explosives and Propellants of ACTA Armament, 1986, 8(1): 25 – 32.

[24] Evans G I. Technical Evaluation Report[C]. AGARD-CP-391, Florence, 1986.

文章来源：Progress in Astronautics and Aeronautics, 1999, 185(13): 533 – 548.

Thermal Decomposition Characteristics of 1,7 – Diazido – 2,4,6 – Trinitrazaheptane and Its Application in Propellants

Dang Zhimin   Zhao Fengqi   Li Shangwen   Yin Cuimei   Hu Rongzu

Abstract: The thermal decomposition characteristics of 1,7 – diazido – 2,4,6 – trinitrazaheptane (DATH) and multi-component systems containing DATH were studied by using DSC, TG and DTG techniques. Three — NO_2 groups in the DATH molecule break away first from the main chain when DATH is heated up to 200 ℃. Following this process, the azido groups and the residual molecule decompose rapidly to release a great deal of heat within a short time. In the multi-component systems, DATH undergoes a strong interaction with the binder of the double-base propellant and a weak interaction with RDX. The burning rates of the two propellants were determined by using a Crawford bomb. The results showed that the burning rate rises by about $19\% - 66\%$ when 23.5% DATH is substituted for RDX in a minimum smoke propellant. Meanwhile, the N_2 level in the combustion gases is enhanced, which is valuable for a reduction of the signal level of the solid propellant.

Keywords: burning rate, DATH, DSC, TG, thermal decomposition

1   Introduction

1,7 – Diazido – 2,4,6 – trinitrazaheptane (DATH) is an energetic oxidizer of propellants. An understanding of its thermal behaviour as an oxidizer is very important. In the field of studies of its thermal decomposition behaviour, no research reports appear to be available. The American Air Force studied certain combustion properties of the straight-chain azido-nitramine and proved that DATH can be used in a minimum smoke propellant[1]. In addition, there have been numerous reports on the thermal decompositions and combustion properties of other azido-nitramines[2-5]. In a continuation of our studies on the thermal behaviour of azido-organic compounds, we now report results on thermal decomposition of DATH and in part the combustion properties of a propellant containing DATH.

2   Experimental

2.1   Materials

The purified DATH used was prepared in the Xi'an Modern Chemistry Research Institute. The three-component and four-component systems in Table 1 were prepared by mixing the various compounds in acetone. Two minimum smoke propellant strands with and without DATH，used to measure the burning rate，were prepared by a solventless extrusion technique.

Table 1 Compositions of multi-component systems（mass %）

Sample	NC	NG	RDX	DATH
1	33	33	33	—
2	33	33	33	—
3	33	33	22	11
4	33	33	11	22

2.2 Experimental

TG and DSC experiments were carried out on a model TA 2000 instrument. The operating conditions were as follows：sample mass，about 2.00 mg；heating rate，10 K $\cdot$ min^{-1}；reference sample，$\alpha - Al_2O_3$；atmosphere，a flow rate of about 40 mL $\cdot$ min^{-1} of N_2. The burning rates from 2 to 14 MPa were determined for the strands burnt in a Crawford bomb.

3 Results and discussion

3.1 Thermal decomposition of DATH

DSC and TG – DTG of DATH curves are shown in Fig. 1 and Fig. 2. It is clearly seen from Fig. 1 that there is a weak endothermal peak at about 135℃. This is a melting peak and the peak temperature rises as the pressure increases. DATH begins to decompose and release a little heat at 180℃. When the temperature attains 200℃，the DSC curves display a strong exothermic peak. The peak temperature falls slightly as the pressure rises. The experimental value for the first mass loss，between 150 and 195℃ in the TG curves，41.64%，agrees reasonably well with the theoretical mass loss of 43.12%，corresponding to the loss of the $-NO_2$ groups from the DATH molecule. This fact indicates that this stage involves the scission of the $N-NO_2$ bonds to release NO_2. The second mass loss process is the scission of $C-N_3$ to $-C\equiv N+N_2$ and decomposition of the residual molecule. The mass loss is up to 54% in the second process. The reason for the strong DSC peak is that the scission of $C-N_3$ releases a great deal of thermal energy within a very short time. The heat can accelerate the decomposition.

The DSC curves in Fig. 3 show that sample 1 has an endothermic peak at about 205℃ up to 5 MPa. The endothermic peak temperature is the melting point of pure RDX. The peak disappears above 7 MPa. The reason might be the strong reaction underhigh pressure and the release of heat of decomposition in excess of the melting heat of RDX. The binder then begins to decompose. However，the peak of (NC+NG) decomposition is almost covered by the exothermal peak of RDX decomposition at high pressure. The peak temperature is almost the same as that for pure RDX decomposition. In addition，there are two mass loss stages in the TG – DTG curves in Fig. 4. The first stage involves only a small mass loss. The material lost might be some small molecule. The second stage is the main mass loss process. It includes two parts：the first part is mainly the loss of（NC＋NG）and the second that of RDX.

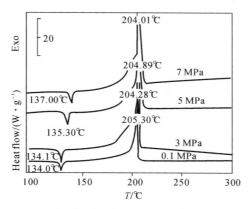

Fig. 1　DSC curves of DATH

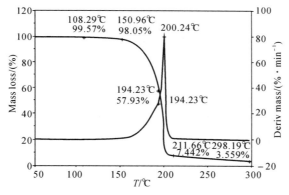

Fig. 2　TG – DTG curves of DATH

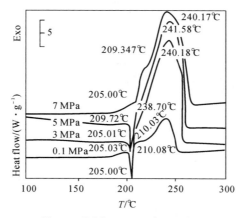

Fig. 3　DSC curves of sample 1

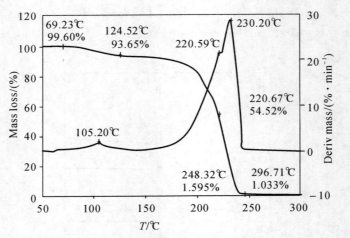

Fig. 4　TG－DTG curves of sample 1

　　The DSC and TG－DTG curves of sample 2 clearly differ from those of sample 1 (Fig. 5 and Fig. 6). There is one decomposition peak only at 0.1 MPa. However, the decomposition peak changes into two peaks above 3MPa. And the distance between the two peaks increases with increasing pressure. There are two mass loss stages in the TG－DTG curve in Fig. 6. The first stage is from 56 to164℃. The mass loss is 36%. The data are totally accordant with the content of DATH in sample 2. This fact shows that the first mass loss process is DATH decomposition. Therefore, we consider that the two exothermal peaks of decomposition at high pressure correspond to DATH and (NC＋NG) decomposition. There is a strong interaction between DATH and (NC＋NG). The two peak temperatures are all lower than those for pure DATH and (NC＋NG). The low peak temperature of decomposition is valuable to improve the burning rate of the propellant. The interaction between DATH and (NC＋NG) is therefore very important.

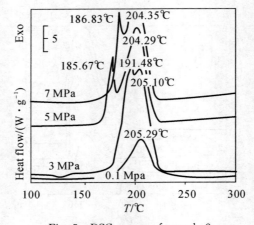

Fig. 5　DSC curves of sample 2

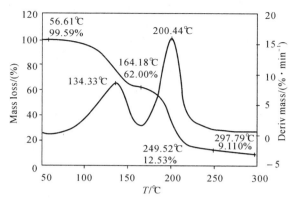

Fig. 6　TG - DTG curves of sample 2

3.2　Thermal decomposition of four-component system

There are two exothermal peaks in the DSC curves of samples 3 and 4 (Fig. 7 and Fig. 8).
At 0.1 MPa, however, there are three exothermal peaks for sample 3. The reason is that the
released heat of the first exothermal process is less than the melting heat of RDX. However,
the melting peak disappears above 3 MPa. This is because the decomposition reaction
becomes extremely rapid at high pressure. Additionally, the first and second peak
temperatures of decomposition in the DSC curves all decrease with increasing pressure. The
two peak temperatures of sample 4 are lower than those of sample 3 under the same
conditions. We consider that the DATH content in sample 4 is more than that in sample 3,
and accordingly we get the experimental results above. In general, DATH interacts strongly
with (NC+NG) and weakly with RDX. DATH can accelerate the process of (NC+NG)
decomposition, and (NC+NG) can also advance the process of DATH decomposition. The
first mass loss is due to DATH decomposition. The second mass loss process relates to
(NC+NG+RDX) decomposition.

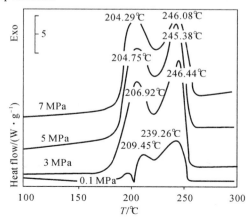

Fig. 7　DSC curves of sample 3

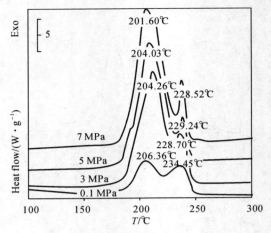

Fig. 8 DSC curves of sample 4

4 Combustion characteristics

4.1 Theoretical evaluation

The enthalpy of formation of DATH is larger than that of RDX. According to theoretical evaluation, the theoretical specific impulse (I_{sp}) increases by 4 N · s · kg^{-1} after 15% DATH is used to replace RDX in a nitramine propellant. However, the theoretical specific impulse rises by 24 N · s · kg^{-1} when 30% DATH replaces RDX. The total amount of combustion gases rises by 0.95 mol · kg^{-1}. However, the combustion temperature increases by only 21 K (Fig. 9). After DATH replacement for RDX, the quantities of CO_2, N_2 and H_2 in the combustion gases rise, and those of H_2O and CO decrease (Fig. 10). The increases in CO_2 and N_2 and the reduction in H_2O in the combustion gases are valuable in reducing the signal level of the solid propellants.

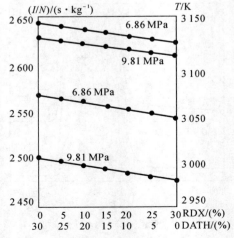

Fig. 9 Influence of DATH content on specific impulse(I_{sp}) and combustion temperature

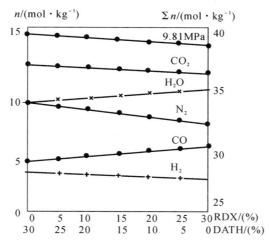

Fig. 10　Influence of DATH content on composition of combustion gases

4.2　Burning rate determination

We used 23.5% DATH substituted for RDX in the minimum smoke propellant at the same energy level. The burning rates of two kinds of propellants were determined in a Crawford bomb at the same pressure. The burning rate curves are shown in Fig. 11.

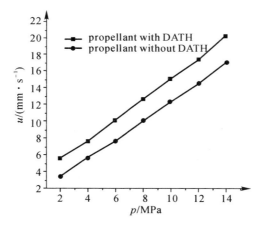

Fig. 11　Burning rate curves for propellants with and without DATH

Generally speaking, the burning rate for the propellant with DATH is larger than that for the propellant without DATH at the same pressure. The burning rate for the propellant with DATH rises by about 19% – 66%. The reason is that DATH has a large positive enthalpy of formation and releases a great quantity of gases when it decomposes. Therefore, DATH might have a good future for improvement of the burning rate of propellant. However, the pressure exponent of this kind of propellant is worse.

5 Conclusions

(1) The process of DATH decomposition involves two stages: first, scission of the $-NO_2$ groups from the main chain to produce NO_2 when DATH is heated to $200\,^{\circ}\mathrm{C}$, and second, decomposition of the $-N_3$ groups and the residual molecule; this process is accompanied by the release of a great deal of thermal energy within a short time.

(2) DATH interacts strongly with (NC+NG) and the interaction is further improved on increase of the experimental pressure. However, the interaction between DATH and RDX is weak. The result of the strong interaction might be decreases in the peak temperatures of decomposition of DATH and (NC + NG). The low peak temperature is useful for improvement of the burning rate of the propellant.

(3) The burning rate rises by about 19 – 66 when 23.5% DATH is substituted for RDX in the minimum smoke propellant at the same energy level. Meanwhile, the nitrogen content of the combustion gases increases, which is valuable in reducing the signature of solid propellants.

References

[1] M. B. Framkel, Historical development of GAP[R]. AIAA 89 – 2307, 1989.

[2] Oyumi Y. Thermal decomposition of azide polymers[J]. Propellants, Explosive, Pyrotechnics, 1992, 17(5): 226 – 231.

[3] Li S, Wang J. Influence of some straight chain azido-nitramine on combustion properties of CMDB propellant[J]. Journal of populsion Technology, 1995(4): 61 – 65.

[4] Kimura E, Oyumi Y. Thermal decomposition of BAMO copolymers[J]. Propellant, Explosive, Pyrotechnics, 1995, 20(6): 322 – 326.

[5] Oyumi Y, Inokami K, Yamazaki K, et al. Burning rate augmentation of BAMO propellants[J]. Propellants, Explosives, Pyrotechnics, 1994, 19(4): 180 – 186.

文章来源:Journal of Thermal Analysis and Calorimetry, 2000, 61: 771 – 778.

固体推进剂危险性和钝感推进剂研究方法

李上文　赵凤起　陈沛　罗阳

摘　要：根据当前固体推进剂危险性的研究进展，国外与固体推进剂有关重大事故的统计和分析，以及导弹用固体推进剂的发展趋势，论述了发展钝感弹药（包括钝感推进剂）的重要性；介绍了钝感弹药（IM）的定义、国外的 IM 标准和钝感推进剂（IP）研究方法；最后提出今后工作的建议。

关键词：固体推进剂；危险性；钝感弹药；钝感推进剂

1　固体推进剂的危险性

固体推进剂是一种含能的高能复合材料，它和其他含能材料（发射药、单质炸药和混合炸药）一样在外来的刺激（亦称激发、激励）的条件下可能自动进行激烈的化学反应—燃烧或爆炸。固体推进剂受到外界能量（热、机械撞击、摩擦、静电火花或冲击波等）刺激时，发生燃烧或爆炸的难易程度称为固体推进剂的危险性。在生产、处理、运输、贮存和使用过程中，固体推进剂难免会受到上述外界能量的激发而发生意外事故，因此，危险性一直是固体推进剂性能中至关重要的、不可或缺的性能之一。它不仅与推进剂生产、加工、处理过程的安全性息息相关，而且对以固体推进剂作为能源的火箭发动机乃至火箭导弹本身的贮存、使用和安全性和生存能力也是密不可分的。

1.1　近六十年来国外有关推进剂事故的统计对我们的启示

美国最近发表了从 1940 年 9 月到 1999 年 1 月共 81 宗与固体推进剂有关的事故一览表[1]，虽然所涉及的内容不是完整的，但从中可以看出，贮存有大量潜能的固体推进剂及使用它作为装药的火箭导弹发动机，在生产和使用中一旦发生事故，其后果是触目惊心的。这里仅把发生事故的原因作统计性的分析，以便从中汲取教训。

（1）固体推进剂制造工艺过程中（包括混合、浇注、固化等）事故 25 宗，占 30.8%；

（2）固体推进剂的处理（包括清理、锯药、修整等）事故 23 宗，占 28.4%；

（3）作战使用时事故 11 宗，占 13.6%；

（4）固体推进剂运输事故 8 宗，占 9.9%；

（5）固体推进剂生产和使用时静电引发事故 5 宗，占 6.2%；

（6）固体火箭发动机静止和飞行实验事故 5 宗，占 6.2%；

（7）固体推进剂贮存事故 3 宗，占 3.7%；

（8）其他事故 1 宗，占 1.2%；

从以上统计中可以得到如下的启示：

（1）混合工序仍是固体推进剂制造工艺过程中事故频发的工序，这与国内多年来固体推进剂事故发生的情况相似。鉴于混合工序是固体推进剂安全和质量控制的关键岗位,绝不能掉以轻心。

(2)推进剂装药或发动机锯药、切割、清理等处理过程也是事故频发的工序,必须慎之又慎。

(3)含二茂铁衍生物(包括卡托辛)的复合推进剂安全问题值得高度关注,因为此类推进剂在制造和处理过程中曾发生了16起事故,时间多在1980—1985年期间,正值国外大力发展高燃速复合推进剂之时。法国人认为[2]"含有高含量二茂铁衍生物的高燃速含Al复合推进剂已成为近年来推进剂中许多事故根源"的说法是有事实根据的。法国人实验表明[2]:高氯酸铵和纯二茂铁衍生物的混合物对机械刺激十分敏感,其感度水平与粒状炸药或烟火剂点火药相当。此外,二茂铁衍生物促进了高氯酸铵(AP)分解,使AP放热峰下降150℃,当二茂铁衍生物含量增大,AP含量增大,或AP粒度减小时,反应活性增大。对含二茂铁衍生物的高燃速复合推进剂在生产、处理和质量控制上应采用更严格的措施。这些均值得从事复合固体推进剂研制生产的同志引以为戒。

(4)弹药烤燃造成舰船爆炸沉没后果触目惊心。1966—1981年期间美国四艘航空母舰多次因火箭弹意外着火导致火灾,烤燃舰上弹药爆炸,造成4.78亿美元舰只损失、19.6亿美元飞机损失以及死亡220名水兵和飞行员,伤706名的重大事故。80年代中期英阿马岛之战,英国谢菲尔德号导弹驱逐舰和大西洋号运输舰遭到阿根廷飞鱼空舰导弹攻击,两枚导弹命中后百余公斤的战斗部均未爆炸,而飞鱼导弹发动机中剩余的推进剂继续燃烧引起两舰的弹药烤燃爆炸,最后两舰均告沉没,酿成重大损失。这说明弹药因火灾烤燃爆炸造成舰船沉没的损失比因爆炸冲击波作用的损失更大。

(5)在固体推进剂运输中因操作不当、地面不平致使运药车或吊车翻倒造成的事故也是时有发生。又如1995年海湾战争中美国运输车着火,火焰扩散引燃周围坦克和弹药,造成美军坦克的损失比"沙漠风暴"战斗中损失的坦克还要多(死6人,伤64人,财产损失0.4亿美元)。1973年美国加州某火车站停车场铁路货车失火引发弹药爆炸,几小时内18辆铁路货车连续爆炸,48人受伤,损失0.24亿美元。

(6)静电引起的事故也不可忽视。如固体推进剂生产时静电引起原料粉尘或在模具拔出时出现静电点燃已有深刻的教训。又如1985年美国潘兴Ⅱ导弹第一级发动机从船运包装箱中起吊时,因天冷和干燥,摩擦引发静电放电而着火,伤9人,死3人[3]。

1.2　近年来对固体推进剂危险性研究的某些观点

(1)用隔板法判断推进剂安全性有局限性[1]。

火炸药危险性分类主要目的是为了在运输时保护公众免受危险,也为了在火炸药贮存时确定其爆炸质量—距离的关系,使爆炸反应危害性最小。因此,主要根据卡片—间隙实验(中国称为隔板实验)来决定推进剂、发射药或炸药的危险等级。过去美国用70片PMMA作为区别1.1级(整体爆轰)和1.3级(整体点燃,较少爆炸和碎裂)推进剂和炸药的标准。如果卡片少于70片,则被认为是1.3级。人们还用隔板实验作为推进剂和炸药爆轰能力大小的排序根据,卡片多者感度高。这种分类结果只是推进剂和炸药实际贮存和处理中遇到的最恶劣情况。实际上,70片卡片对试样提供70 kbar(1 kbar=10^8 Pa)冲击压强,零卡片间隙时对试样输出200 kbar冲击压强,而在生产、运送和处理时,推进剂和炸药遇到这种数量级冲击波的可能性是相当小的。

虽然隔板实验对炸药感度排序是有用的,但当用于推进剂中可能给出安全上虚假的判断。如 AP 复合推进剂其燃轰临界直径 d_{cr} 比标准隔板实验直径大许多倍,当隔板实验时,它可能不爆轰,甚至卡片数为零。这只说明它的临界直径比实验装置临界直径大,但并不意味着它不会爆轰。当推进剂具有足够大试样尺寸和足够大传爆药时,几乎所有推进剂都是可爆轰的。因此,隔板实验时要求试样尺寸在大于临界直径下才能进行测试。对于 AP 复合推进剂其临界直径很大,甚至比战术导弹发动机直径还大,其隔板实验结果能否代表真实情况还值得探讨。而临界直径相对较小的双基、改性双基等推进剂现有的隔板实验已研究的比较充分了。

(2)固体推进剂药柱中少量缺陷可能导致灾难性的后果。

Graharm 和 Bogges 等人[4-5]研究表明微损伤的 1.1 级推进剂(少量空隙百分率)冲击波感度明显增加,不仅引发爆轰所要求的冲击波减少一半,而且临界直径也减小了。他们也研究了含预制缺陷的推进剂试样并进行了实验,Sandusky 用有新的缺陷的推进剂进行了冲击波实验,也发现感度增加了。高能推进剂常含有大量 AP,HMX,Al 以及固体催化剂等固体组分(高达 85%~90%),它们被少量(小于 10%)的高分子黏合剂包容在一起,经固化形成具有可接受的力学性能的弹性体。实验表明[1]此高能推进剂预先施加应力使之达到不同形变(延伸率)时,压强低于 500psi(1psi=6 894.757 Pa)条件下,燃速没有明显增大,(此时推进剂接近延伸率为 25%的变形破坏);在 750 psi 下,变形较接近 8%时,燃速增加出现了;当 1 000 psi 下,变形 12%以上时,试样猛烈的燃烧并出现闪光。对某些推进剂而言,变形大于某些阈值,燃速增加,阈值大小取决于推进剂品种。值得注意的是,压强和形变两个阈值必须共同超过,只有一个超过阈值时不足以使燃速剧增。此现象机理是,在高压下火焰距燃面足够近,可能容易渗透入裂缝中,从而增加了燃速。当压强足够高,火焰渗透入裂缝中形成湍流燃烧,燃速剧烈增加而导致燃烧转爆轰(DDT)。

研究工作还进一步表明,一些推进剂燃烧转爆轰的关键条件是,有一个足够大的样品表面/体积比和空隙率,即推进剂药柱在燃烧前或燃烧时被损伤。一般说来一个浇铸和固化良好的具有接近理论密度(TMD)的推进剂,几乎不可能出现 DDT 现象。换句话说,推进剂药柱若出缝隙和缺陷,往往可能导致灾难性的后果。可见生产中严格控制推进剂药柱缺陷和及时探测出药柱中已经存在的缺陷是多么的重要。

(3)猎枪实验(Shot Gun Test)已成为检验固体推进剂"易碎性或脆性"的重要实验。

20 世纪 70 年代美国研制"三叉戟"导弹时发生几次的 DDT。他们为此作深入的研究,揭示了[2]采用力学性能良好(易碎性小)的推进剂,可以消除 DDT 过程。为表征这类失效倾向,建立了推进剂"易碎性或脆性"实验,也称为"猎枪实验(Shot Gun Test)"。其原理是采用 0.5 in(30.38 mm)口径的猎枪,装入直径约为 17.5 mm,长 18.5 mm 的推进剂试样。射击时,将试样以一定的速度撞击到钢板上,收集撞击后推进剂的碎片,在容器为 90 cm³ 的密闭爆发器中测量得 $(dp/dt)_{max}=f$(撞击速度)的曲线。把 $(dp/dt)=18MPa$ 时对应的撞击速度称为临界撞击速度(CIV)。辅助实验证明,CIV 为 200 m/s,则认为该推进剂是一种力学性能良好的韧性推进剂,是不易破碎的,而 100m/s 则认为该推进剂是力学性能差的易碎的推进剂。目前西方各国均采用"猎枪实验"表示固体推进剂是否具有 DDT 倾向。XLDB 推进剂和 HTPB 推进剂力学性能良好,具有优良的防破裂能力。

(4)药柱内孔引起的空腔效应值得重视。

固体推进剂药柱一般存在有一个不同形状的内孔,法国研究发现:当子弹穿射推进剂药柱时,推进剂为实心,子弹的撞击不会引起爆轰,而当同样子弹以同样速度穿过药柱内腔时,则引起了爆轰,此现象原因尚未弄清。

(5)推进剂点燃的危险性。

研究指出,以 AP 为基的推进剂一旦受刺激,推进剂快速氧化,且点燃很快,通常在 1 个标准大气压下燃烧良好。而硝胺推进剂和双基系推进剂则有明显的预点燃区,在十几或几十个标准大气压下才能正常稳定燃烧。所以 AP 推进剂点燃危险性较大。许多例子已表明,有时1.3 级推进剂在机械刺激下比 1.1 级推进剂更危险[1]。

在同族推进剂中,燃速快者最容易点燃,因此含卡托辛的复合推进剂或某些含细 Al 粉的AP 基推进剂是非常容易点燃的。

(6)静电放电点燃问题。

美国、法国、英国的专家们[2]对推进剂静电点火感度(ESD)研究表明:导弹发动机在装药时出现潜在的击穿点时或当接地条件改变允许材料击穿时,就可能出现静电放电。放电发生在装药运载器中[此时含能材料电阻(阻抗)减小],且导致电流的快速增加,这样可能出现打火、进一步放电的建立和增长并伴随着灾难性(突发)放电。放电时放出的能量使局部小体积推进剂分解成气体。如果足够数量的推进剂转变成气体且分解产生足够大的热量,于是,推进剂可能点燃,常常伴随着严重的后果。

ESD 感度主要决定于体积电阻率,介电常数和绝缘(介电)强度。在复合推进剂黏合剂中HTPB 黏合剂介电常数最大[6],所以,丁羟推进剂所有电性能受 HTPB 黏合剂影响最大,而受铝粒度和浓度影响较小,氧化剂颗粒的贡献主要决定于颗粒的空隙和颗粒之间黏结剂层的厚度[7]。多数人工作表明[6],1.3 级推进剂(特别是使用 HTPB 黏合剂时),比其 1.1 级相应推进剂 ESD 危险性更高。

法国人认为[7],以往电容法粉末试样测得的 ESD 感度方法,对推进剂不呈反应,不适用于推进剂。为此,他们采用大的推进剂样品(直径 9 cm 高 10～20 cm)测定推进剂静电感度,因为只有较大样品,较长放电时间和较高的火花能量时对典型推进剂实验才有可靠的结果。如DeButts[8]曾认为赫里克斯公司研制的潘兴Ⅱ导弹 1.3 级 HTPB/Al/AP 推进剂最安全,实际上 1985 年 1 月在吊装中发生了静电事故,这说明测试方法的可靠性真实性是多么重要。

2 钝感弹药概念、标准和研究方法

2.1 发展钝感弹药(IM)的重要性

(1)现代战争中弹药事故的频繁性和严重性促进了钝感弹药的发展。

各种武器系统与适当的弹药相配合才构成对敌方的杀伤。自第三次中东战争以来,以军坦克群遭攻击,弹药爆炸引起坦克破坏和人员伤亡,从而强烈的提出研制钝感弹药的要求。过去 30 年来,美、英各种作战平台(包括航母、军舰、飞机、坦克)频繁发生火灾事故,造成弹药烤燃爆炸的严重伤亡,惨痛的教训促使西方各军方于 20 世纪 80 年代开始重视 IM 的问题[10]。火箭导弹是现代战争的主要克敌制胜的武器。战术导弹和火箭弹是弹药的主要品种。在固体火箭发动机中 80% 含能材料是易燃易爆的固体体推进剂,所以固体推进剂危险性大小,决定了较昂贵的火箭导弹及其相当昂贵的运载平台(航母、军舰、飞机、坦克等)在外来刺激下的安全性和生存能力。因此西方各国近20年来对IM的重视是不足为奇的。

（2）军事技术的快速进步也推动了钝感弹药的发展。

常规武器为达到"远程精确打击、高效毁伤"的目标,需要进一步研制射程远且杀伤、爆炸威力大的弹药。这就促使推进剂往高能方向发展,除了在高能推进剂中加入硝胺炸药(20%~60%)和金属铝粉(3%~18%)外,还正在研制新的高能氧化剂(CL-20,HNF,DNTF,ADN等)。而这些高能材料能量虽高,危险性也大。高能推进剂如实测比冲255 s的NEPE推进剂的危险性也在逐渐增大(为1.1级危险品)。远程火箭和中远程导弹的发展使导弹火箭发动机直径从数百mm上升到1 400 mm,甚至2 000 mm,装药量从几百kg,上升到几十t(如某远程火箭推进剂装药量达330 kg,美国和平卫士战略导弹第三级NEPE推进剂装药达5 t,俄国SS-24战略导弹HTPB推进剂装药量高达38 t。美国潘兴Ⅱ战术导弹HTPB推进剂装药量接近4 t)。此外推进剂的燃速从2 mm/s上升到近100 mm/s。综上所述,推进剂向高能、大尺寸、大装药量、高燃速方向的迅速发展,自然会对作为弹药的主要成员的导弹、火箭危险性带来新的难题。因此从弹药技术的发展角度看,发展钝感弹药也是非常必要的。

2.2 钝感弹药的定义和标准

钝感弹药(Insensitive Munition,IM)是一种先进弹药的总称。该弹药不仅能可靠的履行其使命(保持战备状态和满足作战需求),而且当它遭遇到意外的激励时其反应的激烈程度和随之出现的二次损害是最小的[10]。

战术导弹和火箭弹是弹药的主要品种,IM的定义对它们当然也是适用的。

1984年美海军为改善弹药贮存、处理安全和改善战时装载武器的飞机、军舰的战斗生命力,提出了IM的方针,要求弹药在遇到意外的热、撞击、静电、冲击波等刺激时,不造成比燃烧更剧烈的反应。为此美海军率先实施先进钝感弹药发展计划(IMAD),要求一方面积极研制IM,一方面所有海军15种舰载弹药都要钝感化,从1995年起生产的弹药都要符合IM标准。1988年美军达成联合协议(JSRIM/MOD)要求,1997年10月以后武器系统的首件装备和1995年10月以后生产的武器、弹药均应符合美国军标。1989年美国防部统一发布了第一个钝感弹药军标:"非核武器危险性评价标准(DOD-STD-2105A)"。1994年对2105A作修改后改称MIL-STD-2105B,一直沿用至今(见表1)。

表1 来自MIL-STD-2105B(1994年)的IM实验

IM实验	实验参数	通过实验的判据
快速烤燃(FCO)	来自威胁危险评估(THA)的实验装置燃料(JP-4,JP-5,JP-8或JET-A-I)或木头	没有比燃烧更严重的反应
子弹撞击(BI)	1~3型0.5in口径M2穿甲枪弹,850±60m/s,射击间隔80±40ms	同上
殉爆(SD)	THA确定的适用范围,根据THA做实验装置	爆轰不传播
缓慢烤燃(SCO)	3.3℃/h加热速度或按THA要求确定采用更快的加热速度	没有比燃烧更严重的反应

续表

IM 实验	实验参数	通过实验的判据
破片撞击(FI)	12.7 mm 中碳钢立方体(2 530±90 m/s)(高度 1) 12.7 m圆锥形(140°)中碳钢(1 880±60 m/s)(高度 2)根据 THA 要求测定	同上
聚能装药	50 mm Rockeye 型 SC 或按 THA 要求测定	不爆轰①
碎片	81 mm 精密 SC 撞击 25 mm RHA 板,实验物每 64.5 cm² 最少受 4 片碎片撞击,总量达 40 个碎片	没有持续的燃烧①

注:①某些"通过实验的判据"可能根据对弹药环境和系统易损性要求的详细 THA 进行调整。

与此同时英国也很快接受了 IM 方针。1987 年开始 IM 研究的合作。1988 年 7 月在英国皇家武器装备研究与开发院(RARDE)举行综合性会议,介绍了各国专题研究进展,建立了共同研究项目,召开了静电放电专题会议。此后几年中建立的技术合作计划 WAG112 组对高能材料危险性及其弹药生存能力的关系得出了结果,确定了危险性评估准则和协议。合作组织还建立了 IM 信息中心(NIMC)的多国机构,为各国提供数据分析服务。1991 年常务委员会设在布鲁塞尔,此组织通过几年的联合工作已对 IM 研制取得很大进展,逐渐形成了通用的评估方法和数据库。

1994 年法国发表了钝感推进剂和发动机的研制情况和研制方法的文章[12]。法国自己制定的 MVRAT(法语为"低危险性弹药")标准实质上是美军标 2105B 的国外版,因内容雷同,本文不作介绍。

2.3 钝感推进剂(IP)的研究方法

有关 IM 的研究方法及内容很多,这里只着重介绍钝感推进剂(IP)的研究方法。

2.3.1 SNPE 方法

此方法主要来自文献中法国火炸药公司(SNPE)介绍的研究方法。该方法比较适用简便,可供我们参考。

(1)弄清导致系统对各种威胁的响应情况。

影响系统对刺激的响应有三个主要参数:

1)推进剂的性能:也括燃速大小,点燃难易和推进剂易碎性(脆性)等;

2)导弹发动机的结构因素:壳体的材料,药柱的几何形状,限制(密闭)情况和有关壳体保护装置等;

3)刺激的情况:热刺激输出曲线,撞击和冲击波持续性、压强大小等。

(2)确定推进剂及其组分的各种感度、爆炸性(热安定性、冲击波感度、摩擦感度等)和物理化学性质。上述数据与已建立的数据库中的数据进行对比,首次考察其感度和安全性的水平。

(3)对预期的威胁和辨认出控制参数时,进一步了解推进剂及组分材料的性质。

(4)当考虑了威胁和辨认出控制参数时,进一步了解推进剂及组分材料的性质。

(5)模拟威胁和推进剂对威胁的反应现象,并进行数字仿真。

（6）建立特殊的实验方法加以验证。

对于不同类型的推进剂，根据威胁的种类，SNPE 建立了下列控制参数表（见表 2）。

表 2　固体推进剂控制参数表

威胁	可能情况	主要参数	实验	SNPE 编号
缓慢烤燃（SCO）	剧烈反应 DDT	*热点燃温度 *热爆炸	*烤燃 *SCO	41 85
快速烤燃（FCO）	剧烈反应 DDT	*热点燃温度 *燃速 *易碎性（脆性）	*烤燃 *高压燃速 *标准燃烧器 *猎枪实验	41 108 — 82
子弹撞击（BI）	XDT （对含能黏合剂的推进剂而言）	*XDT 感度 （撞击行为）	*高速枪击实验 （HVSGT） *隔板实验	84 27
	猛烈反应和 DDT （对 HTPB/AP 推进剂而言）	*燃速 *易碎性 *撞击实验 *冲击波感度 （和传播条件）	*标准燃烧器 *高压燃速 *猎枪实验	— 108 82
破片撞击（FI）	DDT XDT SDT	*燃速 *易碎性 *撞击性能 *冲击波感度 （和传播条件）	*标准燃烧器 *高压燃速 *高速枪击实验 *隔板实验 *飞行板实验 *爆轰临界直径	— 108 84 27 — 10
殉爆（SD）	SDT	*冲击波感度 （和传播条件）	*隔板实验 *飞行板实验 *爆轰临界直径	27 — 10

对热作用响应激烈的 HTPB/AP 推进剂，控制了它在 $41^{\#}$ 和 $85^{\#}$ 两个实验中不产生激烈反应。对于它遭枪击药柱可能给出不同程度的反应，此性能依赖于推进剂的燃速和易碎性，因此我们就控制这两个参数，使该推进剂在低压下低燃速，且猎枪实验 $\mathrm{d}p/\mathrm{d}t < 18$ MPa/ms。而对于高能推进剂特别控制它们对冲击波和撞击的响应，主要采用 $84^{\#}$，$27^{\#}$ 和子弹撞击实验。判据是对 $\phi150$ mm 有内孔的药柱子弹射击无 XDT；隔板和飞行实验无 XDT 和 600 m/s 撞击速度下（直径 24 mm 试样）无 XDT。

（7）当某种推进剂满足某几种控制参数后，可采用模拟发动机（壳体加推进剂）进行验证实验：主要进行 IM 标准规定的 FCO，SCO，BI 和 SD 四种实验。发动机壳体是一种限制条件，而它对刺激的响应影响很大，故研究了碳纤维复合材料、层压钢带制成的壳体和圆柱形、翼形和星形药型对刺激响应的影响。

(8)最后与全尺寸发动机研制单位协作，确定适合当放大实验模型和威胁情况，再进行实验。

2.3.2 美国方法

美国推荐使用"钝感推进剂筛选协议（IPSTP）"。该协议书的功能是为筛选、剔除不适于继续发展的推进剂提供早期的必要信息，以节约时间和经费。筛选实验同时在爆轰性、爆燃性和烤燃三个领域进行，IPSTP 推荐原理图见图 1。

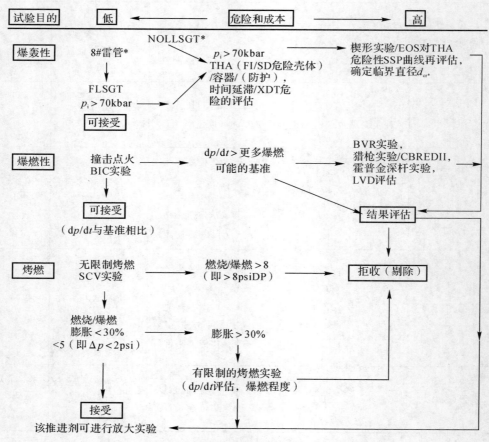

图 1　钝感推进剂筛选实验协议（IPSTP）推荐的原理图

（1）初步筛选实验。在图 1 左边是用三个实验来组成初步筛选实验。这三个实验是隔板实验、BIC 实验和 SCV 实验。如果新推进剂通过这三个实验，则可以不受限制地按比例放大实验。BIC 实验是美海军战争中心（NSWC）采用的弹道冲击室实验。SCV 实验是缓慢烤燃目视观测实验。隔板实验是 NSWC 推广的大型隔板实验（ELSGT）和美国炸药鉴定标准隔板实验（NOLSGT）。

实验先通过雷管实验和尺寸较小的 NOLSGT 实验，当 70kbar 不爆轰后，再进行美国海军作战中心推广的大尺寸隔板实验 ELSGT。若 70kbar 不爆轰则认为这些推进剂满足 1.3 级推进剂的要求，不用作进一步的爆轰性实验。高 BIC 实验是美海军武器中心的借测量推进剂试样在撞击中释放能量和产生压强上升速率与推进剂数据对比来度量推进剂试样爆燃危险性响应的一种实验。人们认为在 BIC 实验的第 $100\sim200~\mu m$ 时间内,压强增加率与全尺寸发动机撞击结果之间有相关性。由 SCV 实验来判断无限制烤燃,数据表明如果推进剂自动点火前体积膨胀轻微($<30\%$)且反应十分缓慢(排队次序为 5 或更小些,此时对应加热场中测得小于 2psi 过压冲量)则可认为该推进剂在全尺寸发动机中将有机会通过 IM 烤燃实验。

(2)继续进行的实验。如果一个推进剂未通过任何一个 IPSTP 初步筛选实验,它将被剔除或需要进一步研究。实验移向图 1 的右方。进一步实验是费用昂贵的,应该慎重考虑做出决策。

3　结语

(1)固体推进剂是一种相对安全的物质,但是即使危险等级 1.3 级的推进剂也不是绝对安全的,故在生产、运输、贮存和使用过程中一定要慎重对待,严格遵守安全和操作规程。"愚者用流血换取教训,而智者用教训避免流血"。愿我们都成为从国内外事故中吸取深刻教训,采取措施消除隐患并落实于行动中的智者。

(2)现代化战争中惨痛的伤亡促使国外军方强烈要求发展先进的钝感弹药,并已取得良好的预研和型号应用效果。由于种种原因我国对钝感弹药(尤其是钝感火箭发动机和钝感推进剂)的重要性和必要性认识还很肤浅,需求呼声也很少听到,希望通过本文和这次会议能有一个好的转机。

(3)钝感弹药技术是个高技术的系统工程,技术难度比较大,花费财力也比较多,建议组织有关人士跟踪国外发展的基础上,进一步开展自己的有关研究,并建立和完善自己的 IM 标准及相关的测试方法,以便尽快在此领域中跟上世界的发展,提高我军武器的战斗力和生存能力。

参考文献

[1]　Yang V，Brill，T B，Ren W. Solid propellant chemistry，combustion，and motor interior ballistics［M］. Virginia：American Institute of Astronautics and Aeronautics，2000.

[2]　Davenas A. Solid rocket propulsion technology［M］，Oxford：Pergamon Press Ltd，1993.

[3]　罗峻岭. 固体火箭发动机失效分析技术[R]. 四院情报研究报告，1997.

[4]　Boggs T L. Combustion and safety of solid propeijani rocket motors[R]. Combustion of Solid Propcllant，NATO，ARARD-LS-180，1991.

[5]　Boggs T L. The hazards of solid effect on bullet induced detonation of high energy propellant grains[C]，ADPA Sumposium，Virginia Beach，1989.

[6]　Covino J，Hudson E E. Current assessment methodology for electrostaric discharge hazards of energctic materials[J]. Journal of Propulsion and Power，1991，7(6)：894 - 903.

[7]　Kent R，Rat R J. Static electricity phenomena in the manufacture and handing of solid propellants[J]. Journal of Electroslatics，1985，17(3)：299 - 312.

[8]　Mellor A M. et al. Optimization of spare and ESD propellant sensitivity test a review

[J]. Propellants Explosives, Pyrotcchnics, 1990, 15(1): 1-7.

[9] Jensen G E, Netzer D W. Tactical missile propulsion [M]. Virginia: American Institute of Astronautics and Aeronautics, 1996.

[10] 李辰芳. 钝感弹药技术及其在推进系统中的应用研究[J]. 飞航导弹, 1996, (9): 43-45.

[11] Dorialh G. Energetic insensitive propellants for solid and ducied rockets[J]. Journal of Propulsion and Power, 1995, 11(4): 870-882.

[12] DeMay S, Coffey S, Bernecker R. An overview of IM requirements and subscale hazards screening tests[R]. AIAA 90-2455, 1990.

文章来源：全国火炸药技术及钝感弹药学术研讨会,珠海,2002.

新型钝感双基推进剂研究

陈沛　赵凤起　李上文　袁潮　罗阳　高茵

摘　要：研究了用三羟基甲基乙烷三硝酸酯（TMETN）逐渐取代敏感的硝化甘油（NG）后，推进剂能量特性、感度性能和燃烧性能的变化规律。结果表明，随 TMETN 逐渐取代 NG，推进剂的能量特性参数降低，同时，推进剂的撞击感度和摩擦感度均降低，说明 TMETN 取代 NG 确实是实现双基推进剂低感度性能的重要途径，催化剂对降低机械感度有利，外加的消焰剂对撞击感度有负作用。燃速测试结果表明，TMETN 取代 NG 后，推进剂平台效应（10MPa 以上）得以保持，而在消焰剂 KD 存在的情况下，炭黑（CB）和己二酸铜（A－Cu）仍然对邻苯二甲酸铅（Φ－Pb）有很好的助催化作用，说明 NC/NG 双基推进剂中使用的燃速催化剂在 NC/TMETN 体系中仍然有效。

关键词：三羟基甲基乙烷三硝酸酯（TMETN）；双基推进剂；能量特性；感度性能；燃烧性能

1　引言

未来战争对推进剂的性能提出了高能、低特征信号和钝感的要求。要求采用低感度含能材料是实现推进剂钝感性能最直接有效的手段，目前，对双基系固体推进剂来说，用三羟基甲基乙烷三硝酸酯（TMETN）取代敏感的硝化甘油（NG），是实现其钝感性能的一个重要途径。法国已利用该途径研制成一种新型的、无毒的钝感推进剂[1-2]。尽管国外研究已表明 NC/TMETN双基推进剂满足钝感的要求，但在国内还从未对它的感度性能进行过测试。因此，本文着重研究了 TMETN 取代 NG 后对双基推进剂感度性能的影响，以及对双基推进剂能量特性和燃烧特性的影响，以提高对这种新型推进剂多种性能的认识，同时还可为本国研制钝感推进剂提供经验并积累实验数据。

2　实验部分

2.1　能量计算

参照燃烧性能优异的双基推进剂配方，用 TMETN 取代敏感的 NG。同时用撞击感度极低的三乙二醇二硝酸酯（TEGDN）部分取代惰性的添加剂。催化剂选用邻苯二甲酸铅、己二酸铜和炭黑的组合、确定的基础配方见表1。采用最小自由能法对 LS 系列配方的能量特性进行计算。

表 1　催化剂配方（质量含量）　　　　　单位:%

配方	NC	NG	TMETN	TEGDN	添加剂	Pb/Cu/CB	消焰剂 KD
LS-0	59	30	0	2.5	5.5	3	0
LS-1	59	20	10	2.5	5.5	3	0
LS-2	59	10	20	2.5	5.5	3	0
LS-3	59	0	30	2.5	5.5	3	0
LS-4	59	0	34.5	2.5	1	3	0
LS-5	54	0	39.5	2.5	1	3	0
LS-6	50	0	43.5	2.5	1	3	0

2.2　机械感度测定实验

机械感度包括撞击感度和摩擦感度。撞击感度采用 GJF3770A — 97 方法 601.2。测试条件:落锤重 2 kg,药量 30 mg。撞击感度用特性落高 H50 来表示:采用 GJB770A — 97 方法 601.2,对样品先在正常的测试条件(表压 2.45 MPa,摆角 66°,药量 20 mg)下进行摩擦感度测定,然后再苛刻的测试条件(表压 3.43 MPa,摆角 90°,药量 20 mg)下重新测定摩擦感度。摩擦感度用爆炸概率 P 来表示。实验所用配方见表 2。

表 2　测试感度性能的实验配方（质量含量）

配方编号	组分/(%)					
	NC	NG	TMETN	其他助剂	Pb/Cu/CB	消焰剂 KD
IM-1	59	30	0	8	3	0
IM-2	59	20	10	8	3	0
IM-3	59	10	20	8	3	0
IM-4	59	0	30	8	3	0
IM-5	59	0	30	8	3	2
IM-6	59	0	30	8	0	0

2.3　燃速测试实验

将已处理过的 ϕ4 mm×150 mm 药条侧面用聚乙烯醇溶液浸渍包裹,晾干,然后在充氮缓冲式燃速仪中采用靶线法进行燃速测试,燃烧室压强通过高压压缩机的充氮气来调节,实验温度为 20℃,压强点为 2 MPa, 4 MPa, 6 MPa, 8 MPa, 10 MPa, 12 MPa, 14 MPa, 16 MPa, 18 MPa,每个压强点测试 2~3 发。测试燃速性能所用的配方见表 3。

表 3 测试燃速性能的实验配方

配方编号	组分/(%)							
	NC	NG	TMETN	其他助剂	Φ-Pb	A-Cu	CB	消焰剂(外加)
IML-0	59	30	0	8	2	0.6	0.4	0
IML-1	59	20	10	8	2	0.6	0.4	0
IML-2	59	10	20	8	2	0.6	0.4	0
IML-3	59	0	30	8	2	0.6	0.4	0
IML-4	59	0	30	8	0	0	0	0
IML-5	59	0	30	8	0	0	0	2/KD
IML-6	59	0	30	8	2	0	0	2/KD
IML-7	59	0	30	8	2	0	0.4	2/KD
IML-8	59	0	30	8	2	0.6	0.4	2/KD

3 结果与讨论

3.1 能量特性

对表 1 中系列配方的能量性能进行计算,计算结果见表 4。

表 4 TMETN 取代 NG 对推进剂能量特性参数的变化

参数配方	I_s^0/(N·s·kg^{-1})	C^*/(m·s^{-1})	T_c/K	OB
LS-0	2 197	1 392	2 448	0.606
LS-1	2 154	1 367	2 301	0.579
LS-2	2 107	1 341	2 162	0.554
LS-3	2 057	1 312	2 019	0.530
LS-4	2 181	1 362	2 237	0.580
LS-5	2 197	1 393	2 380	0.588
LS-6	2 209	1 400	2 403	0.589

从表 4 可以看出,随着 TMETN 逐渐取代 NG,推进剂理论比冲(I_s^0)、特征速度(C^*)和燃烧室温度(T_c)也逐渐降低,这是由于 TMETN 本身的能量低于 NG,且氧平衡亦低于 NG,造成了推进剂能量的降低。但当 TMETN 进一步取代推进剂中的惰性组分,发现推进剂的能量有一个很大的提高,但仍低于含 NG 的推进剂的能量。由于 TMFTN 的钝感性能,我们可以将它的添加量增大,来取代少量的 NC,结果显示,随 TMETN 取代 NC 的量逐渐增大,所得推进剂的理论比冲、特征速度和燃烧室温度也逐渐增大,TMETN 含量为 43.5% 时,所得推进剂的比冲比含 NG 的推进剂的比冲还要高,这说明尽管 TMETN 取代 NG 会使双基推进剂的能量降低,但在实际应用的配方中我们可以用多种方法来调节推进剂的能量,来满足我们的要求。

3.2 机械感度性能

表 2 中 IM 系列配方的撞击感度和摩擦感度结果见表 5。

表 5　机械感度实验结果

配方编号	撞击感度		摩擦感度/（%）	
	H_{50}/cm	标准偏差 S/（%）	方法 a（置信区间）	方法 b
IM-1	27.4	0.07	4(0.00,0.14)	70
IM-2	41.4	0.04	0(0.00,0.14)	54
IM-3	44.7	1.76	6(0.00,0.17)	54
IM-4	59.6	0.07	0(0.00,0.14)	62
IM-5	36.2	0.18	0(0.00,0.14)	42
IM-6	38.0	0.08	6(0.00,0.17)	86

从表 5 中可以看出：当用 10%TMETN 取代 10%的 NG 后，推进剂的撞击感度明显降低，特性落高 H_{50} 增加 14 cm。这充分说明用 TMETN 取代 NG 来降低感度的途径是非常有效的。随着 NG 的逐渐被取代，推进剂的撞击感度不断降低，当没有 NG 时，推进剂 H_{50} 达 59.6 cm，比含 NG 的配方的 H_{50} 高出一倍多。由此看出，NG 确实是影响双基推进剂安全性能的重要因素。

正常条件下测得的摩擦感度几乎都为 0%，这说明摩擦感度对双基推进剂来说，不是影响感度特性的关键因素。为了弄清 TMETN 对推进剂摩擦感度影响，采用了更为苛刻的测试条件，获得了表 5 中的数据。TMFTN 部分取代 NG 后，推进剂的摩擦感度明显降低，完全取代后，摩擦感度有所增加。这说明，NG 和 TMETN 共用的体系有较低的摩擦感度。无论如何，含 TMETN 的配方比含 NG 的配方摩擦感度要低。

TMETN 与 NG 在推进剂中的作用效果差异如此明显，这与它们的分子结构密切相关。按照 Kamlet 和 Adolph[3] 对含能材料结构与撞击感度之间的关系研究结果，具有相似分解机理的一类高能物质（包括 N—硝基化合物等）的 Log H_{50} 随着 OB_{100} 的减少而增加，其中 OB_{100} 是 CHNO 炸药的氧平衡：

$$OB_{100} = 100(2n_0 - n_H - 2n_c - 2n_{coo})/M$$

式中，n_0，n_H，n_c 分别表示分子中相应元素的原子数，n_{coo} 表示羧基数，M 表示分子量。

由 NG 和 TMETN 的分子式可算出，NG 的 OB_{100} 明显大于 TMETN 的 OB_{100}，故而 NG 的 H_{50}（15 cm）小于 TMETN 的 H_{50}（47 cm）。又由于 NG 的分解温度点低（145℃，TMETN 182℃），爆热高，生成热负值大故而其撞击感度高，较 TMETN 更敏感。

为了抑制推进剂的二次燃烧火焰，在 NC/TMETN 推进剂配方中加入了有机酸钾盐（KD）消焰剂[4]。实验结果表明，无论是催化剂还是钾盐（KD）消焰剂确实对推进剂感度有影响。比较 IM-4 和 IM-5 配方可以发现：加入消焰剂后，推进剂的撞击感度增加，H_{50} 显著降低，这表明所选钾盐对改善推进剂撞击感度有负作用。比较 IM-4 和 IM-6 配方可看出：含有 CB 的催化剂体系对降低撞击感度有着突出的作用，不含催化剂的 IM-6 配方 H_{50} 为

38.0 cm，比含催化剂的 IM-4 配方 H_{50} 约降低 20.6 cm。对摩擦感度而言，加入消焰剂使之降低，催化剂亦有同样的效果。

3.3　钝感 NC/TMETN 双基推进剂燃烧性能

用 TMETN 取代 NG 后实现了推进剂的钝感，但其燃烧性能也发生了一定的变化。从图 1 中可以看出，含 NG 的 IML-0 配方具有良好的燃烧性能，在 8 MPa 以上出现了平台燃烧效应。8～14 MPa 的压强指数为 0.062，平均燃速为 13.05 mm/s。用 10% 的 TMETN 取代部分 NG 后，推进剂的压强指数变大。随着 TMETN 含量的进一步增加，推进剂在低压下的燃速降低，高压下的燃速变化不大，但压强指数仍较大。TMETN 完全取代 NG 后（配方 IML-3），推进剂在低压下的燃速继续降低，平台区出现在 10 MPa 以上，且平台效应得以保持，10～14 MPa 的压强指数为 0.113，平均燃速略有升高。这表明，对 NC/NG 双基推进剂燃烧有效的复合催化剂对含 NC/TMETN 双基推进剂仍有效。

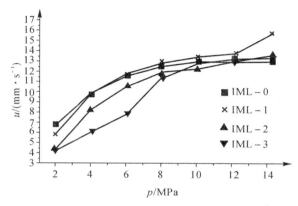

图 1　TMETN 取代 NG 对燃烧性能的影响

在消焰剂 KD 存在下，对复合催化剂中的 Φ-Pb 和 Φ-Pb 与 CB 的复合比例进行了研究，以便找出复合催化剂中各组分的作用规律。燃速数据处理结果如表 6 所示。表中平台燃速为平台区燃速的平均值。

表 6　TMETN 取代 NG 对推进剂能量特性参数的变化

配方编号	消焰剂	催化剂	平台压强区 p/MPa	平台压强指数 n	平台燃速 u/(mm・s⁻¹)
IML-4	无	无	NPZ①	—	—
IML-5	KD2.0%	无	NPZ	—	—
IML-6	KD2.0%	Φ-Pb2.0%	8～14	0.119	10.10
IML-7	KD2.0%	Φ-Pb2.0% CB0.4%	8～12	0.066	10.37
IML-8	KD2.0%	Φ-Pb2.0% A-Cu0.6% CB0.4%	6～12	0.063	9.78

注：①NPZ 表示无平台区。

可以看出,既不加催化剂,也不加消焰剂的空白配方(IML-4),其燃速较低,压强指数也大,2~18 MPa 的燃速公式为:$u=0.096p^{0.83}$。当推进剂中只加入 KD 消焰剂(IML-5)后,推进剂的燃速明显升高,压强指数有所降低,2~18 MPa 的燃速公式为:$u=1.097p^{0.53}$。加入催化剂 Φ-Pb(IML-6)后,推进剂低压下的燃速继续升高。但高压下燃速却有所降低,结果导致推进剂在 8~11 MPa 的压强范围出现了平台燃烧效应,平台区压强指数为 0.119。Φ-Pb 和 CB 复合使用(IML-7)时,推进剂的燃速在整个测量的压强范围内均有所增加,但增加量不大,推进剂在 8~12 MPa 压强范围内的压强指数达 0.066,平台燃速亦有所升高。Φ-Pb 和 CB 复合再添入 A-Cu(IML-8)后.推进剂在 2~6 MPa 的燃速升高较明显,高压下的燃速却进一步降低,使得推进剂平台区下移,压强指数较小,这表明,A-Cu 加入给燃烧性能带来新的变化。由以上燃烧特征分析不难看出:在消焰剂 KD 存在的情况下,CB 和 A-Cu 仍然对 Φ-Pb 有很好的助催化作用和降低压强指数、调节平台压强区的作用。这些影响规律可用于指导调节 NC/TMETN 推进剂的燃速。

4   结论

(1)由于 TMETN 本身的能量低于 NG,且氧平衡亦低于 NG,随 TMETN 逐渐取代 NG,推进剂的能量特性参数降低。

(2)用 TMETN 取代 NG 确实是实现双基推进剂低感度性能的重要途径。NG 被 TMETN 取代后,推进剂的撞击感度降低,摩擦感度亦降低。NG 比 TMETN 有更高的氧平衡,且分解温度低,爆热高,这些是其撞击感度高的主要原因。含有 CB 的催化剂体系对降低机械感度有利,消焰剂对降低摩擦感度有利,但对撞击感度有负作用。

(3)TMETN 取代 NG 后,推进剂在低压下的燃速有所降低,平台区出现在 10MPa 以上,平台效应得以保持,这表明对含 NG 的推进剂燃烧平台化有效的组合催化剂对含 TMETN 的推进剂仍有效。在消焰剂 KD 存在的情况下,CB 和 A-Cu 仍然对 Φ-Pb 有很好的助催化作用和降低压强指数、调节平台压强区的作用。

参考文献

[1] Fonblance G. A new insensitive and non-toxic double base propellant for rocket motors [R]. AIAA 94-3193, 1994.

[2] 赵凤起,李上文,宋洪昌,等. 国外新型钝感双基推进剂的研究[J]. 飞航导弹,1999(9):29-31.

[3] Kamlet M J, Adolph H G. The relationship of impact sensitivity with structure of organic high explosives. II. Polynitroaromatic explosives[J]. Propellants, Explosives, Pyrotechnics, 1979, 4(2): 30-34.

[4] 杨栋,李上文. 二次火焰抑制剂对 RDX-CMDB 推进剂压力指数影响的实验研究[J]. 火炸药学报,1994(2):30-35.

文章来源:全国火炸药技术及钝感弹药学术研讨会,2002.

火箭发动机排气羽流和固体推进剂特征信号

李上文　　覃光明　　赵凤起

摘　要：根据特征信号的定义介绍了羽流特征信号的四个主要表征参数(烟雾、辐射能的散发、能见度和雷达波吸收)的生成和影响因素;归纳出羽流特征信号的危害以及降低羽流特征信号对武器制导和隐身的重要性;指出研制低特征信号固体推进剂是抑制羽流特征信号的关键技术,并简述了抑制的途径;最后提出了按特征信号对固体推进剂进行四级分类的意见。

关键词：羽流;特征信号;烟雾;能见度;后燃;辐射能的散发;雷达波吸收分类

1　前言

在火箭发动机中固体推进剂通过燃烧反应将其化学能转变成燃烧产物的热能,而高温的燃烧产物(主要是气体)通过拉瓦尔喷管将热能转变成高速流动燃烧产物的动能而排出喷管,从而产生了火箭飞行的推力。以超音速(~ 3 Ma)排出喷管的燃烧产物是气体和固态或液态粒子的混合物,其平均温度一般不超过 1 000 K,它在喷管出口处下游常常形成羽毛状的发光(热)火焰流场,通常称为排气羽流(Exhaust Plume,亦称羽焰、喷焰)。羽流中还发生着各种复杂的物理化学现象,如还原性气体的二次燃烧(后燃)、湍流、底部回流、电子激发和电离等,其中二次燃烧是最重要的现象。此外,羽流的气动力结构不仅导致速度和压强的非连续性,还影响气流与周围空气的混合过程。多年来人们一直关注着火箭发动机的羽流现象及其影响,但由于过程的复杂性和军事的保密,我们仅从国外公开文献中了解到一些羽流的产生、性质、对特征信号影响、预估及对战术导弹设计影响等综述性的信息[1-4]。本文仅就文献中有关羽流的特征信号名词的定义,特征信号产生的原因、影响因素及解决技术途径试作一粗浅的介绍,并提出推进剂按特征信号分类的建议,也许会对固体推进剂配方研究和发动机设计有所裨益。

2　火箭发动机羽流现象与特征信号(Signature)

四十余年,发动机羽流现象及其影响,一直为国内外所关注。文献[5]列举了火箭发动机排气羽流中出现的九种现象如:①毒性效应;②声学上的噪音;③烟雾;④湿气凝固;⑤热效应和吹风效应;⑥空间飞行器或飞行器表面的沾污;⑦对制导、通信信号的衰减;⑧对雷达波的反射;⑨可见光、红外光和紫外光的辐射。

以上现象包括了固体火箭发动机排气对导弹(或空间飞行器)系统工作的影响(包括对制导和通讯的影响)及对环境污染等效应,但本文只讨论排气羽流与导弹系统工作有关的特征信号问题。

根据文献[1]附录 1 中所下的定义,特征信号(Signature)是一种包含有系统或火箭发动机排气全部性能或特性的术语,此性能或特性可能被用作探测、识别或拦截执行任务的发射平台或导弹。羽流的特征信号特性包括烟、辐射能的散发、能见度(视程/能见距离)和雷达波吸收等四项参数。下面按照特征信号 4 项表征参数分别加以介绍。

2.1 烟(Smoke)

通常,固体微粒分散于空气介质中称为"烟",而液体微粒分散在空气介质中称为"雾"。火箭发动机燃烧排出物中有凝聚的固体或液体粒子,它们被光散射或吸收产生了肉眼可见的"烟雾",一般简称为"烟"。

羽流中化学产物主要来自固体推进剂的燃烧,它是大量气体与少量凝聚物的混合物(见表 1)。气体主要成分为 CO_2,H_2O,CO,H_2,N_2。固态或液态粒子有 Al_2O_3 和 PbO 等。若推进剂采用 AP 为氧化剂,则气体产物中还包括有 HCl。羽流的燃烧化学产物还有少部分来自点火具,包覆层、衬层、绝热层、喷管、长尾管材料的燃烧、热分解和机械侵蚀的产物。羽流燃烧产物中凝聚态物体还可以细分为一次烟和二次烟两类。

表 1 典型推进剂主要燃烧产物

推进剂类型	N/(%)①						P/(%)②	C/(%)③	燃烧室温度/K
	HCl	H_2O	N_2	CO	CO	H_2			
EDB	0	23	12	13	38	10	48	1.5	2 670
RDX/CMDB	0	23	19	12	34	10	44		2 775
HTPB/AP	17	36	9	8	18	12	30	0.2	2 798
HTPB/AP/Al	16	11	8	13	22	31	53	10	3 620

注:①燃烧室气内燃气摩尔分数;②燃烧室还原性气体 H_2 与 CO 的摩尔分数之和;③喷管出口处凝聚粒子总摩尔数。

2.1.1 一次(初始)烟(Primary Smoke)

一次烟是由发动机喷管排出的燃气和固体或液体凝聚态粒子所组成的混合物。由于一次烟对紫外光、可见光或红外光同时有吸收,发射和散射三种作用,所以很容易被探测到。其相应光学量值取决于粒子数量、尺寸和性质。一次烟的来源有:

(1)固体推进剂配方中的金属粉(Al,Mg 等)燃烧产生的金属氧化物(如 Al_2O_3,MgO)。

(2)固体推进剂配方中燃速催化剂、不稳定燃烧抑制剂和二次燃烧抑制剂等的燃烧产物: PbO,CuO,Fe_2O_3,Al_2O_3,TiO_2,ZrO_2,KOH 等。

(3)固体推进剂不完全燃烧产生的碳粒子。包覆层、隔热材料、衬层、长尾管材料及同燃气直接接触的其他任何有机材料热分解生成的碳黑粒子。

以上是对羽流特征信号起着重要作用的烟源。

(4)有时烟也可能直接来自铝质燃烧室壳体,因为铝超过 2 315 K 高温就液化了。

(5)包覆层、隔热材料、衬层、喷管材料中含有的无机或有机物填料(如石棉、SiO_2 等)被燃气喷出,也可能是一种烟源。

2.1.2 二次烟(Secondary Smoke)

羽流中的二次烟主要是由燃气中的水在一定环境温度和相对湿度条件下凝聚成小液滴而

形成的。火箭发动机中生成的非均质晶核(如烟垢、氧化铝、铅盐、钾盐、铜盐或锡盐等)引发了羽流中水的凝聚。实验表明,晶核数量随晶核半径下降而增大;黏合剂、硝胺、硝酸铵对晶核数量无影响;无 AP 或低 AP 推进剂生成晶核浓度很低,而 HCl 等可溶于水气体的存在大大增加了羽流中水的冷凝数量和速率。此外,当低温和高相对湿度环境条件下,二次烟也呈现增大趋势。所以对不同地区或国家,因环境温度、湿度不同或对于同一国家因四季不同,二次烟出现的频率也是大相径庭的,见表 2[4]。

表 2　固体推进剂二次烟出现频率

季节	在巴黎 Montsouris 二次烟发生频率/(％)	
	复合推进剂(含 80％AP)	XLDB 推进剂(含 15％AP)
春	30	17
夏	19	4
秋	50	25
冬	64	40
年平均	40	21

由于羽流二次烟主要来源于水和卤素气体,而现有固体推进剂主要由 C—H—O—N—Cl 等元素组成。配方中 Cl 元素可以加以限制,而水是 H 元素氧化的必然产物,把 H 元素从推进剂配方中完全取消掉目前还似乎不可能,因而燃气中水的存在是难以消除的,即二次烟也是难以消除的。从这个观点上看,绝对"无烟"的推进剂至少目前是不存在的。所谓"无烟"推进剂实际上只是"微烟"或"少烟"推进剂而已。所以目前"无烟"推进剂的名词已不常用了,仅见于早期文献中。

总之,从理论和实践上看,推进剂配方的组成对羽流二次烟生成起了重要的作用。减少二次烟首先需要降低燃气中水和卤素气体的含量,并尽可能地改变冷凝核的尺寸和数量。AP 是现代固体推进剂中最常用的有效氧化剂,是配方主要组分,含量常达到 60％～80％,而含大于 60％AP 的复合推进剂燃烧就会生成浓度很大的二次烟。因此,限制、减少或取消推进剂配方中 AP 的含量是实现减少羽流二次烟的最现实的途径之一。

2.2　能见度(Visibility)

能见度是一个涉及在一定条件下用肉眼观察目标可能性(或概率)的常用术语。一个目标的能见度取决于:目标的大小、形状和颜色;目标与背景的对比度;目标相对于太阳照射的方位;观测者目视分辨能力和大气的目视范围等。

2.2.1　羽流烟雾对导弹能见度的影响

飞行的导弹发动机工作期间,会形成连续数千米长的烟尾迹[2],并随时间不断扩大。导弹速度愈快,烟尾迹扩展速度愈小,但烟尾迹长度愈长。其能见度取决于推进剂中铝含量,发动机推力,太阳—羽流—观察者之间的夹角(散射角)以及大气条件。可见,导弹羽流的烟尾迹使导弹能见度提高,大大增加了导弹被敌方探测的概率,因此控制导弹发动机烟尾迹是很重要的任务。

通常含有 AP 不含 Al 粉的复合推进剂常常称为少烟推进剂,它的羽流烟尾迹因而得到一定程度的克服。实际上它只是因加入最低量铝粉以保持稳定燃烧从而限制了一次烟的量,但配方中 AP 的依然存在使它仍有大量的 HCl,H_2O 烟尾迹,在典型的气象条件下,其烟尾迹将在 6 km 以上高空生成。在海平面,烟尾迹将在很宽的低温和潮湿气象条件下生成。而对于无 Al 和 AP 的微烟推进剂,一次、二次烟受到很大的限制。通常认为在典型气候条件下烟尾迹在 8 km 以上高空生成,在海平面烟尾迹将出现在最冷,和高湿度的气象条件下。例如含 AP 的复合推进剂$-5℃$是不生成二次烟尾迹的最低温度,而 N-5 双基推进剂生成二次烟尾迹的最低温度为$-35℃$。二次烟的液滴直径有时可能大于一次烟的粒径(取决于聚凝核的数量、尺寸及凝聚的程度),此时光学效应可能比较大。其凝核数量大(达 10^8 cm^{-3})和尺寸很小,液滴尺寸就会降低到小于 0.1 μm,对光学系统的效应就大大降低,欧洲航天研究与发展咨询组(AGARD)已提供了一个天气数据库,可预示在什么气象条件下二次烟形成的概率。

2.2.2　羽流烟雾对制导的影响

实验表明对于含 AP 82% 的复合推进剂,当发动机燃气流量约 500 g/s 时,Al 从 0.5% 增加到 8%,可见光透过率从 80% 降到 11%,2 μm 的红外透过率从 95% 降到 30%。羽流烟雾造成环境光的散射可干扰工作在 5 μm 波长光学探测系统。其干扰程度取决于探测器波长、烟沿探测器传播的路径、探测器的有效视场和羽流被日光照亮的程度。如果测光光束必须穿过很长的羽流烟迹,可能衰减 20~30dB,使光学制导系统失效。

2.3　后燃(Afterburning)引起的辐射能散发(Radiation Emissions)

排气羽流本来就是个热源,类似于发出辐射的无限个点源。羽流发射光谱最大强度在短—中红外波段之间,它是粒子的连续辐射与气体分子受热激发后的振动—旋转或纯旋转型辐射(发射、辐射和吸收)的叠加。

由于推进剂的比冲是和燃气平均分子量的平方根成反比的,故从能量的观点出发,推进剂配方总是设计成负氧平衡的,即燃烧产物是非完全氧化的(低于化学当量的):即生成低分子量的 CO,H_2 分子比较多,这样对提高能量是有益的。如表 1 所示,对 HTPB/AP 推进剂还原性气体 CO 和 H_2 产物之和达~0.5 摩尔分数,对于 HTPB/AP 推进剂为~0.3 摩尔分数,而对于微烟 CMDB 推进剂为~0.44 摩尔分数。从理论上讲,这种还原能力高的气体混合物通过喷管膨胀到达喷管出口平面时组分变化相对较小。于是,含有大量 CO 和 H_2 还原性气体的燃气在喷口排气口下游与大气中的氧混合发生二次燃烧,生成大量热并产生明亮的可见光辐射、强烈的红外及紫外光辐射能。此现象谓之羽流的后燃或羽流的二次燃烧(Secondary Combustion)。

$CO+O_2 \rightarrow CO_2$ 是后燃的主要化学反应。而 CO_2 是红外辐射的主要来源之一,后燃使 CO_2 浓度增加,其结果也增大了排气羽流下游的红外辐射总强度,导致羽流可探测性增加。此外,羽流中固体粒子发射连续的辐射与其表面温度 4 次方成正比,也与浓度成正比,由于后燃使羽流温度剧升,从而使固体粒子辐射加剧,也引起羽流可探测性增大。

羽流后燃引起的可见光辐射在大气中传输时,会因吸收、散失而衰减。如在特别晴朗的天空,能见度可达 50 km,一般晴天为 20 km,中等雾天则为 0.2 km。

羽流紫外辐射源于 Al_2O_3 连续粒子发射和 $CO+O_2$ 的后燃反应产生中短波紫外辐射。在 0.2~0.3 μm 紫外光谱区间的辐射很易被大气(包括云和雾)吸收,其波长愈短,辐射衰减就愈严重。

由上所述,推进剂燃气中 CO 和 H_2 两种还原性气体的存在是后燃的根源。推进剂配方设计时因能量的限制,不可能使 CO 和 H_2 的含量有大的变化。此外,导弹飞行速度、燃烧室压强、喷管膨胀比、燃烧室的温度(包括排气的温度及导弹的底部设计及喷管的数量)等均影响后燃的概率和着火点在喷管排气面下游的位置。可见后燃是一种复杂的现象,其参数的研究是十分困难的,因为各参数在复杂的羽流场中相互影响,这种影响并没有加和性。

后燃现象的不良后果有:

(1)后燃引起羽流温度升高,从而使羽流可见光亮度增大、红外和紫外发射增加、离子及自由电子浓度升高,前者增大了导弹的可探测性,后者增大了对制导雷达波的衰减和导弹的雷达波横截面;

(2)后燃提高了羽流的湍流程度,同时加大了对制导激光束的干扰和发射,增大了叠加在雷达制导信号上的噪声;

(3)后燃改变了一次烟和二次烟的数量和种类,使羽流中 H_2O 和 CO_2 三原子分子摩尔量增大,而它们是红外辐射的来源,这将导致羽流可探测性增加;

(4)后燃引起火箭发动机噪声增加,也使羽流可探测性提高。

2.4 雷达波吸收(Radar Absorbtion)

当频率为几千兆赫雷达波穿过燃气时,燃气中的自由电子和离子在电磁波场力作用下产生运动。由于电子比离子轻几万倍,其受场力作用后的运动速度要比离子运动速度高几百倍。这些高速运动的自由电子与羽流中质量较大的中性气体分子(N_2,HCl,O_2 等)发生碰撞时,把雷达波能量转化为燃气的热运动,从而造成雷达波能量的吸收衰减。衰减值的大小不仅取决于雷达波的频率,而且取决于所通过的电离介质(羽流)的特性:自由电离密度和碰撞频率。除了因后燃使羽流温度上升,自由电子密度增大碰撞频率提高,而导致雷达波衰减之外,当燃气中有碱金属和碱土金属存在时,即使是十万分之一的痕迹量,在足够高的温度(2 000 K 以上)下就能引起燃气的显著电离而产生自由电子,从而引起雷达波的显著衰减。因此对固体推进剂各组分应严格控制其碱金属的含量。铝的电离能不算小,但其在推进剂中加入量大(往往在10%以上),且使燃气温度明显升高,因此对雷达波的衰减也很明显。所以推进剂中铝的含量也应控制在适当范围内,或加入电子捕获剂。

3　排气羽流特征信号的危害性

综上所述,可将羽流特征信号的危害性归纳为如下三个方面。

3.1 影响了导弹的制导

如果导弹采用光学(可见光、红外或激光)制导,这些指令信号穿过羽流的烟雾尾迹时,会产生明显的指令信号衰减;如果导弹使用雷达频谱电磁制导,当雷达波通过后燃(二次燃烧)火焰区时,由于该火焰区中有大量电离态物质的吸收作用,使制导电磁波传输大为削弱;此外,后燃的火焰还会使跟踪导弹或目标的光学仪器处于饱和状态,这三者均能使导弹失去控制。

3.2 影响导弹或发射平台的隐身

含金属的高性能固体推进剂发动机的排气烟雾和火焰从几公里以外均可用肉眼观察到。后燃的火焰能发射出强烈的可见、红外和紫外光辐射,很容易被敌方探测和识别;而后燃现象还会导致发动机噪声的增加,这些均可能景暴露了导弹的发射平台位置和导弹运动的轨迹,降低了武器系统生存能力和突防能力。

3.3 其他影响

导弹发动机燃气被吸入飞机喷气发动机中会导致发动机熄火;燃气固体残渣、腐蚀性气体(HCl)和后燃的高温火焰会对发射装置表面和飞机蒙皮产生破坏性的接触效应,有时也会对发动机推力向量控制部件工作有干扰;后燃的明亮火焰(闪光)会使飞机驾驶员夜间的视觉短暂出现"盲视"现象;此外,HCl,Al_2O_3 和 PbO 都会严重污染环境,也可污染航天器的功能性表面(如太阳能电池板、光学透镜、窗口等)。

由此可见,排气羽流特征信号对导弹的精确制导和隐身有多么巨大的危害,所以 21 世纪战术导弹固体火箭发动机的首位发展目标是降低特征信号,而解决此技术的关键是采用低特征信号推进剂。

4 羽流特征信号的抑制

近年来,由于采用了新的隐身涂料和新的外形结构,使导弹本体和发射平台的隐身能力大为提高,此时导弹发动机和羽流的特征信号对导弹隐身的影响就上升到主要的地位,成为影响隐身的主要矛盾。而减少羽流特征信号的主要技术关键就在于研究出低特征信号的推进剂。当然在发动机设计时对点火具、包覆层、隔热层、衬层等的发烟性也应给予相应的综合考虑。从推进剂配方设计角度看实现低特征信号推进剂主要技术途径如下。

(1)配方氧平衡要适当,氧平衡太低,燃烧不完全可能生成游离 C,过高对能量不利。

(2)不用或少用 Al 粉,因为 Al 的燃烧产物是主要的一次烟源。配方设计时应根据能量和特征信号的综合要求对 Al 含量进行折中考虑。

(3)不用或少用 AP,因为 AP 燃烧产物 HCl 是主要的二次烟源。一般认为 AP 少于 20% 以下,二次烟就比较少了。

(4)采用硝胺化合物(如常用的 RDX,HMX 和最新的高能量密度化合物——六硝基六氮杂异伍兹烷 CL‐20)作为含能添加剂,因为它们生成热好,又生成大量低特征信号的 N_2。

(5)减少配方中金属盐燃烧催化剂的用量,或使用高效含能催化剂,因为它们的燃烧产物金属氧化物是一次烟源。

(6)减少配方中耐熔物质(如 ZrO_2,ZrC)等燃烧稳定剂的用量,并对其品种、含量和粒度进行优化,在确保抑制不稳定燃烧前提下减少一次烟源。

(7)使用相稳定的硝酸铵部分或全部代替 AP 作为氧化剂,但 AN 能量较低。少量相稳定剂(Ni,K 等)可能也是一次烟源。

(8)使用含 —N_3 基团的增塑剂,部分代替硝酸酯增塑剂,既提高能量,又产生大量 N_2。

(9)用含 —N_3 基团的有机黏合剂如 GAP,BAMO,BAMO/MAMO 等代替 HTPB 黏合剂以提高能量和提高燃气中 N_2 的含量。

(10)使用新的无氯的高能氧化剂代替 AP。这些氧化剂最吸引人的有 ADN 和 HNF。ADN 已在俄国战略导弹中(如井下发射的 SS‐24 导弹)应用,但需将 ADN 造粒以解决吸湿和安定性问题。HNF 在 20 世纪 70 年代已初露锋芒,仅由于相容性和安定性差,而被搁置三十年。近来荷兰人认为已解决了其纯度问题,因此使用中的相容性问题已可以克服。国外已把 HNF 与 GAP 或 HTPB 黏合剂分别制成推进剂,并测试其性能,存放 1～2 年后未见异常。两种新氧化剂对现有推进剂特别是低特征信号推进剂提高能量贡献是巨大的。初步计算表明用它们代替 AP 可使推进剂比冲有较大幅度增加(～7s)。

(11)加入适量的钾盐作为推进剂后燃的抑制剂,可使羽流后燃减少 90%,但此措施对含 AP 的推进剂是无效的,因为 Al 会破坏钾盐抑制后燃的作用。但某些钾盐会生成一次烟并破坏平台燃烧,故对钾盐的含量及品种应严格控制和筛选。

(12)加入适量电子捕获剂(PbCrO$_4$,MoO$_3$ 等),可把羽流中的自由电子加以捕获,从而有效地减少羽流对雷达波的衰减。对于用雷达波制导导弹的推进剂装药,应严格控制钾的含量(在每公斤数十毫克范围内),因为它对雷达波衰减有重大的影响。通常,复合推进剂中,K$^+$ 含量为 15～300 mg/kg,主要来自 AP 的杂质。在双基推进剂中,K$^+$ 中为 5～7 mg/kg,主要来自 NC 的杂质。

5　固体推进剂按特征信号分类

5.1　固体推进剂按烟雾特性大小分类

早期,火箭和反坦克导弹为隐蔽发射阵地,改善射手观察目标的工作条件对固体推进剂提出了"无可见烟雾"要求,于是"无烟推进剂"应运而生了。随着导弹采用红外、激光、微波和无线电制导方式后,希望控制站与飞行着的导弹控制操纵系统之间保持最好的通讯联系。然而,排气羽流中的一次烟、二次烟和还性气体二次燃烧的火焰均使上述制导电磁波产生不同程度的衰减和干扰,甚至使制导信号失真或中断,从而严重地影响了导弹命中精度和战斗力。因此人们对无烟推进剂的"无烟"又赋予了新的内涵,即要求气羽流对制导信号产生干扰和衰减,即排气羽流对制导信号是"透明"的。由于上述军事使用上的需求,到 20 世纪 80 年代中期为止,国外已大力发展了多种"微烟""少烟"推进剂并在许多战术型号中使用。

虽然人们多年来均使用"少烟"(Reduced Smoke)、微烟(Minimum Smoke)和"有烟"(Smoke)之类的术语对推进剂烟雾特性进行分类。显然这种分类术语只是定性的,比较粗糙的,缺乏定量的标准。1993 年北约经过 5 年研究提出了一个推进剂烟特性的新分类法,该方法把一次烟按大小定量分类为 C,B,A 三等,二次烟也按大小定量分为 C,B,A 三等。如图 1 所示:

图 1　推进剂烟特性的新分类法

于是一种固体推进剂按烟大小可分为九类,每类用两个字母代表(如 AA,CC,等等)。前一个字母表示一次烟等级,后一个字母表示二次烟等级。一般认为 AA 级推进剂相当于"微烟"推进剂,AB 级相当于少烟推进剂,CC 级推进剂相当于有烟推进剂,AC 级推进剂相当于一次烟很小,但二次烟很浓的推进剂等等。此方法 1993 年已被北约组织各国接受作为一种固体推进剂烟雾特性的表征标准。204 所已建立了类似的烟雾分类计算机软件和所标[6]。此方法与发动机实测的结果基本一致,证明是可用的。必须强调指出,此分类方法只是对推进剂而言。这样,一旦我们知道了推进剂的配方就很容易计算出该推进剂在烟雾上属于何种等级了。

5.2 固体推进剂按排气羽流特征信号分类的建议

随着科学技术的发,20 世纪 80 年代后期,西方各国愈来愈重视排气羽流对导弹的隐身能力的影响了。认为"对于各军种来说,拥有一种隐身武器与在 20 世纪 50 年代拥有一种核武器同样重要"。这表明,在人造卫星和探测技术飞速发展的今天,任何武器在战场上一旦被发现就意味着可能被摧毁。

近年来,随着导弹本体或发射平台外形的改进和隐身涂料的使用,使其隐身能力大为提高,于是导弹发动机排气羽流特征信号(烟、焰及辐射能)就成为导弹被敌方探测的重要特征信号源。换句话说,发射平台及导弹的隐身能力有可能被导弹发射时明显的可见烟迹,明亮的羽焰和强烈的紫外、红外辐射能所破坏。因此排气羽流烟焰的减弱或消除已成为降低导弹武器特征信号研究工作的重要组成部分。也正是基于这种军事上的强烈需求,早期的"微烟(少烟)"推进剂的内涵又进一步扩展和延伸了。20 世纪 80 年代中后期,开始广泛使用"特征信号(Signature)和低特征信号推进剂(Low Signature Propellant)"等专用术语。根据前面第一节所引用文献中"特征信号"的定义,可以认为:所谓"低特征信号"是指火箭发动机排气羽流的烟(一次烟和二次烟)少和羽流的二次燃烧火焰的(可见光、红外和紫外)辐射特征信号低,从而不仅对导弹制导和通信信号衰减小且使导弹或发射平台隐身性好,不易被敌方探测、识别和拦截。

按照这种新的"低特征信号"概念,固体推进剂燃气仅仅满足于水平较低的少烟(少铝、少 AP)和微烟(无铝和无 AP)已经远远不能满足导弹技术发展的要求了。随着科学技术水平的不断提高,所谓"低特征信号"推进剂应当是在保证一定能量水平前提下具有微烟、微焰(也就是说既不影响制导信号传输,又不影响导弹隐身)特性的一种达到更高级特征信号水平的推进剂。

在文献[7]中,美国人对未来十年战术导弹用推进能量水平作规划时,把推进剂按特征信号大小大致分成低特征信号、少烟、有烟三等级。我们认为这种分类方法是较合理的,但建议分成低特征信号、微烟、少烟、有烟四等级更为合适,见表 3。由于推进剂配方特征信号的高低不同,所采用技术措施不同,故推进剂配方的能量也不能一律对待,为了保证推进剂具有低特征信号或微烟或少烟的特性需要以牺牲配方部分的能量为代价的,而 ADN,HNF,CL-20 等新无氯含能材料的逐渐被引用于推进剂中,低特征信号推进剂能量较有烟推进剂低的状况会逐步得到好转。

应该指出,对某一个具体的导弹的羽流排气特征信号的技术指标,应按照该导弹的作战要求和采用何种制导方式来加以确定。因此对固体推进剂的低特征信号要求也是因具体导"弹"而异。然而,在一定能量水平基础上能达到既微烟,又微焰的要求则是固体推进剂低特征信号的最高奋斗目标。

表3 按羽流特征信号对推进剂分类的建议

固体推进剂按特征信号分类	特征信号性质	固体推进剂燃烧产物				燃烧催化剂（少量）	不稳定燃烧抑制剂（少量）	后燃抑制剂（少量）	典型推进剂品种	分类依据
		主要气体产物			固体产物					
		可产生二次烟的	可产生后燃的	其他	可产生二次烟的	燃烧催化剂（少量）	不稳定燃烧抑制剂（少量）	后燃抑制剂（少量）		
四 微烟/微焰（低特征信号）	一次烟 少量 二次烟 少量 后燃 极少	H_2O	CO和H_2	N_2和CO_2	PbO ZrO_2 Al_2O_3 KON	Pb盐 Cu盐 或Sn盐	Al_2O_3或TiO_2 ZrO_2 ZrC	有机或无机钾盐	微烟推进剂＋少量后燃抑制剂	需研究建立微烟的标准
三 微烟	一次烟 少量 二次烟 少量 后燃 有	H_2O	CO和H_2	N_2和CO_2	PbO ZrO_2 Al_2O_3	Pb盐 Cu盐 或Sn盐	Al_2O_3或TiO_2 ZrO_2 ZrC	无	EDB CDB RDX－CMDB XLDB （无Al和AP）	按北约烟分类法（国内已有类似标准）为A－A级
二 少烟	一次烟 适量 二次烟 适量 后燃 有	H_2O和HCl	CO和H_2	N_2和CO_2	Fe_2O_3 Al_2O_3 PbO	Fe_2O_3 二茂铁衍生物和Pb盐	少量Al粉 或 ZrC	无	HTPB/AP HTPB/AP/RDX XLDB/少量AP	A－B或 A－C级
一 有烟	一次烟 有 二次烟 有 后燃 有	H_2O和HCl	CO和H_2	N_2和CO_2	Fe_2O_3 Al_2O_3 PbO	Fe_2O_3 二茂铁衍生物和Pb盐	大量铝粉	无	HTPB/AP/Al HTPB/AP/Al/HMX NEPE EMCDB	C－C级

6 总结

(1)火箭发动机排气羽流的产生是一个复杂的物理化学过程,其中烟雾的生成和羽流的二次燃烧对特征信号的产生起着关键性作用的。

(2)烟雾和二次燃烧产生的辐射热散发是羽流特征信号的两个主要表征参数,而能见度和雷达波吸收则是由前两者派生的表征参数,它们一起构成了羽流特征信号的四个表征参数。

(3)羽流特征信号的危害主要是影响导弹制导通信信号的传输以及影响导弹或发射平台的隐身能力,从而对导弹精确制导和生存、突防能力造成危害。故抑制特征信号是 21 世纪战术导弹发动机的首要技术目标。

(4)采用无卤素、无金属的氧化剂或硝胺、高氮添加剂有利于保证少(微)烟雾特性,同时提高能量;而采用钾盐抑制羽流二次燃烧可基本上解决羽流的产生强烈辐射热发射;此外采用电子捕获剂可大大降低羽流对雷达波的吸收和衰减。

(5)随着导弹技术的发展,对推进剂羽流特征信号的要求愈来愈高,建议把固体推进剂按特征信号分为:从有烟到较低级的少烟,到中级的微烟,最后达到较高级的既微烟又微焰的低特征信号水平等四个等级。

参考文献

[1] Advisory Group for Aerospace Research and Development. Terminology and Assessment Methods of Solid Propellant Rocket Exhaust Signature〔C〕. AGARD – AR – 287,1993.

[2] Jensen G E, Netzer D W. Tactical missile propulsion〔M〕. Virginia:American Institute of Astronautics and Aeronautics,1996.

[3] Davenas A. Solid rocket propulsion technology〔M〕,Oxford:Pergamon Press Ltd,1993.

[4] Kuo K K, Summerfield M. Fundamentals of solid-propellant combustion〔M〕. New York:American Institute of Aeronautics and Astronautics,1984.

[5] Sutton G P, Biblarz O. Rocket Propulsion Elements〔M〕. 5th Edition. New York:John Wiley & Sons, Inc,1986.

[6] Technology for the United States Navy and Marine Corps 2000～2035,Becoming a 21st – Century Force,Vol. 5,Weapons〔R〕. Washington:National Academy Press,1997.

文章来源:2020 年前火炸药技术发展战略研究会论文汇编,厦门,2003.

大口径炮弹增程技术对固体推进剂的要求

李上文　　赵凤起　　罗阳　　陈沛

摘　要:大口径炮弹增程技术的发展,使常规火炮射程产生了新的飞跃,增程炮弹将成为 21 世纪弹药发展的新宠。本文从底排增程、火箭助推增程和冲压发动机增程 3 个方面对此技术进行了简要介绍,并分别探讨了作为炮弹增程技术支撑的各种固体推进剂(底排推进剂、火箭推进剂和贫氧推进剂)对其性能的特殊要求。

关键词:炮弹增程;固体推进剂;底排增程;冲压发动机增程

1　引言

远程精确打击是高技术战争对武器的基本要求。增大武器射程已成为各国增强炮兵火力的重点。现代炮兵已形成以身管火炮和火箭炮为主,以战术导弹为辅的武器装备体系。当前,炮用战术导弹正在向射程 150～300 km 方向发展;火箭炮系统逐渐向大口径、远射程和简易制导方向发展,射程从早期的 10～20 km,逐步发展到 40～150 km;而中大口径火炮弹药则相继发展了底部排气增程弹、火箭助推增程弹、底排/火箭助推复合增程弹、冲压发动机增程弹、火箭助推/亚音速滑翔复合增程弹和冲压/超音速滑翔复合增程弹等新型增程弹种,其射程已从一般火炮的 25～30 km,提高到 50～120 km,甚至可能达 200～400 km。增程(远程)炮弹引人注目的新发展,使得常规火炮的战斗力产生新的飞跃,射程可以覆盖 25～400 km 的点、面目标,现已成为 21 世纪弹药发展的新宠。由于这些增程技术的实现均以固体推进剂技术为支撑,所以本文仅对大口径炮弹各种增程技术作简单的介绍,并对实现增程所用的固体推进剂某些特殊要求进行初步的探讨。

2　底部排气增程与底排药剂

弹丸在大气中飞行时,其后部形成局部真空(即低压区),产生了作用于弹丸并与运动方向相反的力,从而降低了弹丸飞行速度,该力称为弹丸底部阻力(底阻)。弹丸在亚音速和跨音速飞行时底阻约占总阻 50% 左右,在超音速飞行时约占 30% 左右。20 世纪 70 年代瑞典人经过实验提出了在普通榴弹尾部安排气装置,向飞行的弹丸底部低压区连续排入一定量的气体,用以减小底阻达到增加弹丸射程。当前,底排增程弹已成为各国中大口径火炮炮弹的一个重要增程弹品种。底排技术增程效果明显,如比利时 155mm 榴弹炮原射程为 30 km,改用底排增程弹后可达 39 km,增程率为 30%;我国 59 式 130 mm 加农炮采用底排增程弹,射程从 27 km

增加到 38 km,增程率达 40%。

底排技术的优点是增程效果明显,弹丸威力不减,弹着点散布较小,工艺及结构较简单。底排增程技术的关键之一是选择合适的底排药剂和设计合理的装药及点火结构参数。底排药剂为烟火剂型或固体推进剂型。一般常用复合推进剂,因为在火箭导弹中已大量使用,有大批量生产的经验,且性能上经过长期的考验。用作底排药剂的复合推进剂实质是一种由高分子黏合剂和氧化剂组成的双组分复合推进剂(为保证抗老化性能还加入少量防老剂),与火箭、导弹专用的复合推进剂相比,其组分相对简单,但对其性能有特殊要求:①该药剂应易点燃,在 $1.01×10^5$ Pa左右能稳定地有规律地燃烧,并放出大量气体,也就是说稳定燃烧临界压强要很低;②在低压下燃速不能太大,一般为 1~2 mm/s,这两条特殊要求只有含高氯酸铵的复合推进剂或某种烟火剂能够满足;③底排药柱与点火药性能参数优化。底排药柱快速有效点火是获得理想增程效果的关键。据文献报道,法国 SNPE 公司研制了以热塑性弹性体 TPE 为黏合剂的底排复合推进剂新配方:TPE 22%,氧化剂 75%,其他(防老剂、催化剂、固化剂和键合剂)3%,火焰温度从 HTPB 复合推进剂的 2 370 K 降低到 1 693 K,安全性能与 HTPB 复合推进剂相似,但玻璃化温度达−93℃,使药柱的使用温度从−30~+52℃扩大到−60~+60℃。该配方采用挤压新工艺代替过去的浇铸工艺。把预先制成的药粒除去溶剂后,直接热压入带包覆层的模具中。模具尺寸与底排装置燃烧室的内部尺寸基本吻合,并使药柱与底排装置底端金属中间底形状相近,接触良好,并与包覆层紧密黏结。从而不仅保证药柱质量(无气泡、无裂纹),而且生产效率比较高。此外所用 TPE 黏合剂成本低,与包覆层采用统一黏合剂,因此药柱与包覆层黏结良好。此报道指出了复合型底排推进剂的一个发展方向。把预先制成的药粒除去溶剂后,直接热压入带包覆层的模具中。模具尺寸与底排装置燃烧室的内部尺寸基本吻合,并使药柱与底排装置底端金属中间底形状相近,接触良好,并与包覆层紧密黏结。从而不仅保证药柱质量(无气泡、无裂纹),而且生产效率比较高。此外所用 TPE 黏合剂成本低,与包覆层采用统一黏合剂,因此药柱与包覆层黏结良好。此报道指出了复合型底排推进剂的一个发展方向。

3　火箭发动机助推增程与固体推进剂

炮弹增程技术之中最早得到应用的是火箭助推技术。其原理是在弹丸底部加装一个火箭发动机,通过发动机适时的点火,产生推力来提高弹丸的飞行速度,以达到增程的目的。增程效果一般可达到 25%~50%。由于火箭发动机要占用炮弹中一部分炸药装药体积,因而影响到弹丸的威力。此外,采用该技术的炮弹射击密集度也不如底排弹。多年来此技术与底排增程技术一直并行发展。

近年来炮射导弹、末制导炮弹和超远程制导炮弹得到快速发展,迅速成为现装备或即将装备的远程弹药。炮射导弹是使用坦克炮发射的激光驾束制导的反坦克或反直升机导弹,射程为 5 km 左右。末制导炮弹是一种利用火炮发射,在其外弹道末端进行制导的一种远距离打击的反装甲导弹,如美国的"铜斑蛇",俄罗斯的"红土地",其射程可达 20 km,均已装备部队。超远程制导炮弹是在研的新一代 GPS 制导远程炮弹,是实施远程精确打击的极佳弹药。美国海军标准舰炮是 MK45 型 127mm 54 倍口径舰炮,其射程仅为 24 km。若改为 MK45 型 127mm 62 倍口径舰炮发射采用新型高能发射药和火箭发动机增程技术的 EX2171 增程制导炮弹,其射程可达 117 km,可满足美海军从防区外攻击超视距处目标的要求。该炮弹采用的高能发射药可使炮口动能达到 18MJ,炮弹在弹道上升段的最佳点点燃火箭发动机,发动机工作 10s,提供 10MJ 的附加能量,并将弹丸推至约 24.2 km 的高度。因为炮弹采用 GPS/NS 组合制导,所以具有首发命中特点。当撒布 M 80 子母弹时,径向误差仅为 10～20 m。另一种美海军正在开发的先进火炮系统(AGS)将装备 DD21 对陆攻击驱逐舰,它采用 155 mm 62 倍口径单管炮发射制导炮弹,射程可达 185 km。该弹采用 GPS/NS 组合制导,圆概率误差仅为 5～10 m。此外,1998 年美国开始研制的用于"神剑"155 mm 52 倍口径榴弹炮的 GPS 制导炮弹,其最大射程为 57 km,最小射程为 6～8 km,圆概率误差不超过 20 m,该炮弹采用底排/火箭复合增程技术,2004 年投入批量生产。法国的"鹈鹕"GPS 制导尾翼稳定炮弹采用 155 mm 52 倍口径榴弹炮发射,其远程弹使用底排/滑翔飞行方式,射程达 60 km,而极远程弹使用火箭助推/滑翔飞行方式,最大射程达 85 km,圆概率误差均为 10 m。此外,英国、瑞典、德国也在进行类似的 GPS 制导炮弹的研究工作。上述 3 种增程弹药的共同特点是采用火炮发射,但又分为两种类型:一种是高速旋转稳定的火箭增程弹和底排/火箭增程弹,其转速达 10 000～15 000 rpm,发射过载高达 10 000 g～15 000 g;另一种是尾翼稳定的火箭/滑翔增程弹,其转速较低(类似于一般火箭弹),发射过载小于 10 000 g。

通常,固体推进剂都是按照火箭导弹武器的特点进行研制的,面对高速旋转和高过载的火炮发射环境,需解决 3 个关键技术问题。

(1)高强度与提高比冲的矛盾。

火炮发射火箭增程弹时,固体推进剂承受了很大的过载,对推进剂抗压强度提出了很高的要求,如有人提出固体推进剂+20℃下抗压强度应该不小于 45 MPa,+50℃下应该不小于 18 MPa 的要求。对于某些螺压或浇铸的国产双基推进剂(如 171-25,SDP-10 和 SWP-1 等)基本可满足此要求。但由于双基推进剂能量仅 1 961 N·s/kg(200 s)左右,若要进一步提高能量到 2 157 N·s/kg(220 s)或更高,则需在双基推进剂中加入硝胺炸药(30%左右),这会带来了抗压强度降低。为解决高强度和提高比冲之间的矛盾,需对 RDX-CMDB 推进剂提高强度的技术途径进行更广泛的探索,解决的可能性是存在的。

(2)烧蚀性与提高比冲的矛盾。

在火炮发射火箭增程弹中选用含铝推进剂似乎并不可取。因为铝粉及其燃烧产物包括推进剂产生的高燃温都将给发动机和喷管带来强烈的烧蚀。解决的办法仍然是选用 RDX-CMDB 推进剂。如某种 RDX-CMDB 推进剂燃温约为 2 700 K,比含 5%铝粉 GLQ-1 推进剂燃温(3 200 K)降低了约 500 K,非常有利于燃烧室的热防护和喷管的抗烧蚀。虽然 RDX-CMDB 推进剂能量比含铝的 GLQ-1 推进剂稍低,但其密度与 GLQ-1 推进剂相同,加上微烟和压强指较小的特点,发动机综合性能还是比较好的。

(3)静-动态燃烧特性的相关性。

用于火箭弹的固体推进剂,其静-动态燃烧特性在过载较低或旋转较小的条件下差别不是很大。但在火炮发射的高过载、高转速条件下,推进剂燃烧速度与静态时大相径庭,有的甚至可能超过静态燃速50%。特别值得指出的是有文献报道含铝推进剂燃烧时,铝和燃烧生成的氧化铝粒子在弹丸旋转离心力的作用下紧贴于药柱燃烧表面,加速了热传导,造成了燃速的急增。因此推进剂研制者应与发动机设计者相配合,共同对静-动态燃烧特性变化规律的相关性和控制办法进行深入的研究,以便找出适合发动机设计所需的燃烧性能参数,缩短研制进程。

4　冲压发动机增程与贫氧推进剂

整体式固体火箭冲压发动机(SDR)是当今热门的火箭推进动力装置,其工作原理为:在燃气发生器内,固体贫氧推进剂经预燃氧化生成的富燃料燃烧产物被排入冲压燃烧室(或称补燃室)中,并与从进气通道引入的空气(富氧)混合补燃(二次燃烧),补燃的高温气体从喷管排出产生推力。因吸气式发动机不能零速起动,故冲压燃烧室同时用作助推器。当助推器内固体推进剂药柱燃烧完毕后,导弹被加速到超音速,随即抛掉助推器喷管,并转换到前述的冲压状态继续工作。

贫氧推进剂仅含有少量氧化剂,其富燃产物在冲压室内靠空气中的氧进行较充分的燃烧,因此冲压发动机具有比冲高(为固体推进剂发动机的3～6倍,即700～1 100 s)、可实现全程动力飞行、动力装置体积小(体积受限制,直径不能太大)、重量轻、速度快、射程远、工作时间长(数百秒)和机动性好等优点,可以满足空-空、空-地、反舰和反辐射等战术导弹要求,因此被普遍认为是新一代战术导弹优先选用的动力装置。从另一方面看,冲压发动机的上述特点也成为炮弹增程技术中值得采用的新技术。从20世纪80年代以来,美、法、南非等国家均在此领域进行了认真研究。

整体式冲压发动机燃气发生器所采用的推进剂是一种贫氧推进剂,它是固体推进剂的一个变异体。该推进剂中除黏合剂和燃料外,仅含有适量的能保证它燃烧分解成富燃气体所需的氧化剂(如其推进剂中AP含量约为30%,而一般复合推进剂约含70%AP)。

炮弹冲压增程技术对贫氧推进剂的技术要求:①能在长度有限的燃气发生器内,在0.5～2 MPa压强下有规律地稳定地燃烧,排出的富燃气体进入冲压燃烧室中后与空气混合进行二次燃烧;②贫氧推进剂药柱设计应满足高轴向和径向加速度的要求,药柱强度应足够高;③在高速旋转下,大量金属粉因为离心力的作用在推进剂药柱燃面聚集,可能增加燃速,破坏静态下的燃烧规律。此外,在离心力作用下,固体金属与燃料同补燃空气的混合燃烧效率以及如何组织燃烧问题也值得深入研究;④对非壅塞燃气发生器,要求贫氧推进剂燃速应该大于10 mm/s (0.5 MPa),压强指数应当大于0.5。

目前国内外研究比较成熟的或广泛关注的高能贫氧推进剂有如下两类:HTPB/AP/Al-Mg和HTPB/AP/B。鉴于金属粉在离心力作用下会影响燃烧规律性和有明显烟雾的弊病,采用HTPB/AP或HTPB/AP/C的配方虽然能量稍低一些,但对于燃烧性能的组织和降低特征信号可能是有益的。表1列出了法国贫氧推进剂的3个配方,均采用HTPB黏合剂,力学性能较好,燃速可调范围宽,低压下燃烧稳定,安全性好,其中Ⅰ和Ⅲ配方燃烧无残渣、少烟雾,可供研究时借鉴。

还有一种固体燃料冲压发动机(SFRJ),主要也用于炮弹的增程,它在20世纪七八十年代就引起了美国陆军的注意。研究人员进行了该类冲压发动机的评估工作,其范围涉及从20 mm旋转稳定炮弹到大口径尾翼稳定制导炮弹。SFRJ的工作原理是,当炮弹以超音速(约2～3 Ma)从炮管中射出后,空气以较高的静温(约540 K以上)从进气道流入,流速约为0.3～0.4 Ma,空气扩压后与贫氧的固体燃料接触点火,为炮弹增程提供了动力。Skrishnan等人研究了155 mm SFRJ炮弹控制自身弹道曲线的能力,表明SFRJ具有自调节能力,并且辅助的控制发动机流率的措施也易实现。由于火炮发射已使炮弹出炮口时达到超音速,因此SFRJ与SDR相比,省去了在冲压燃烧室内放置固体推进剂药柱作为助推器的必要性,冲压发动机结构相应简化。此外该发动机燃温低于固体火箭发动机,燃烧过程离解现象大为减少,燃烧效率将会提高。对SFRJ的贫氧固体燃料的要求大致与SDR的贫氧推进剂相似。

表1 法国SNPE公司3种贫氧推进剂

组分和性能	I	II	III
黏合剂 HTPB/(B)	52	30	43
AP/(%)	38	30	30
B/(%)	—	35	—
C/(%)	—	—	29
添加剂/(%)	10	5	8
密度/(g·cm^{-3})	1.267	1.62	1.44
密度×比冲/(N·s·kg^{-1}·g·cm^{-3})	11 670	18 240	14 024
燃速/(mm·s^{-1})	2.16	12	17
压强/MPa	0.86	0.6	5
压强/指数	0.6	0.1～0.3	0.2
温度敏感系数/(%·℃$^{-1}$)	0.15	—	—
沉积物	0	0	0

5 结束语

综上所述,西方各国在研制大口径炮弹增程技术方面已进行了大量的卓有成效的工作。底排减阻、火箭助推、冲压发动机、弹道滑翔等是实现远程弹药的核心技术,这些技术为极大地提高野战火炮和舰炮纵深精确打击能力提供了强有力的技术支撑。预计精确制导远程炮弹将成为21世纪常规兵器中的主力军。

参考文献

[1] 郭锡福.底部排气弹的弹道学[R].华东工学院弹道研究所,1986.
[2] 火炮弹药技术改进三个方向[J].现代军事,2003,(4):32-33.
[3] 任武能."神剑"——美国未来的增程精确打击火力[J].现代军事,2003,(5):47-48.

[4]　李开文. 平地飞起"杰达姆"GPS 远程制导炮弹[J]. 兵器知识，2003，(3)：36 - 37.

[5]　邱浩兴. 能攻击陆上纵深地域的 EX - 171 增程制导炮弹[J]. 现代兵器，1998，(9)：25 - 26.

[6]　Davenas A. Solid rocket propulsion technology［M］，Oxford：Pergamon Press Ltd，1993.

[7]　阎大庆. 固体火箭冲压发动机技术进展[C]. 中国宇航学会固体火箭推进专业委员会 2001 年年会，2001.

文章来源：火炸药学报，2003(3)：207 - 210.

高氮含能化合物——未来高能低特征信号推进剂候选的组分

李上文　赵凤起　高红旭

摘　要：鉴于呋咱、四嗪和四唑类高氮化合物具有高生成焓、高氮含量、低碳氢含量、钝感和热稳定的显著特点，重点介绍了 DNTF，DNAOF，BTATZ，DAAT 四种典型的较成熟的高氮化合物的物理化学和燃烧特性及其在推进剂中对能量的贡献，指出：这些化合物可望作为低特征信号推进剂提高能量和燃速，降低压强指数和特征信号的令人瞩目的候选组分。

关键词：呋咱；四嗪；四唑；高氮化合物；低特征信号推进剂；燃速；压强指数；比冲

1　高氮含能化合物的特点

为了满足导弹精确打击和隐身的需求，21 世纪战术导弹对固体推进剂的迫切需求是燃气低特征信号。为适应此要求，各种不同用途的战术导弹使用的低特信号推进剂原则上要求不加入或少加入 AP 和 Al 之类的产烟物质，这就使得现有的低特征信号推进剂在保证微烟、少烟或微焰的前提下要适当地以牺牲推进剂比冲为代价[1-2]。为了提高低特征信号推进剂的比冲，各国正在努力探索新型含能化合物如 CL-20，ADN 和 HNF 等在低特征信号推进剂中的应用[3-5,17]。此外，20 世纪 90 年代以来国外正在兴起高氮化合物合成与应用热潮。1997 年，文献[5]开始首先透露出美国军方对高氮类化合物的兴趣，认为其密度、生成热均超过 HMX，并具有良好的氧化能力。LANL 有机合成化学家们认为这类化合物已获得，其性能见表 1，其能量预估见表 2。

表 1　某些有价值的高氮化合物

编号	化合物	分子式	密度/($g \cdot cm^{-3}$)	生成热/($kJ \cdot mol^{-1}$)
I	四硝基双吡唑	$C_4N_8O_8$	2.15	497.9
II	二硝基双三唑	$C_2N_8O_4$	2.24	724.1
II	硝基双氮-氧化-三唑-四唑	$C_2N_8O_4$	2.25	862.4

表 2　某些高氮化合物的理论能量特性

化合物	含金属推进剂			低特征信号推进剂		
	比冲 s	密度 ($g \cdot cm^{-3}$)	密度比冲 ($s \cdot g \cdot cm^{-3}$)	比冲 s	密度 ($g \cdot cm^{-3}$)	密度比冲 ($s \cdot g \cdot cm^{-3}$)
I	272.6	2.013	548.7	269.4	1.928	519.4
II	283.1	2.086	590.5	279.6	1.980	553.6
II	289.1	2.090	604.2	286.7	1.989	570.2

此后，文献中陆续出现不少高氮化合物合成和性能的报道[6]，该高氮化合物归纳起来有三类：四嗪类、四唑类和呋咱类，其典型化合物的物化性能见表3。

表3　部分高氮化合物的物理和化学性[6]

化学代号	英文名称	分子式	相对分子质量	含氮量(%)	密度(g·cm⁻³)	生成焓(kJ·mol⁻¹)
BHT	3,6'-bis-1H-tertazole	$C_2H_2N_8$	138.09	81.14	—	+531.7
DHT	3,6-dihydrazion-1,2,4,5-tetrazine	$C_2H_6N_8$	142.12	78.84	1.66	+535
GZT	Guanidinium azoterazolate	$C_4H_{12}N_{16}$	284.24	78.84	1.538	+409.6
TAGAT	Triaminoguanidinium azotetrazolate	$C_4H_{18}N_{22}$	374.33	82.32	1.602	+1 074.3
HZT	Dihydrazinium azotetrazolate	$C_2H_{10}N_{14}$	230.19	85.19	—	+130.52
DAAT	3,3'-azobis (6-amino-1,2,4,5-tetrazine)	$C_4H_4N_{12}$	220.15	76.35	1.78	+862
BTATZ	3,6-bis(iH-1,2,3,4-tetrazol-yl-animo-1,2,4,5-tetrazine)	$C_4H_4N_{14}$	248.17	79.02	1.76	+883
DAAF	3,3'-diamino-4,4'-azofurazan	$C_4H_4N_8O_2$	196.13	57.14	1.728	+536
DAOAF	3,3'-diamino-4,4'-azoxyfurazan	$C_4H_4N_8O_3$	212.12	52.83	1.747	+443
DNOAF	3,3'-diamino-4,4'-azoxyfurazan	$C_4H_8N_7$	272.05	41.18	1.91	+640
DNTF	3,4-dinitrofurazanfuroxan	$C_6H_8N_8$	240.05	46.68	1.937	+644.3

从表3可看出，这类高氮化合物的特点如下。

(1)生成焓高：传统的含能化合物分子结构中均含有—NO_2 或 ONO_2 基团。它们的生成焓较低(多为负值)，能量的释放主要来源于生成 CO_2 和 H_2O 的放热过程。而四嗪、四唑和呋咱类高氮化合物分子结构中含有大量 N—N，C—N，N=N 和 C=N 键，因而生成焓高，化学潜能高[7]。

(2)钝感、热稳定性好：由于N，O原子电负性较高，这些氮杂环体系一般都能形成类似苯结构的大 π 键，具有钝感、热稳性的特性。文献报道多数高氮化合物对静电和摩擦或撞击钝感。

(3)高氮量、低碳氢含量：这类化合物N含量从46%到85%，C，H含量相对较低，因此氧平衡易达到，密度也高，且其燃烧产生大量的 N_2 和较少的CO和 H_2，对降低推进剂特征信号是有益的。

本文将重点介绍几种典型的高氮化合物性能及应用中的情况。

2　呋咱类化合物

呋咱环是一个含有2个氮原子、1个氢原子的五元环，又称为噁二唑环。它是一个含能基团，具有生成焓高、热稳定性好和环内存在活性氧的特点。研究表明呋咱环是设计高能量密度化合物(HEDC)的一种非常有效的结构单元。呋咱环被氧化后称为氧化呋咱环，一个环内含有2个活性氧原子。含氧量和分子结晶密度更高。呋咱环和氧化呋咱环通过氧化、酰化、叠氮化反应可连接各种含能基团如偶氮基、氧化偶氮基、硝基、硝酰氧基和腈基等,进一步提高氮含量和能量密度。以引入偶氮基为例,其标准生成焓可提高 211 J/mol,此外,呋咱环之间还可以连接成长链呋咱、大环呋咱等衍生物,还可以与其他含能氮杂环连接成稠环,进一步提高性能。这方面研究工作俄罗斯居领先地位,美、德、法、中各国也正在研究之中。下面介绍两种令人瞩目的呋咱化合物。

2.1　DNTF(3,4—二硝基呋咱基氧化呋咱)[7-8,11]

DNTF 是 204 所自行设计合成的一种新型高能量密度化合物,其分子结构中没有氢:

其外观为白色结晶,密度 1.937 g/cm³,熔点 110.0～110.5 ℃,真空安定性 100 ℃,48 h,5 g 放气为 0.42 mL,能溶于丙酮、醋酸、浓硝酸和 NG 中,不溶于水,机械感度适中。

DNTF 由 C,N,O 元素组成,无卤素,因此在低特征信号推进剂中展示了诱人的前景。DNTF 单元推进剂比 CL-20 单元推进剂比冲高,见表 4。在 RDX-CMDB 推进剂中用 DNTF 逐渐取代 RDX 和 DINA 的理论计算表明:在 NC37％,NG30％,RDX28％,DINA5％的基础配方中,当 DNTF14％代替 RDX 后,比冲增加 13.2 N·s/kg,火焰温度上升 89 K;当 DNTF28％全部代替 RDX 后,比冲增加 25.3 N·s/kg。火焰温度上升 175 K;当用 33％ DNTF 取代 18％RDX 和 DINA 后,比冲提高 34.27 N·s/kg,火焰温度增加 216 K。爆热实验也证明:用 DNTF 逐渐取代 RDX,爆热从 4 729.8 J/g 上升到 4 984.6 J/g,能量是提高的。在同样基础配方中用 28％ CL-20 完全代替 RDX 后,比冲增加 24.3 N·s/kg。说明 DNTN 与 CL-20 在 CMDB 微烟推进剂中当加入量相同时,比冲是相当的。

表 4　几种单元推进剂的能量特性

含能材料	DNTF	RDX	AP	ADN	CL-20
比冲/(N·s·kg⁻¹)	2 696.40	2 610.18	1 550.33	2 002.52	2 665.27
特征速度/(m·s⁻¹)	1 671.8	1 650.2	990.3	1 282.6	1 638.9
燃烧温度/K	4 069	3 297	1 433	2 100	3 590
产物平均相对分子质量	31.21	24.68	28.92	24.81	29.19
主要燃烧产物摩尔分数					
H_2	—	0.15	—	—	—
N_2	0.40	0.30	0.10	0.40	0.40
O_2	—	—	0.30	0.20	—
Cl_2	—	—	0.10	—	—

续表

含能材料	DNTF	RDX	AP	ADN	CL-20
HCl	—	—	0.10	—	—
H_2O	—	0.20	0.40	0.40	0.14
CO_2	0.20	0.15	—	—	2.23
CO	0.40	0.20	—	—	0.23

选择一种具有平台效应的 RDX-CMDB 推进剂加入 13%~33% 的 DNTF 代替 RDX% 后用无溶剂法制成药条,其燃速实验结果见图 1。

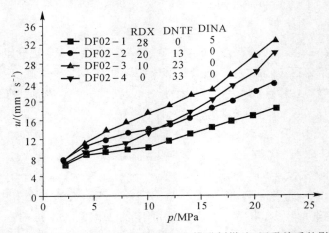

图 1 DNTF/RDX 不同含量对 CMDB 推进剂燃速-压强关系的影响

从图 1 可以看出,配方 DF02-1 是一平台推进剂,在 4~10 MPa 其压强指数 n 为 0.201; 当 13% 的 DNTF 取代 8%RDX 和 5%DINA 后(见 DF02-2 配方),推进剂在所测压强范围内 燃速增加,同时压强指数变大,在 4~12 MPa 区间内 n 为 0.315;当 DNTF 继续取代 RDX 后, 推进剂的燃速继续升高,压强指数增大,在 6~16 MPa 区间内 n 为 0.514(见 DF02-3 配方); 当 DNTF 完全取代 RDX 后,推进剂燃速降低,压强指数降低,在所测压强范围内,DNTF- CMDB 推进剂的燃速高于 RDX-CMDB 推进剂,同时 n 也较高,在 4~8 MPa,n 为 0.335(见 DF02-4 配方)。由 DF02-3 配方可看出,DNTF 和 RDX 共同存在时,推进剂有更高的燃速, 这说明 DNTF 和 RDX 在燃烧过程中有相互促进的作用。对不含催化剂的 DNTF-CMDB 推 进剂燃速进行线性回归,得到该推进剂在 2~18 MPa 的燃速方程 $u=1.288p^{0.963}$,此方程反映 了含 DNTF 的推进剂燃烧特性,即该空白配方 n 达 0.963。加入 Pb-Cu-CB 三元催化剂可 降低该推进剂的压强指数,因此 Pb-Cu-CB 三元催化剂可调节 DNTF-CMDB 推进剂的燃 烧性能。

2.2 DNAOF(二硝基氧化偶氮二呋咱)

DNAOF 化学结构为

其熔点约120℃,其机械感度不如 RDX,如撞击感度为38 cm(RDX 为 56 cm);摩擦感度为了 6 kg(RDX 为 29 kg);静电火花感度 ESD 为>8 J,(RDX 为 0.43 J),其他的物理化学性能见表 3,法国火炸药公司(SNPE)研究了含 DNAOTF 的洁净、低特征信号推进剂,认为与采用相同黏合剂的 HMX 推进剂相比,DNAOF 使含 Al 的 GAP 推进剂、无铝 GAP 推进剂和 HTPB 推进剂比冲和密度比冲均有明显提高,见表 5。但含 DNAOF 推进剂的燃速数据未见报道。

表 5 DNAOF 推进剂和 HMX 推进剂比较

黏合剂	氧化剂	铝粉/(%)	比冲/(N·s·kg^{-1})	密度比冲/(kN·s·m^{-3})
GAP(15%)	HMX(85%)	0	2 560	4 660
	DNAOF(85%)	0	2 747	5 003
HTPB(15%)	HMX(85%)	0	2 256	3 728
	DNAOF(85%)	0	2 551	4 218
GAP(15%)	HMX(65%)	10	2 649	4 767
	DNAOF(65%)	10	2 757	4 954
	DNAOF(70%)	5	2 747	4 950

3 四嗪类高氮化合物

目前国外正在研究的四嗪类化合物主要有 BTATZ 和 DAAT 及其衍生物。

3.1 BTATZ 样品

3,6-二(1 氢-1,2,3,4-四唑-5 胺)-2-四嗪(BTATZ)是 M.Hiskey 在 Los Alamos 国家实验室(LANL)首先合成的,其分子结构式以不含氧为突出特点:

为除去杂质,合成最后一步采用酒精代替 DMF(二甲基甲酰胺)用于粉碎工艺中。DMF 与酒精处理的 BTATZ 燃烧特性有差异,但不影响其纯度。应注意到,纯的 BTATZ 对静电敏感,在 0.1J 下点燃。所以在处理干燥的 BTATZ 时应特别小心。但 BTATZ 加入推进剂中,危险性改善了。BTATZ 比 RDX 对机械作用钝感，2.5 kg 落锤 50％爆炸特性，落高为 32～200 cm，RDX 为 24 cm。直径 12.7 mm 的 BTATZ 药柱不爆轰。

进行燃烧实验的 BTATZ 样品有三种：

（1）Hiskey5/4/00 为在 LANL 用 DMF 最终处理的 BTATZ 样品；

（2）Zenter Fails 为在 NAWC 用酒精代替 DMF 最终磨碎处理的样品；

（3）酒精磨碎后再用 DMF"浸渍（steeped）"的样品。

以上样品干燥后压成药柱，其密度为理论密度（1.742 g/cm³）的 91％～92％。也使用 3.5：1 的重结晶 ADN 和 BTATZ 混合物研制的药柱，其压制密度为理论密度 97％。ADN 是从甲醇-乙醇中重结晶，并用二氯甲烷快速沉淀。

3.2　DAAT-N-氧化物样品

DAAT-N-氧化物学名为二胺-偶氮-四嗪-氮-氧化物。在 LANL 是用高三氟醋酸氧化 DAAT 而得 N-氧化物的混合物。该混合物密度 1.88 g/cm³，每个分子平均含 3.8 个氧。

把样品压成 89％～91％理论密度的药片，再做燃速实验。干燥的样品对静电极敏感，在 0.03 J 时 100％点燃反应。而当试样是湿态时，0.25 J 也不点燃。DAAT-N-氧化物化学结构式如下：

3.3　燃速实验结果

采用带透明窗充氮气燃速仪，样品为直径 6.6 mm，长 3.2 mm 的药片，用 2 500 W 氙灯照明，400 幅/s 的 Locam 电影摄像机拍摄药片燃烧过程，照片用运动分析仪逐幅分析。

3.3.1　BTATZ

三种后处理过的 BTATZ 样品与 HMX 样品燃速对比见表 6，由表 6 可看出，LANL 的 Hiskey5/4/00 试样燃速最大，压强指数最低（0.243），在 10.34 MPa 下，其燃速为 87.90 mm/s 为 HMX 燃速（15.83mm/s）的 5.55 倍。而用酒精磨碎的试样（Zanter Fallis）燃速较低，10.34 MPa 下，燃速为 73.86 mm/s，压强指数较高（0.49）。"浸渍"试样燃速比前者稍高，但压强指数仍为 0.45。

文献[9]中指出，BTATZ/Kol-F860 混合物在常压～19.1 MPa 压强范围内燃速为 5.6～75 mm/s，压强指数为 0.49，燃速比 LANL 数据低，压强指数比较 LANL 数据高，其原因是含有 3％的 Kel-F800 黏合剂。药柱的密度对燃速的影响还未做过研究，但用什么溶剂处理 BTATZ 对燃速显然是有较大影响的，应用时需注意。

表6 不同的处理 BTATZ 与 HMX 实测燃速对比　　　　单位:cm/s

样品	压强/MPa								燃速公式
	0.69	1.38	2.76	3.45	4.14	5.52	6.90	10.34	
BTATZ "浸渍"	—	—	—	4.934 0			6.903 0	7.990 0	$u=2.858\ 5$ $p^{0.445\ 6}$
BTATZ Hiskey5/4/00 LANL	4.452 6	—	—	—	6.280 2		—	8.789 7	$u=4.761\ 9$ $p^{0.243}$
BTATZ Zenter Fallis	2.030	2.687	3.211	—	—	5.563	—	7.386	$u=2.289$ $p^{0.4863}$
HMX	0.166 3	0.298 0	0.572 8	—	0.736 7	0.953 3	1.112 8	1.582 7	$u=0.230\ 7$ $p^{0.826}$

3.3.2　DAAT-N-氧化物

表7为 DAAT-N-氧化物与 CL-20 燃速的对比。数据表明 DAAT-N-氧化物比 CL-20 燃速高2倍(6.9 MPa 下),而压强指数明显比 CL-20 低,仅为0.268 3,而 CL-20 为0.735 6。

表7　DAAT-N-氧化物与 CL-20 药片实测燃速对比　　　　(单位:cm/s)

样品	压强/MPa								燃速公式
	0.68	1.38	2.76	3.45	4.14	5.52	6.90	10.34	
DAAT-N 氧化物	—	3.538 2	4.192 5	4.812 8	4.726 9	4.949 4	5.464 8	6.167 1	$u=3.255$ $p^{0.2683}$
CL-20	0.448 0	0.621 7	1.047 1	—	1.417 5	1.910 3	2.326 7	3.066 0	$u=0.531\ 4$ $p^{0.7356}$

4　四唑类高氮化合物

典型的四唑类高氮化合物为5-氨基四唑(5-AT)和联四唑(BHT),前者在20世纪60年代国内外曾探索研究其在枪炮发射药和推进剂中应用的可能性,其特点是燃速高,但热安定性较差,有明显盐析。BHT 与水合肼、羟胺、氨基胍反应得到 BHT 的有机盐,与 $Ba(OH)_2$,$Sr(OH)_3$,$CuSO_4$ 生成相应金属盐,可用于少烟彩色火焰烟火技术中。

偶氮基引入四唑分子结构中,既提高了含氮量又增加了生成焓,且偶氮四唑的非金属盐与金属盐不同,感度低,不溶于水。偶氮四唑三氨基胍盐(TAGZT)、偶氮四唑铵盐(AZT)和偶氮四唑胍盐(GZT)感度与 TATB 相当,可代替 RDX 和 HMX 用于低特征信号推进剂中[10]。在研究航空发动机和灭火装置的固体发生剂(SPGG)时,美国人发现[10]含 HBT,GZT 和联四唑胍盐(GBT)的推进剂其燃速均大于63.5 mm/s(7 MPa);含5-AT/BTATZ 的推进剂7~19 MPa 的压强范围内 $n=0.7$,燃速可达33 mm/s,出口燃气温度下降10%~20%,灭火剂组分喷射效率明显提高,喷射出口无火光,灭火装置体积和质量减少了。此外,含 BHT 盐或偶氮四唑类高氮化合物在汽车安全袋中应用,解决了传统硝酸铵基非叠氮化钠气体发火剂的热不稳定性,燃烧性能、气体生成量、毒性及出口温度也大有改善。

5   总结

(1)呋咱类高氮化合物具有生成焓高、热稳定、相对钝感和高含氮量低碳氢含量的特点,在低特征信号推进剂中代替 RDX 有利于提高比冲和降低特征信号。采用常用的 Pb - Cu - C 复合催化剂,可调节其燃烧性能。

(2)BTATZ 的合成工艺对燃速有明显影响。单质 BTATZ 在 10.3 MPa 下燃速为 HMX 的 5.55 倍,而压强指数较低为 0.24(HMX 为 0.826)。单质 DAAT - N -氧化物燃速比 CL - 20 大 2 倍(6.9 MPa 下),n 也比 CL - 20 低仅为 0.268(CL - 20 为 0.7356)。ADN/BTAT2 混合物燃速比 AND 大 1.5 倍。鉴于 BTATZ 和 DAAT - N -氧化物具有高燃速和低压强指数的突出特点,可作为低特征信号推进剂提高能量和燃速,降低压强指数和特征信号的候选组分。但应用时应注意克服其静电感度大的弊病。

(3)四唑类高氮化合物在烟火剂、燃气发生剂和灭火剂中应用的报道较多,应继续跟踪其发展。

参考文献

[1] 李上文,赵凤起,等.国外固体推进剂研究与开发趋势[J].固体火箭技术.2000,25(2):36 - 42.

[2] 李上文,赵凤起,等.火箭发动机排气羽流和固体推进剂特征信号[R].西安:西安近代化学研究所,2003.

[3] 李上文,赵凤起,等.国外含 ADN 或 HNF 的高能复合推进剂[J].含能材料,2004,增刊(上册):137 - 142.

[4] 陈沛,等.国外高能量密度材料 CL - 20 在固体推进剂中应用研究[J].飞航导弹,2002:57 - 60.

[5] Technology for the United States Navy and Marine Corps,2000 — 2035 Becoming a 21st — Century Force,Vol. 5,Washington,D. C:Weapons,National Academy Press,1997.

[6] 张兴高,朱慧,等.高氮化合物在含能材料中的应用研究新进展[J].含能材料,2004,增刊(上册):48 - 52.

[7] 罗阳,赵凤起,等.含 DNTF 推进剂的能量特性[J].含能材料,2005,13(4):225 - 228.

[8] 赵凤起,陈沛,等.含 3,4 -二硝基呋咱基氧化呋咱(DNTF)的改性双基推进剂[J].推进技术,2004,25(6):570 - 576.

[9] Hiskey M,et al. High-nitrogen Energitic Materials Derived From Azotetrazolate[J]. Journal of Energitic Materials,1998,16:119 - 127.

[10] Lu Y C,et al. Advanced Propellant/Additive Development for Fire Suppressing Gas Generators[C]. Proceedings of Halon Option Technical Working Conference,2000.

[11] 欧育湘,刘进全.高能量密度化合物[M].北京:国防工业出版社,2005.

文章来源:火炸药技术学术研讨会,长沙,2005.

固体推进剂燃速预估模型新进展

徐司雨　　赵凤起　　李上文

摘　要：综述了 AP 复合推进剂、硝胺类推进剂和双基类推进剂稳态燃速预估模型的最新进展，对下列 11 个模型的计算原理和优缺点进行了介绍和评价：改进的 BDP 模型、改进的 PEM 模型、价电子模型、PEM - 分形模型、DSC 燃速预示模型、HMX/AP(1∶1)燃速计算模型、"双区"稳态燃烧模型、复合多火焰模型、神经网络模型、自由基裂解模型和双基推进剂半经验预估模型。

关键词：推进剂燃烧；模型；预估；原理

符号说明

B_0, B_1, B_2, B_3：经验常数

CB：炭黑

C_{Al}：Al 的比热容

C_g：气相反应的比定压热容

C_s：推进剂中凝聚相的比热容

C_1, C_2：常数

D：多分散氧化剂的初始粒径

D_R：RDX 原始颗粒直径

D_0：分形模型中的特征长度

D_a：在 1.013 25 MPa 和初温下燃气的扩散系数

$D_{max(j)}, D_{min(j)}$：AP 第 j 个级分中粒子的最大和最小直径

$\bar{D}$：分形模型中粒子的平均直径

$\bar{D}'$：分形模型中黏合剂平面上氧化剂的平均剖面直径

dF：分形维数

E_f：黏合剂反应活化能

E_g：气相反应活化能

E_s：凝聚相反应活化能

H_{ex}：双基推进剂定压爆热

h：氧化剂颗粒凸出（或凹陷）黏合剂平面的距离

T_{Al}：推进剂中 Al 离开燃烧表面时的温度

T_{DB}：双基推进剂燃烧火焰平均温度

T_{av}：推进剂燃烧火焰的平均温度

T_g：终焰区最高绝热温度

T_s：推进剂燃烧表面温度

T_0：推进剂初始条件温度

T^*：反应区平均温度

t_{ign}：AP 粒子的点火延滞时间

$t_{j,k}$：第 k 层中第 j 节点的阈值

u：推进剂线性燃速

u_f：推进剂中黏合剂的燃速

u_g：推进剂热分解产物的燃烧速度

u_m：推进剂的质量燃速

u_{ox}：推进剂中氧化剂粒子的燃速

$w_{j,i,k}$：第 $k-1$ 层中第 i 节点与第 k 层中第 j 节点之间的联系权重

$y_{j,k}$：第 k 个样本的第 j 个实际输出

$\hat{y}_{j,k}$：第 k 个样本的第 j 个期望输出

Φ：价电子函数

α_1, α_2：AP 与硝胺混合物中 AP 和硝胺的质量分数

ε：分形模型中单位盒子尺寸

ζ：推进剂中 AP 的体积分数

k：常数

n：压强指数

p：压强

Q_s：单位质量推进剂凝聚相反应的放热量

R：理想气体状态常数

S_{ox}：氧化剂燃面面积

S_0：推进剂总的燃面面积

$S_{01}-AP$：燃烧单元总的燃烧表面积

$S_{02}-RDX$：燃烧单元总的燃烧表面积

S_I，S_{II}：双区模型中的Ⅰ区和Ⅱ区的燃烧表面面积

T：温度

ζ_{ox}：分形模型中氧化剂的分形体积

λ：凝聚相热传导系数

λ_g：气相热传导系数

μ：神经网络中的学习速率

ξ：推进剂中 AP 的质量分数

ξ_{AP}，ξ_f，ξ_{Al}：高氯酸铵、黏合剂、铝粉的质量分数

ρ_α：在 1.013 25 MPa 和初温下燃气的密度

ρ_g：推进剂终焰区燃烧产物密度

ρ_s：推进剂的密度

ψ：双基推进剂火焰的反应级数

1　前言

固体推进剂燃烧性能预估技术是国内外推进剂研究者一直致力发展的重要技术，它对揭示燃烧的机理和本质具有重要的理论意义。20 世纪 60 年代，人们已经能定性地预示固体推进剂的燃烧性能。之后，经过大量的研究并基于特定的假设，从理论上定量地预估一些固体推进剂的燃速取得突出进展。近些年来，固体推进剂燃速预估学中的预估方法突破了传统的估算模式，将数学、化学和计算机等领域中发展起来的新理论、新技术和新的仪器设备作为辅助手段，应用于燃速预估模型的建立中，使得建模的方式变得多样化，且模型的估算精度也逐渐提高。本文对近些年发展起来的固体推进剂燃速预估模型，分 AP 复合推进剂、硝胺类推进剂和双基类推进剂三个部分进行了介绍。

2　AP 复合固体推进剂燃速预估模型

2.1　改进的 BDP 多火焰燃烧模型[1-2]

1985 年，彭培根对原始 BDP 多火焰燃烧模型中多分散氧化剂颗粒的计算和扩散火焰距离的计算进行了简化处理，从而形成了改进的 BDP 多火焰燃烧模型。

其简化的方法是，把原始 BDP 模型中多分散氧化剂的初始粒径 D 按相当粒径 $D_{相当}$ 计算，h/D 也采用相当值 $(h/D)_{相当}$ 计算。即在含 N 个氧化剂颗粒级分的推进剂中，氧化剂粒子的 $D_{相当}$，$(h/D)_{相当}$ 用下面式子表示：

$$D_{相当} = \sum_{j=1}^{N} \xi(j) \exp\left[\frac{1}{2}\left(\ln D_{max} + \ln D_{min}\right)_j\right] \tag{1}$$

$$\left(\frac{h}{D}\right)_{相当} = \frac{1}{2}\left(1 \pm \frac{1}{\sqrt{3}}\right)\left(1 - \frac{u_{ox}}{u_f}\right) + u_{ox}\left(\frac{t_{ign}}{D}\right)_{相当} \tag{2}$$

$$\left(\frac{t_{ign}}{D}\right)_{相当} = \frac{C_{ign}}{p^n} \sum_{j=1}^{N}\left[D_{min} + \left(\frac{D_{max} - D_{min}}{N} + D_{min}\right)^m\right]_j \xi(j) \tag{3}$$

其中，$\xi(j)$ 为第 j 个级分氧化剂粒子占氧化剂总质量的百分数；C_{ign} 为 AP 点火延滞参量；m 为氧化剂直径指数。

把燃面温度表达式中的终焰无因次扩散混合距离（X_D）简化成下式（4）表示：

$$X_D = \frac{u_m D_{相当}}{4 D_a \rho_a} \left(\frac{\pi}{6\zeta}\right)^{\frac{2}{3}} \left(\frac{T_0}{T_{av}}\right)^{\frac{3}{4}} \tag{4}$$

其他计算与 BDP 原始火焰模型相同。

对简化后的 BDP 模型进行编程计算，从而实现了对多级配 AP 复合推进剂的燃速与压强指数的快速预估，且预估值与实测值符合的很好。用这个简化的 BDP 模型编制的计算程序结构简明、语句较少、运算时间也较短。但是这个简化的计算模型，仅对含 AP 粒径较大的推进剂在高压下的燃速值的预估精度较高。

1989 年彭培根等人又用扩散方程对上述简化计算模型中的 X_D 计算表达式，进行了精确的求解，并对精确计算 X_D 后的 BDP 模型进行了编程计算[2]。这种精确计算了 X_D 后的 BDP 模型，克服了简化 BDP 模型中对 AP 粒径要求的局限，可对推进剂中 AP 颗粒的直径和其燃烧压强范围任意取值。但这个模型的计算较繁锁，程序运行的时间也较长，它和简化的 BDP 模型一样都不能避免原始 BDP 模型本身建模时存在的问题。

2.2 改进的 PEM 模型[3]

1991 年，田德余等人对原始 PEM 模型中的氧化剂燃烧表面结构方程改用下式（5）表示，在建立燃烧表面能量平衡方程时考虑了 Al 粉的影响，并对原始 PEM 模型中的一些参数进行了调整，其余部分与原始 PEM 模型相同，进而建立起了能预估 AP/Al/HTPB 推进剂燃速的预估模型。

$$S_{ox}/S_0 = \xi[h^2 + (D/2)^2]/(D/2)^2 \tag{5}$$

利用此模型进行编程计算表明，计算出的燃速值 90% 都与实测值之间的相对误差在 ±10% 范围以内。且利用此模型还可以预估氧化剂粒度级配和催化剂对推进剂燃速的影响。但此模型仅是在原始的 PEM 模型的基础上进行了数学修改，并没有对原始 PEM 模型的建立过程中的一些理想假设进行改进，也不能弥补原始 PEM 模型假设引起的不足。

2.3 价电子燃烧模型[4-5]

赵银和田德余等人对如图 1 所示的 AP/Al/HTPB 推进剂的稳态燃烧过程进行了分析，认为燃面上方会形成初焰区、暗区、AP 焰区和终焰区，且将这几区简单地分为 $L_{反应}$ 和 $L_{混合}$ 两个区，认为不同燃烧条件下，各区域的形状、大小会有相对变化。鉴于推进剂燃烧是一种近似绝热燃烧，温度的升高速度实质上表示了化学反应能量释放和传递的速度。因此，用体系温度随时间变化来表征燃烧的表观（放热）反应速度：

$$\frac{dT}{dt} = B_1 \sqrt{T} \exp\left(-\frac{E_g}{RT}\right) \left(\frac{p}{n_1 RT}\right)^{\Phi+1} \Phi^{\Phi} \left\{\exp\left[\frac{C_g(T_g - T)}{RT}\right] - 1\right\} \tag{6}$$

此处的 n_1 为物质的量，用价电子反应模式来描述体系中的反应

$$\Phi = \frac{总的还原性原子（基团）的价电子物质的量}{总的氧化性原子（基团）的价电子物质的量} \tag{7}$$

终焰区化学反应距离 $L_{反应}$ 和 HTPB 分解气体与 AP 热解所体混合过程中通过的距离

$L_{混合}$ 分别表示为

$$L_{反应} = u\left(\frac{\rho_s}{\rho_g}\right)(T_g - T_s)/(\mathrm{d}T/\mathrm{d}t)_{T'} \tag{8}$$

$$L_{混合} = \frac{u_g \cdot \Delta D}{B_2 \cdot \sqrt{T_s}} + \frac{D}{4 \cdot T_s}(\mathrm{d}T/\mathrm{d}t)_{T_s}^{AP} \tag{9}$$

其中,ΔD 为两个 AP 粒子间的平均黏合剂厚度(参见图 1)。$(\mathrm{d}T/\mathrm{d}t)_{T_s}^{AP}$ 为 AP 焰在燃面附近的表观(放热)反应速度,表达式形式与(6)式相同。由 $L_{反应}$ 和 $L_{混合}$ 可求出气相对燃面的热传导热量 Q_λ:

$$Q_\lambda = \lambda \frac{T_g - T_s}{L_{反应} + L_{混合}} \tag{10}$$

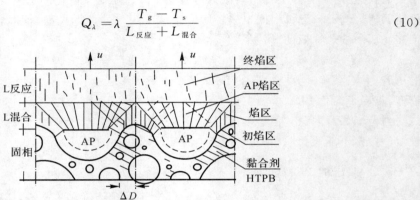

图 1　高氯酸铵推进剂燃烧过程示意图

根据燃面能量平衡方程并用 HTPB 分解速度表示 AP/Al/HTPB 推进剂的线性燃速,得出表达式(11)和式(12):

$$u \cdot \rho_g [C_s(T_s - T_0) + C_{Al}(T_{Al} - T)] = Q_\lambda + E_s + u \cdot \rho_g \cdot Q_s \tag{11}$$

$$u = B_3 \cdot \exp(-E_f/RT) \tag{12}$$

联立方程式(11)、式(12)便可求得 T_s 和 u,还可确定其压强指数 n。

这个模型引入了独特的价电子反应模式代替传统的阿累尼乌兹公式表示体系中的一切反应;燃面能量平衡方程中放热项部分除考虑凝聚相反应热和气相反应的热传导传热外,考虑了气相反应的热辐射方式传热致燃面;不过该模型中的一些参数还是经验确定的常数[4,6]。之后赵银、田德余等人又将此模型经过一些修正,提出了催化剂的作用部位,引入了催化剂作用特征因子 B_0,使得该模型应用范围拓宽到了含催化剂的复合固体推进剂中。经过对模型的编程计算表明,该模型的理论计算值与实测值十分符合[7]。

2.4　PEM–分形理论模型[8]

1991 年,Mazda 和 Warren 应用分形几何原理对复合固体推进剂中 AP 的不规则尺寸进行了计算,并将其应用于 PEM 模型,建立起了 PEM–分形燃烧模型,使得燃速预估精度得到了较大的提高[8]。根据分形理论原理,在一般 dF 维界面中,球形粒子的周长 P 可表示为

$$P = \pi \times D_0 \times D_r^{\mathrm{d}F} \tag{13}$$

其中,

$$D_r = \bar{D}'/D_0 \tag{14}$$

覆盖 AP 粒子周长的单位盒子的数目 N_a 为

$$N_a = C_1 \times \varepsilon^{-dF} \tag{15}$$

在分形理论中球形粒子的周长还可以表示成：

$$P = C_2 \times N_a \times \varepsilon \tag{16}$$

由式(13)、式(15)、式(16)可以得到：

$$C_1 \times C_2 = \pi \times D_0 \times D_r^{dF} \times \varepsilon^{dF-1} \tag{17}$$

因此，D_0 应被定义为

$$D_0 = \varepsilon \times \overline{D}' \tag{18}$$

根据分形理论中的"盒维数"定义，通过式(15)可确定出氧化剂/黏合剂界面的分形维数 (dF)[9]。则分形模型中氧化剂颗粒燃烧表面凸出(或凹陷)黏合剂平面的距离 $\overline{h}_\pm$ 可表示为

$$\overline{h}_\pm = \frac{\overline{D}}{2} \times \left(1 \pm \frac{1}{\sqrt{3}}\right)\left(1 - \frac{u_{ox}}{u_f}\right) + u_{ox} \times t_{ign} \tag{19}$$

根据球形颗粒燃烧表面积表示方法，分形模型中的氧化剂和黏合剂燃烧表面积 $S_{ox,F}$ 和 $S_{f,F}$ 可以分别表示为

$$S_{ox,F} = \pi \times (D_0 \times \overline{h}_\pm)^{1-dF} \times \left(\frac{\overline{D}^2}{6} + \overline{h}_\pm\right)^{dF} \tag{20}$$

$$S_{f,F} = \pi \times \frac{\overline{D}^2}{6} \times \left(\frac{1}{\zeta_{ox}} - 1\right) \tag{21}$$

Mazda 等将分形维数 dF 定为 1.28，并对氧化剂-黏合剂粗糙的燃烧表面积用分形理论修正后，应用于 PEM 模型进行燃速计算，其结果显示：用分形理论修正过 AP 粒子的燃面后，计算出的燃速比修正前计算出的燃速精度高，而修正前后的燃速压力指数基本上保持不变[8]。但由于此模型植根于 PEM 模型，且仅是对 PEM 模中的 AP 燃面进行了修正，因此，并不能从根本上解决 PEM 模型存在的其他问题。

2.5 DSC 燃速预示法[10]

2002 年，谢剑宏等人在用 DSC 法研究了多种 AP/Al/HTPB 推进剂的常压热分解特性的基础上，分析了推进剂的燃速与热分解参数的关系，建立了一种不等推进剂固化，直接测试其 DSC 曲线，利用回归法得到推进剂燃速与热分解参数的相关关系式，进而提出预估推进剂燃速的方法－未固化推进剂 DSC 燃速预示法。

谢剑宏等人通过用 DSC 法对 AP/Al/HTPB 推进剂的研究，认为 AP/Al/HTPB 推进剂配比的变化主要影响推进剂热分解的主放热峰温度；HTPB 和 Al 的引入对推进剂的热效应影响不大；且组分一定的推进剂，其未固化状态和已固化状态的热分解特性没有本质区别，能够采用推进剂未固化的热分解特性代表固化后的热分解特性。再基于氧化剂的热分解对推进剂的燃速起决定作用。因此，这种方法用 AP 的线性分解速度表示推进剂的线性燃速，用推进剂热分解主放热峰的峰温 T_{AP} 代表 AP 的热分解平均温度，并假设 AP 的分解活化能在不同推进剂中常压热分解为常量，然后用阿累尼乌斯方程表示 AP 的热分解速度。经过对几种推进剂的热分解特性与其燃速关系的研究，采用线性回归的方法得到推进剂的燃速表达式(22)：

$$u = 3.09 \times 10^{-9} \exp\left(\frac{13.925}{T_{AP}}\right) \tag{22}$$

根据未固化推进剂的热分解参数和方程(22),即可计算相关推进剂的燃速值。用此方法在 AP/Al/HTPB 推进剂成型以前,便可预示出其基础燃速,因此,其实施起来比较简单。但用这种燃速预示方法不能体现推进剂中 AP 的粒度、粒度级配及推进剂密度变化对燃速的影响。且推进剂的燃烧与热分解本身有很大的差异,使得这种方法只能是对燃速进行较初步的预示,不能展示出推进剂燃烧时的真实表现。

3 硝胺类推进剂燃烧模型

3.1 HMX/AP(1∶1)燃速计算模型[11]

1992 年,朱慧等人研究了 HMX/AP(质量比为 1∶1)混合构成的 HTPB 推进剂的热分解特性和燃速,由 HMX/AP 混合物的 DSC 曲线呈现单一放热峰的特点,认为 HMX/AP(1∶1)混合形成了一种低共熔物,而且 HTPB 的加入并不会破坏共熔物的形成。通过对实验得到的火焰照片进行分析发现,HMX/AP/Al/HTPB 推进剂火焰类似于 AP/Al/HTPB 推进剂火焰。如图 2 所示,HMX/AP 低共熔物(AH)的分解产物与黏合剂分解产物间的化学反应形成了初焰(PF 焰)。AH 分解产物间的反应的预混火焰形成了 AH 火焰。黏合剂热分解产物与 AH 焰的富氧燃烧产物间的反应形成了终焰(FF 焰)。

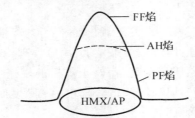

图 2　HMX/AP/Al/HTPB 推进剂燃烧过程

基于上述实验现象,朱慧等人提出了 HMX/AP/Al/HTPB(HMX/AP=1∶1)推进剂燃烧模型。由质量守恒方程推导出此类推进剂的质量燃速表达式,由阿累尼乌兹公式表示出低共熔物的质量分解速度,由低共熔物的体积分数算出 S_{ox}/S_0,再由燃烧表面能量守恒方程算出燃烧表面的温度 T_s。其具体的计算过程同原始 BDP 模型相类似。

利用这种改进的 BDP 模型对 HMX/AP/Al/HTPB 推进剂燃速进行模拟计算,其计算结果与实测值吻合的很好。但其只能对 HMX/AP 质量比为 1∶1 的复合推进剂进行计算,对非等质量配比的推进剂不适用了,且仍解决不了原始 BDP 模型存在的问题。

3.2 "双区"稳态燃烧模型[12]

1997 年,张炜等人考虑了 AP/RDX/HTPB 推进剂中 AP/RDX 两种物质的含量、配比和粒度对推进剂燃面结构及燃速的影响,建立了一个适用于混合氧化剂任意含量和粒度级配的 AP/RDX/HTPB 推进剂稳态燃烧模型——"双区"模型。

该模型认为在 AP 和 RDX 构成的混合系统中,燃面上有两种独立燃烧区域。一种是由 AP 颗粒和 RDX 颗粒与周围缔合的黏合剂构成的 I 区;另一种是由多余的 AP 或 RDX 与周围

缔合的黏合剂构成的Ⅱ区。Ⅱ区的组成和性质由 RDX 与 AP 两种物质的数密度(N_i)之差决定

$$\Delta = N_{AP} - N_{RDX} \begin{cases} > 0 & \text{Ⅱ区为 AP/HTPB} \\ = 0 & \text{无 Ⅱ区} \\ < 0 & \text{Ⅱ区为 RDX/HTPB} \end{cases} \quad (23)$$

在由 AP/RDX/HTPB 推进剂构成的Ⅰ区中,气相共由五个火焰构成:AP 焰、黏合剂分解产物与 AP 分解产物反应形成的初焰(PA 焰),硝胺单元推进剂火焰(N 焰),硝胺分解的氧化性产物与黏合剂分解产物反应产生的初焰(PN 焰)及剩余的黏合剂分解产物与 AP 焰的氧化性产物反应形成的扩散终焰(FF 焰)。燃烧表面凝聚相中 AP,RDX 和黏合剂的热分解反应速率 u_{mi} 分别用阿累尼乌兹公式表示。

由质量守恒方程,可得Ⅰ区的质量燃速表达式(24):

$$u_{m\text{I}} = u_m \cdot \frac{S_{AP}}{S_\text{I}} + u_{mRDX} \cdot \frac{S_{RDX}}{S_\text{I}} + u_{mf} \cdot \frac{S_f}{S_\text{I}} \quad (24)$$

AP 和 RDX 在Ⅰ区形成配对燃烧后,剩余的一种物质与黏合剂构成Ⅱ区。Ⅱ区的数学处理同Ⅰ区,差别仅在于Ⅱ区中只有 AP 或 RDX 中的一种粒子。即

$$u_{m\text{Ⅱ}} = u_{mj} \cdot \frac{S_i}{S_\text{Ⅱ}} + u_{mf} \cdot \frac{S_f}{S_\text{Ⅱ}} \quad (j = \text{RDX 或 AP}) \quad (25)$$

由上两式则得出推进剂的总质量燃速表达式为

$$u_m = u_{m\text{I}} \cdot \frac{S_\text{I}}{S_0} + u_{m\text{Ⅱ}} \cdot \frac{S_\text{Ⅱ}}{S_0} \quad (26)$$

上述各面积比值用几何的方法求得。但在涉及硝胺粒子的表面积计算时,需先判断燃面硝胺颗粒是否熔化,熔化时按平面计算,不熔化则按 BDP 模型处理。Ⅰ区和Ⅱ区两个燃面温度分别由各自燃面上的热平衡方程获得,5 个火焰放热分别由各自的热平衡方程求得。同时假设 AP 焰和 N 焰为动力学控制的预混火焰,PA 焰和 PN 焰为由动力学和扩散共同控制的火焰,而终焰为扩散控制的燃烧火焰。各火焰高度由 BDP 模型中介绍的方法分别求出,最终便可求得推进剂燃速。

用此模型对实际推进剂配方进行了计算,结果表明,该模型可以方便地计算 AP/HTPB,RDX/HTPB 和 AP/RDX/HTPB 推进剂的燃速,且其计算值与文献值吻合的很好。此模型的特点在于,认为 AP/RDX 类复合推进剂燃烧时存在着由这两种物质的数密度之差决定的两个区,这样可同时反映这类推进剂中这两种物质的配比和粒度对燃速的影响。当 AP 与 RDX 的混合配比和粒度差别较大时,更可体现出多余的一种物质对整个推进剂的燃烧波结构和燃速的影响,弥补了以往模型在这方面考虑的不足。

3.3　复合多火焰模型[13-14]

1990 年,彭培根等人在以往一些复合推进剂燃烧模型的基础上,基于一些实验现象,提出了一个高氯酸铵/硝胺(以下硝胺用 RDX 代)推进剂的复合多火焰燃烧模型。该模型认为,固体推进剂中,AP 粒子和 RDX 粒子分别与周围的黏合剂和铝粉组成两个燃烧单元:一个为 AP 燃烧单元,另一个为 RDX 燃烧单元,且两个单元产生的火焰相互影响。在 AP 上方有 PF 焰、AP 焰和 FF 焰存在,而在 RDX 上方则存在着 PF 焰和 RDX 焰。两个燃烧单元的反应物相互

混合，就形成了一个统一的扩散体系。两个单元燃烧火焰中，只有 AP 单元存在终焰，RDX 单元无终焰且其对 AP 终焰没有影响。AP/RDX 混合物的复合火焰燃烧模型如图 3 所示。

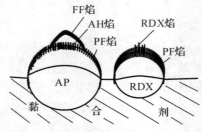

图 3　复合火焰燃烧过程示意图

由燃烧表面质量守恒方程可得出推进剂的燃速表达式(27)：

$$u_{mp} = \alpha_1 (\xi_f + \xi_{Al} + \xi_{AP}) \frac{u_{mAP}}{\xi_{AP}} \frac{S_{AP}}{S_{01}} + \alpha_2 (\xi_f + \xi_{Al} + \xi_{RDX}) \frac{u_{mRDX}}{\xi_{RDX}} \frac{S_{RDX}}{S_{02}} \tag{27}$$

式中的 S_{AP}/S_{01} 用几何方法求得，S_{RDX}/S_{02} 用如下经验公式(28)表示：

$$\frac{S_{RDX}}{S_{02}} = \frac{\xi_{RDX}}{kD_R} \tag{28}$$

对多级配的 AP 和 RDX，用重均粒径 $D_{相当}$ 来表示粒径对推进剂燃速的作用。燃速表达式中的其余因子的求解过程与原始 BDP 模型求解方式相同，亦可参考文献[13]求解。

该模型不仅可用于准确估算任一配比的 AP/硝胺或只含其中一种物质的复合推进剂的燃速，还可以准确表达推进剂中 AP/RDX 的含量、粒径和级配等变化对燃速的影响，且能较准确地算出燃速—压力曲线上转折点的位置。但该模型在建模时将 AP 和 RDX 的两个燃烧单元的火焰温度视为相等，这与推进剂燃烧火焰的实际情况有较大的差异。

3.4　神经网络模型[15-16]

传统的燃烧模型均是经过研究固体推进剂燃烧的物理和化学过程后，用数学方法对此过程进行描述。因此，它的发展受到了对推进剂燃烧机理认识程度的限制。随着计算机技术的迅速发展，20 世纪 90 年代中期，邓鹏图等人在已有燃烧模型的基础上，利用误差反传(BP)神经网络技术，在不考虑推进剂具体燃烧过程的情况下，建立了能预估硝胺类固体推进剂燃速的数学模型[15]。

误差反传(BP)神经网络是层状结构的(每层可含多个神经元)，包含输出层、输入层和隐层(一层或多层)。对于输入的信号，要先传播到隐神经元(亦称节点，下同)，经过作用函数 $g(x)$ 后，把隐神经元的输出信息传播到输出神经元，最后给出输出结果。这可以对简单的非线性函数进行复合，实现高度非线性的映射，进而可用其学习某一系统的特性。

这个算法的工作过程主要分两个阶段，一是学习期，该阶段的信号要经过正向和反向两种传播方式，对网络进行训练，确定各节点的权重和阀值。另一阶段为工作期，此时各连接权值固定，给定输入量，网络即可给出预期的输出。

邓鹏图等基于 BP 神经网络的计算原则，基于如图 4 所示的三层神经网络对 HMX 推进剂选取了压强(p)、HMX 的重均粒径($\overline{D}$)、HMX 的质量浓度(C)作为影响推进剂燃烧性能的主要因素，神经元的输入输出特性由函数 $g(x)$ 来描述

$$g(x) = \frac{1.5x\left[1 - \exp\left(-x\right)\right]}{\left[1 + \exp\left(-x\right)\right]} \tag{29}$$

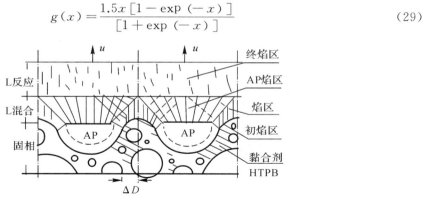

图 4　BP 神经网络结构示意图

邓鹏图等人从 Beckstead 实验数据中抽取了十个已知燃速值的样本对本网络进行训练。其具体过程为，先输入的向量 $(p, \overline{D}, C)$ 和输出的目标 (u)，初始各节点之间的联系权重 $w_{0,i,k}$ 和各节点的阀值 $t_{0,k}$，并根据需求给定一个小的计算误差精度值 ε_1；之后利用下面的等式 (30) 计算网络各节点的输出值 $\mathrm{net}_{j,k}$。

$$\mathrm{net}_{j,k} = \sum w_{j,i,k} g\left(\mathrm{net}_{i,k-1}\right) + t_{j,k} \tag{30}$$

再利用等式 (31) 计算样本期望均方差 E

$$E = \frac{1}{n} \sum_{k=1}^{n} \sum_{j=1}^{m} \left(\hat{y}_{j,k} - y_{j,k}\right)^2 \tag{31}$$

如果 E 远小于给定的精度 ε_1 则训练过程结束，否则根据式 (32) 和式 (33) 计算 $\partial E / \partial w_{j,i,k}$ 和 $\partial E / \partial t_{j,k}$ 。

$$\frac{\partial E}{\partial w_{j,i,k}} = \left(\frac{\partial E}{\partial \mathrm{net}_{j,k}}\right)\left(\frac{\partial \mathrm{net}_{j,k}}{\partial w_{j,i,k}}\right) \tag{32}$$

$$\frac{\partial E}{\partial t_{j,k}} = \left(\frac{\partial E}{\partial \mathrm{net}_{j,k}}\right)\left(\frac{\partial \mathrm{net}_{j,k}}{\partial t_{j,k}}\right) \tag{33}$$

偏导数 $\partial E / \partial \mathrm{net}_{j,k}$ 可利用误差反传技术获得，根据参数的修正公式 (34)、式 (35) 调整权重 $w_{j,i,k}$ 和阀值 $t_{j,k}$ 使 E 趋于极小。

$$w_{j,i,k}(u+1) = w_{j,i,k}(u) - \mu\left[\frac{\partial E(r)}{\partial w_{j,i,k}(r)}\right] \tag{34}$$

$$t_{j,i,k}(u+1) = t_{j,i,k}(u) - \mu\left[\frac{\partial E(r)}{\partial t_{j,i,k}(r)}\right] \tag{35}$$

之后再转回计算网络输出 $\mathrm{net}_{j,k}$，计算样本期望均方差 E，如果计算出来的均方差 E 大于 ε_1，则重新计算 $\partial E / \partial w_{j,i,k}$ 和 $\partial E / \partial t_{j,k}$，并调整权重 $w_{j,i,k}$ 和阀值 $t_{j,k}$，计算网络输出 $\mathrm{net}_{j,k}$ 和样本方差 E，直到计算出来的 E 远小于 ε_1 时，训练过程结束，得出一个关于 $P, \overline{D}, C$ 的燃速表达式 $f_{表达式}$。之后邓鹏图等人利用训练好的函数表达式 $f_{表达式}$ 计算了 Beckstead 的其他 HMX 推进剂燃速，结果显示 77% 的预估燃速的误差在 $\pm 10\%$ 以内。

与传统的复合固体推进剂燃烧模型相比，这种基于 BP 神经网络法的有不少的优点：建模时不必考虑推进剂具体的燃烧过程，数学模型简单，运算量较小，运算速度较快；一旦网络的学习期完成,则可利用它来计算推进剂的燃烧性能,并且能计算各影响因素的交互作用对燃烧性能的影响;基于一定的实验数据,该方法还可推广到其它类推进剂燃烧性能的预估中。

但这种方法也存在以下问题,从数学上看,BP 模型是一个非线性优化过程,在训练过程中,网络常陷入局部最小状态,影响网络的收敛速度。为了得到更好的收敛速度和精度,必须改进算法,如选取更为恰当的作用函数 $g(x)$、应用高阶 BP 算法等。再者训练网络必须有大量实验数据的支持,而且这些数据应很好的分布于影响因素空间中。

4 双基和改性双基推进剂燃速预估模型

4.1 自由基裂解理论

1986 年,宋洪昌提出了非催化双基推进剂的燃速预估理论[17],该理论模型是从分析推进剂的化学结构与特征反应的关系入手,以准一维气相反应流为基础结合质量输运建立的一种化学—数学模型。该模型认为非催化双基推进剂燃烧时,在燃烧表面附近的气相中会裂解成五类基团:氧化性基团—$[NO_2]$、还原性基团—$[CH_2O]$、可裂解自由基团—$[CHO]$及两类中性基团—$[CH]$和$[CO]$。在某特征压强(p^*)下,1 kg 双基推进剂产生的这五类气体的量,可分别记为 δ,γ,q',β 和 α',其中的$[CHO]$基团随压强的变化会发生不同程度的裂解,并引入函数 $\eta(p)$ 对其自然裂解情况进行描述,且有

$$\eta(p) = 2 - \exp[0.693\,1(1 - p/p^*)] \tag{36}$$

令 $\alpha = \alpha'/\delta, \beta = \beta/\delta, q = q'/\delta, \gamma = \gamma/\delta$,则能计算出燃烧表面附近气相区域中氧化性基团的摩尔分数 $\theta_0(p)$:

$$\theta_0(p) = \frac{1}{\alpha + \beta + q \cdot \eta(p) + \gamma + 1} \tag{37}$$

在准一维气相反应流假设、嘶嘶区特征反应假设和燃烧产物质量流守衡的基础上,结合已往大量的实验数据,由化学反应动力学的碰撞原理,推导出 20℃初温时的非催化双基推进剂燃速计算式

$$u(p) = 1.709 p \theta_0^2(p)/\rho_s \tag{38}$$

由此式进而可推导出燃速压强指数 n 表达式。

与传统的燃烧理论模型相比,该模型主要是以化学为基础建立起来的,并把燃速表示为压强与推进剂组成的函数,避免了计算导热系数、反应活化能和反应热效应等参数。此模型又能根据提出的 u,n 指标计算出推进剂的组成,进而可较直观的指导推进剂配方设计。但此模型中提出的一些推进剂热分解碎片及嘶嘶区特征反应的假设有待于由实验进一步证实。

1994 年,杨栋在宋洪昌的非催化双基推进剂燃速预估理论的基础上,研究了 Pb-Cu-CB 复合催化剂对双基推进剂的催化作用,提出了催化燃烧过程中燃面附近$[CHO]$自由基聚合裂解反应历程假说。认为在催化状态下,部分$[CHO]$自由基裂解不遵循自然裂解过程,而变为如下途径:

$$[CHO] \rightarrow [CHO]_n \rightarrow 进一步反应生成炭黑$$

此反应改变了推进剂燃烧表面附近气相组成,减少了气相分解产物的总量。杨栋还引入了一个催化作用因子 $g(p,X)$,对$[CHO]$自由基的自然裂解函数 $\eta(p)$ 进行催化状态下的修

正,将式(37)变为

$$\theta_0(p,X)=\frac{1}{\alpha+\beta+q\cdot[\eta(p)-g(p,X)]+\gamma+1} \tag{39}$$

并将其应用到公式(38)中,就得到了双基平台推进剂的燃速预估公式,进而得到燃速压强指数公式[18-19]。

杨栋还研究了 RDX 与复合催化剂的相互作用,分析了此类推进剂燃烧表面附近气相化学组成,提出了硝胺类炸药热分解时 C—N 键断裂到 N—N 键断裂转化的假设,建立了描述此转化过程的函数 $\xi(p)$,进而对函数 $\theta_0(p,X)$ 进行了修正。还考虑了硝胺颗粒对燃烧表面层的影响,确定了影响因子 h_H。结合燃速公式(38),得出含硝胺炸药的改性双基推进剂燃速公式:

$$u(p)=1.709p\theta_0^2(p)h_H/\rho_P \tag{40}$$

进而将原始的非催化双基推进剂燃速预估公式,发展成催化双基推进剂及催化 RDX 改性双基的燃速预估公式[20-24]。

杨栋等人运用改进后的模型对双基推进剂中不同催化剂含量、配比、组合方式进行了研究计算,计算结果与实测值基本符合。此模型能从理论上定性的解释双基平台推进剂的超速、平台和麦撒现象,并能在 $u-p$ 曲线上定量表示这些现象[18-26]。但这个催化的自由基裂解模型,只描述了 Pb,Cu 和 CB 三种物质单独或复合使用时对双基推进剂的催化作用效果,并没有涉及其它类的催化剂的作用,且在模型中也没有考虑这三种物质的粒度对催化作用的影响,更没有考虑到 Pb 和 Cu 所附的阴离子载体对催化作用的影响。即使是这样,这个模型已经把双基推进剂从非催化燃烧到催化燃烧的认识推进了一大步。

随着含 CL-20,ADN 等高能密度材料的推进剂的出现,还从理论上初步预估了这些物质单元推进剂的燃速及燃烧压力指数[27-28]。

4.2 双基推进剂半经验预估模型[14,29]

1996 年张炜等人分析了双基推进剂燃烧波的结构特性,建立了一个双基推进剂半经验预估模型。该模型认为在双基推进剂燃烧过程所划分的五个区域中,仅有燃面及亚燃面的凝聚相区和靠近燃面的嘶嘶区对推进剂的燃速的影响较大,其它区对燃速的影响较小可忽略。

因为双基推进剂本身的物理结构是均质的,并假设凝聚相反应为零级反应,则用阿累尼乌兹方程表示双基推进剂的质量燃速:

$$u_m=A_s\exp\left(-\frac{E_s}{RT_s}\right) \tag{41}$$

忽略热辐射的影响后,由双基推进剂的燃面热平衡方程、一维稳态下的能流方程、凝聚相区和嘶嘶区的边界条件,推导出了燃烧表面的热平衡表达式的最终形式:

$$C_s(T_s-T_0)=C_s(T_{DB}-T_0)\exp\left(-\frac{u_m\cdot C_s}{k\cdot\lambda_g\cdot p^\varphi}\right)+Q_s \tag{42}$$

张炜等人引用了 Beckstead 和 King 的结果来表达 DB 推进剂的爆热与 T_{DB} 和凝聚相反应热的关系,

$$T_{DB}=a+0.425H_{ex} \tag{43}$$

$$a=\begin{cases}720+120\ln(p) & p\leqslant 2\text{ MPa}\\855+80\ln(p) & p>2\text{ MPa}\end{cases} \tag{44}$$

$$Q_s = -(65.7 + 0.013H_{ex}) \cdot (p/6)^{0.06} \qquad (45)$$

这样由上面各式即可计算出双基推进剂的燃速。

此模型着重强调了双基推进剂的反应热力学和反应动力学两方面因素对燃速的影响,由其计算出的燃速值与文献值吻合的较好,说明此模型是合理、可行的。但模型中一些反应参数的选取,尤其是气相反应动力学参数的选取,带有一定的经验或半经验性。

5   结论

以上介绍的近几年国内外有代表性的固体推进剂燃速预估数学模型,是对推进剂的燃烧过程进行大量理论和实验研究后建立的,各有特色,并能在一定程度上预示固体推进剂的燃烧情况。但由于推进剂的真实燃烧过程十分复杂,目前的燃速预估模型仍是建立在大量假设及简化计算的基础上,模型中一些不可测参数也都是用经验值或用所测得的燃速值回推得到。用这些模型进行燃速的定量计算时,难免存在一定的误差。因此,在燃速预估方面,今后还需要做大量的工作,不仅要对已有的模型进行修正与完善,提高其计算精度,而且同时也应积极借鉴相关学科的研究成果,并将其应用到燃速预估学中,建立起更实用、预估精度更高的理论模型,进而来指导固体推进剂燃烧理论的研究、推进剂配方的设计和发动机的设计。

参考文献

[1]   彭培根. 复合固体推进剂燃速与压力指数的理论预测[J]. 推进技术,1985,6(4):9-18.

[2]   彭培根,江大志. 复合固体推进剂燃速模拟计算数值方法研究[J]. 推进技术,1989,10(1):36-42.

[3]   田德余,张炜. 推进剂燃速预估[J]. 推进技术,1991,12(2):78-83.

[4]   赵银,田德余,江瑜."AP/HTPB/Al/催化剂"推进剂燃烧模拟计算方法[J]. 推进技术,1990,11(1):54-61.

[5]   张炜,朱慧. AP复合固体推进剂稳态燃烧模型综述[J]. 固体火箭技术,1993(1):38-45.

[6]   刘剑洪,田德余,赵凤起,等. 价电子-分形燃烧模型燃速模拟计算[J]. 推进技术,2005,26(3):284-288.

[7]   田德余,赵银. 丁羟推进剂燃烧模拟计算及图象表示法[J]. 兵工学报,1990,11(3):36-41.

[8]   Mazda A M,Warren C S. Burning Rate Prediction of Composite Solid Propellants Using Fractal Geometry[J]. Combust. Sciand. Tech.,1992,83:291-304.

[9]   孙学信. 燃煤锅炉燃烧试验技术与方法[M]. 北京:中国电力出版社,2001.

[10]   谢剑宏,赵文胜,邹霄泓,等. 未固化 AP/Al/HTPB 推进剂燃速预示法——DSC 法[J]. 固体火箭技术,2002,25(3):48-50.

[11]   朱慧,张炜,张仁. HMX/AP/HTPB 推进剂燃速模拟计算[J]. 火炸药学报,1992,15(2):27-32.

[12]   张炜,朱慧,刘文元. AP/RDX/HTPB 复合推进剂燃速特性计算研究[J]. 推进技术,1997,18(4):75-79.

[13]   彭培根,刘德辉. 高氯酸铵/硝胺推进剂燃烧模拟[J]. 推进技术,1990,11(4):63-70.

[14] 杨正权，张珊珊. 固体推进剂燃烧的数值模拟研究[J]. 兵工学报火化工分册，1996(2)：57 - 62.

[15] 邓鹏图，田德余，庄逢辰. 硝胺固体推进剂燃烧性能计算的神经网络方法[J]. 固体火箭技术，1996，19(3)：17 - 22.

[16] 邓鹏图，田德余，庄逢辰. 复合固体推进剂燃烧性能模拟计算的神经网络方法[J]. 推进技术，1996，17(4)：72 - 76.

[17] 宋洪昌. 火药燃烧模型和燃速预估方法的研究[D]. 南京：华东工学院，1986.

[18] 杨栋，李上文，宋洪昌，等. 平台双基推进剂铅-铜-炭催化燃速模型[J]. 火炸药，1994，17(4)：26 - 32.

[19] 杨栋. 无(微)烟推进剂催化燃烧机理和模型的研究[D]. 南京：南京理工大学，1995.

[20] 李上文，孟燮铨，张蕊娥，等. 硝胺无烟改性双基推进剂燃烧性能调节及控制规律的初探[J]. 推进技术，1995，16(3)：63 - 69.

[21] 杨栋，宋洪昌，李上文，等. RDX - CMDB 推进剂铅-铜-炭催化燃速模型[J]. 推进技术，1995，16(3)：46 - 51.

[22] 杨栋，宋洪昌，李上文，等. 双基和硝胺改性双基推进剂平台燃烧模型的研究[J]. 兵工学报，1997，18(1)：42 - 45.

[23] 赵凤起，李丽，李上文，等. 含催化剂 RDX - CMDB 推进剂燃烧机理研究[J]. 固体火箭技术，1999，22(1)：50 - 54.

[24] 赵凤起，李上文，陈沛，等. 三种碳物质对 RDX - CMDB 推进剂热分解的影响[J]. 固体火箭技术，2000，23(2)：39 - 43.

[25] 宋洪昌，杨栋，陈舒林，等. 固体推进剂燃速压力指数的理论分析[J]. 含能材料，1997，5(2)：65 - 69.

[26] Yang D，Song H C，Li S W，et al. Burning-Rate Prediction of Double-Base Plateau Propellants Progress[J]. Progress in Astronautics and Aeronautics，2000，185：535 - 548.

[27] 杨栋，宋洪昌，李上文. HEDM - CMDB 推进剂燃烧性能的理论预测[J]. 推进技术，1995，16(6)：59 - 65.

[28] 杨栋，宋洪昌，赵凤起，等. ADN 及其混合物燃烧性能的理论计算[J]. 推进技术，1998，19(2)：87 - 91.

[29] 张炜，朱慧. 双基推进剂稳态燃速特性计算研究[J]. 含能材料，1996，4(1)：33 - 37.

文章来源：火炸药技术学术研讨会，长沙，2005.

均匀设计和回归分析研究燃烧催化剂的作用规律

高红旭　　赵凤起　　李上文

摘　要：运用均匀设计方法考察了 3 个因素（铅盐、铜盐和炭黑）对固体推进剂燃速的影响。数学模型分析结果表明，在所选的范围内，铅盐和炭黑对推进剂燃速影响较大，铜盐起辅助作用，同时三者存在相互交互作用，并随着压强的变化而呈现不同的表现形式。通过多元回归分析，获得了铅盐、铜盐和炭黑含量的最佳值和固体推进剂燃速最大值的关系。

关键词：固体推进剂；均匀设计；燃烧催化剂；燃速

1　引言

固体推进剂的燃烧性能是直接影响火箭发动机弹道性能的重要因素，燃速的高低决定着发动机的工作时间和飞行速度。目前加入燃烧催化剂来提高固体推进剂燃速是目前在低于 100 mm/s 的燃速范围内最广泛和最常使用的主要方法之一[1-4]。燃烧催化剂加入的量很少，通常在 5％以下，却能较大幅度调节固体推进剂的燃速，并可明显降低燃速压强指数，而对固体推进剂的其他性能，如能量特性和力学性能等影响不大。除了用 AP 粒度等可有效调节推进剂燃速外，固体推进剂的燃速和压强指数的调节主要靠加入燃烧催化剂。固体推进剂中燃烧催化剂的催化效果对提高推进剂的燃速、燃烧效率有着决定性的影响。燃烧催化剂活性与催化剂的种类、复配、质量分数等诸多因素密切相关。合理安排实验，考察这些因素对燃烧催化剂活性（推进剂燃烧性能）的影响，以及通过分析实验结果找出较好的配方比例就显得至关重要。目前这类实验设计方法很多[5]，其中正交设计是最流行的一种实验方法，但需要大量的实验量并得到纷繁的实验结果。近年来出现的均匀设计大大缓解了这一难题。均匀设计法[6]是方开泰和王元将数论与多元统计相结合而创立的一种全新的实验设计方法。其思想是将实验点均匀地散布在实验范围内，以求通过最少的实验数来获得最多系统信息较新的实验设计方法，对于因素具有较多水平的实验和系统模型完全未知的情况尤为适用。

2　实验部分

2.1　配方和工艺

实验中所用固体推进剂样品基础配方为：双基黏合剂 66％，黑索今（RDX）26％，其他添加剂 8％。药料按 500 g 配料，燃烧催化剂为外加量。固体推进剂样品采用吸收—驱水—放熟—压延—切成药条的常规无溶剂压伸成型工艺制备。

2.2 均匀设计表的选取

本实验主要研究 2-羟基-3.5-二硝基吡啶铅盐、2-羟基-3.5-二硝基吡啶铜盐和炭黑对改性双基推进剂燃烧性能的影响以及它们的最佳组合。选择铅盐、铜盐和炭黑用量为变量 X_1,X_2 和 X_3,燃速为因变量 Y,用均匀设计法进行推进剂配方实验,来研究催化剂对改性双基推进剂燃烧性能的影响规律。各因素的取值如表1所示,根据均匀设计表(见表2)$U_6^*(6^3)$ 的方法进行配比实验。

表 1 铅盐、铜盐和炭黑均匀设计因素水平表

编号	铅盐/(%)	铜盐/(%)	炭黑/(%)
1	0.5	0.2	0.3
2	1	0.6	0.6
3	1.5	1	0.2
4	2	0	0.5
5	2.5	0.4	0.1
6	3	0.8	0.4

表 2 均匀设计实验表

编号	铅盐	铜盐	炭黑
1	1	2	3
2	2	4	6
3	3	6	2
4	4	1	5
5	5	3	1
6	6	5	4

2.3 燃速测定

燃速的测试采用靶线法。将 $\phi 5\,mm \times 150\,mm$ 小药条侧面用聚乙烯醇溶液浸渍包覆6次并晾干,然后在充氮调压式燃速仪中进行燃速测试,实验温度为 20℃,压强范围为 2~22 MPa。

3 结果与讨论

3.1 均匀设计实验结果

由均匀设计配比实验得出的实验结果见表3,与正交实验相比,均匀设计法可大大节约工作量。

表 3　改性双基推进剂均匀设计实验结果表

编号	在不同压强 p(MPa)下的燃速 u(mm·s^{-1})										
	2	4	6	8	10	12	14	16	18	20	22
1	3.48	6.17	9.21	12.36	14.35	16.00	17.27	18.42	19.72	21.28	22.99
2	4.94	9.85	13.79	16.69	18.66	20.04	20.79	21.37	21.98	22.83	23.36
3	4.65	7.31	8.66	9.60	10.78	12.28	13.91	15.66	17.67	19.63	21.44
4	4.40	7.59	10.70	13.16	14.55	15.20	15.72	16.75	18.35	20.00	21.83
5	5.11	6.82	7.80	9.09	10.58	12.45	14.35	16.10	18.18	20.24	22.32
6	5.72	9.57	12.13	12.97	12.84	13.47	14.79	16.27	18.13	19.91	21.46

　　从表 3 和图 1 中可以看出,在同一压强下,随着主催化剂铅盐含量越大,推进剂燃速不一定增加,即燃速与铅盐含量不成正比关系;催化剂和炭黑不同的配比导致推进剂燃速-压强曲线中平台范围的变化,比较编号 2 和 6 的实验结果,编号 2 的铅盐含量仅为编号 6 的 1/3,铜盐也较少,但炭黑的含量较高,平台区移向高压段。这就说明影响推进剂燃烧性能的因素非常复杂,只简单地考虑单一因素的影响是不足的。双基系推进剂的燃烧催化剂的配合使用产生协同效应也是很复杂的,通过均匀设计法,以少量的实验次数来研究因素的影响规律以及协同效应。

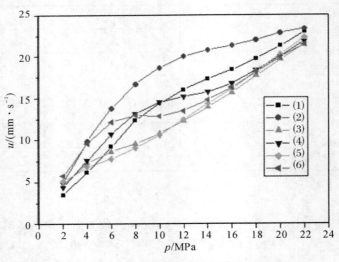

图 1　RDX - CMDB 双基推进剂的燃速-压强曲线

3.2　均匀设计实验结果处理——多元非线性回归

　　均匀设计法的数据分析比较复杂,一般要用回归分析法进行分析,回归分析是处理实验数据最常用的统计方法。方开泰[6]指出,多元回归和逐步回归的多项式模型是均匀设计分析数据的基础。多元非线性回归可以比较好地反映材料的各组分与其性能的非线性关系,在此基础上,采用逐步回归法筛选变量。

以燃速 Y 与 X_1，X_2 和 X_3 分别建立了二次多项式逐步回归、多因子及互作项逐步回归和多因子及平方项逐步回归 3 种模式的数学模型,以复相关系数 R 和回归方程显著性 F 值作为判据,来说明方程与数据的拟合程度。以 2 MPa 下燃速数据为例:

二次多项式逐步回归方程:

$$Y = 2.786 + 1.249X_1 - 0.154X_1^2 - 0.277X_1X_3 + 3.011X_2X_3 \tag{1}$$

相关系数 $R = 0.987\ 58$，F 值 $= 9.877\ 5$，显著水平 $p = 0.233\ 7$，

剩余标准差 $S = 0.265\ 02$，调整后的相关系数 $R_a = 0.936\ 25$；

多因子及互作项逐步回归方程:

$$Y = 2.33 + 1.13X_1 + 2.39X_3 - 1.41X_1X_3 + 2.49X_2X_3 \tag{2}$$

相关系数 $R = 0.997\ 45$，F 值 $= 48.873\ 4$，显著水平 $p = 0.106\ 8$，

剩余标准差 $S = 0.120\ 34$，调整后的相关系数 $R_a = 0.987\ 2$；

多因子及平方项逐步回归方程:

$$Y = 2.66 + 0.632X_1 + 2.56X_2 - 1.63X_2^2 + 1.81X_3^2 \tag{3}$$

相关系数 $R = 0.992\ 92$，F 值 $= 17.470\ 2$，显著水平 $p = 0.177\ 3$

剩余标准差 $S = 0.200\ 36$，调整后的相关系数 $R_a = 0.964\ 08$；

相关系数越大说明方程与数据的拟合程度越好。因此,以多因子及互作项模式建立的数学模型最为可信,同时表明 3 个影响因素之间存在着相互作用。方程(2)表明,在 2 MPa 下,3 个影响因素对固体推进剂的燃速都有影响,而且它们之间还存在一定的相互作用,例如,X_1 与 X_3，X_2 与 X_3 之间存在相互作用,即铅盐和炭黑的作用明显,对燃速有很大的影响;铅盐和炭黑负的交互作用以及铜盐和炭黑的相互作用对燃速有一定的影响;铜盐在主效应中被忽略,说明在 2 MPa 时对推进剂燃速的贡献不明显,但在回归方程(2)中有铜盐与炭黑的交互项存在,并且呈现正的交互作用。

利用回归方程(2)计算 2 MPa 时的固体推进剂的燃速并与实验值比较,列于表 4 中。结果表明,该回归方程的计算值结果与实验值吻合,较好地反映了 3 个因素对燃速的影响,建立的数学模型较为可信。以建立的数学模型回归方程来分析主要因素 X_1 和 X_3 对燃速 Y 的影响,铅盐 X_1 的取值范围为 0.5~5,炭黑的取值范围为 0.1~1,进行数学模型模拟分析。所得的关系图见图 2。

表 4　推进剂在 2 MPa 下燃速回归方程计算值与实验值比较

编号	铅盐	铜盐	炭黑	燃速计算值	燃速实验值
1	0.5	0.2	0.3	3.55	3.48
2	1	0.6	0.6	4.94	4.94
3	1.5	1	0.2	4.58	4.65
4	2	0	0.5	4.38	4.4
5	2.5	0.4	0.1	5.14	5.11
6	3	0.8	0.4	5.78	5.72

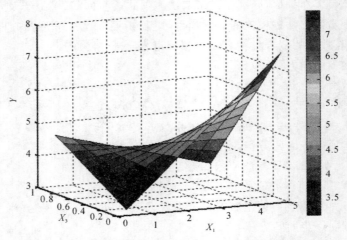

图 2　燃速 Y 与铅盐 X_1 和炭黑 X_3 的数学模型模拟图

随着铅盐 X_1 和炭黑 X_3 含量的增加，推进剂的燃速呈现增大的趋势，但也出现"峰""谷"现象，这说明铅盐和炭黑的交互作用较为复杂，特别是在燃烧过程中这种作用更为复杂。前人的燃烧机理研究结果表明[3]，在燃烧表面，炭含量与燃速有很大的关系；炭黑不仅能提高铅盐的分散性，而且能与铅盐分解产物形成"铅-炭"循环催化机理，从而改善推进剂的燃烧性能。

对得到的回归方程(2)求其 Y 的最大值，可得 $Y_{max}=6.09$，这时各个因素的最佳值分别为 $X_1=3,X_2=1,X_3=0.6$。这些值均为所设计实验各个因素的边界值，说明各个因素的量值范围在一定程度上还可扩大。

按照以上方法，对固体推进剂 2～22 MPa 的燃速数据处理，得到以下回归方程，见表 5。将表 5 中的每一个方程求其最大值，并同时得到各个因素的最佳值，其结果列于表 6。结果表明，对于不同的压强，拟合出的数学模型是不同的，说明燃烧性能受压强影响较大。从表 6 中可知，在每个压强下(2～22 MPa)炭黑的最佳量均为 0.6%，铅盐和铜盐的最佳量与燃速最大值的关系如图 3 和图 4 所示。

表 5　固体推进剂 2～22 MPa 燃速回归方程表

压强/MPa	燃速回归方程
2	$Y=2.33+1.13X_1+2.39X_3-1.41X_1X_3+2.49X_2X_3$
4	$Y=4.97+0.64X_1+6.08X_3^2-0.17X_1X_3+5.6X_2X_3$
6	$Y=6.88+0.27X_1-2.16X_2+6.55X_3+11.1X_2X_3$
8	$Y=9.75-4.33X_2+9.01X_3-1.07X_1X_3+13.44X_2X_3$
10	$Y=16.69-4.89X_1-11.4X_3+1.09X_1^2+35.25X_3^2$
12	$Y=7.02+37.65X_3+0.722X_1^2-9.65X_3^2-11.24X_1X_3$
14	$Y=16.95-5.64X_2+10.11X_3^2-3.77X_1X_3+16.37X_2X_3$
16	$Y=18.31-4.96X_2+7.38X_3^2-3.41X_1X_3+15.12X_2X_3$
18	$Y=19.8-3.94X_2+4.78X_3^2-2.64X_1X_3+12.17X_2X_3$
20	$Y=25.95-3.98X_1-18.97X_3+0.94X_1^2+31.29X_3^2$
22	$Y=23.43+0.125X_1-3.2X_2-1.88X_1X_3+7.82X_2X_3$

表6　固体推进剂 2～22 MPa 燃速回归方程的最大值和各因素的最佳值

压强/MPa	铅盐 X_1	铜盐 X_2	炭黑 X_3	燃速 Y_{max}
2	3	1	0.6	6.09
4	2.92	0.99	0.6	12.28
6	2.64	1	0.6	16.02
8	0.57	0.99	0.6	18.52
10	0.50	0.61	0.6	20.37
12	0.50	0.94	0.6	22.94
14	0.52	0.99	0.6	23.60
16	0.55	0.98	0.6	23.88
18	0.50	0.99	0.6	24.09
20	0.50	0.54	0.6	24.08
22	0.50	1	0.6	24.43

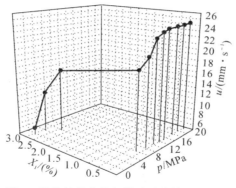

图 3　铅盐的最佳量与燃速最大值的关系图

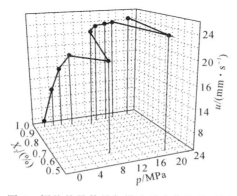

图 4　铜盐的最佳量与燃速最大值的关系图

从图 3 和 4 可以看出,对于铅盐来说,在 2～6 MPa 范围,最佳量大约在 2％～3％之间,而

8 MPa 以后的最佳量约为 0.5% 左右，即 6～8 MPa 是燃速的转折点；对于铜盐来说，除了 10 MPa 和 20 MPa 两个压强点外，其余压强点的最佳量约为 1% 左右。通过以上分析可知，低压段下铅盐含量对燃速影响较大，也就是说，铅盐在一定范围内含量越高，燃速就越高；较高压强下铅盐含量对燃速影响不及低压段影响效果大。而铜盐在一定范围内对燃速影响不是很明显，也说明铜盐在该推进剂中不起主催化剂作用，是起辅助催化作用，这与前面分析结果一致。

3 结论

本实验运用均匀设计方法设计固体推进剂配方，并考察了 3 个影响因素对推进剂燃速的影响，得出以下结论。

（1）用均匀设计和回归分析可以获得催化剂对固体推进剂的影响规律，对固体推进剂配方的调节具有指导作用。

（2）对于影响因素较多，水平数较多的实验，均匀设计可以大大减少实验次数，并得到较为满意的结果。本文中虽制备了 6 个配方，测定了 6 组燃速数据，从得到的 6 条燃速-压强曲线，已可以较为科学的得到因素的影响规律：在同一压强下，随着铅盐含量越大，推进剂燃速不一定增加，即燃速与铅盐含量不成正比关系；催化剂和炭黑不同的配比导致推进剂燃速-压强曲线中平台范围的变化。

（3）利用多元非线性回归对均匀设计实验结果处理。结果表明，所建立的数学模型能够体现 3 个因素对推进剂燃速的影响作用，而且它们之间还存在一定的相互作用，并且作用关系同压强有着复杂的联系。数学模型模拟分析能更好地反映这种相互作用，对于分析主次影响因素、影响规律、交互作用以及燃烧机理有很大的帮助。

参考文献

[1] 王伯羲，冯增国，杨荣杰. 火药燃烧理论[M]. 北京：北京理工大学出版社，1997.

[2] 赵凤起，陈沛，罗阳，等. 含能羟基吡啶铅铜盐用作 RDX-CMDB 推进剂燃烧催化剂[J]. 火炸药学报，2003，26（3）：1-4.

[3] 陈沛，赵凤起，罗阳，等. 2-羟基和 4-羟基-3.5-二硝基吡啶铅盐的热行为、分解机理、非等温分解反应动力学及其在推进剂中的应用[J]. 化学学报，2004，62（13）：1197-1204.

[4] 赵凤起，李上文. RDX-CMDB 推进剂中组合催化剂的研究[J]. 推进技术，1992（1）：57-62.

[5] 任露泉. 试验优化设计与分析[M]. 北京：高等教育出版社，2003.

[6] 方开泰. 均匀设计与均匀设计表[M]. 北京：科学出版社，1994.

[7] 赵凤起，李上文，单文刚，等. 不同形态碳物质对 RDX-CMDB 推进剂燃烧性能的影响[J]. 推进技术，2000，21（2）：72-76.

文章来源：火炸药技术学术研讨会，长沙，2005.